Original illisible

NF Z 43-120-10

Symbole applicable
pour tout,ou partie
des documents microfilmés

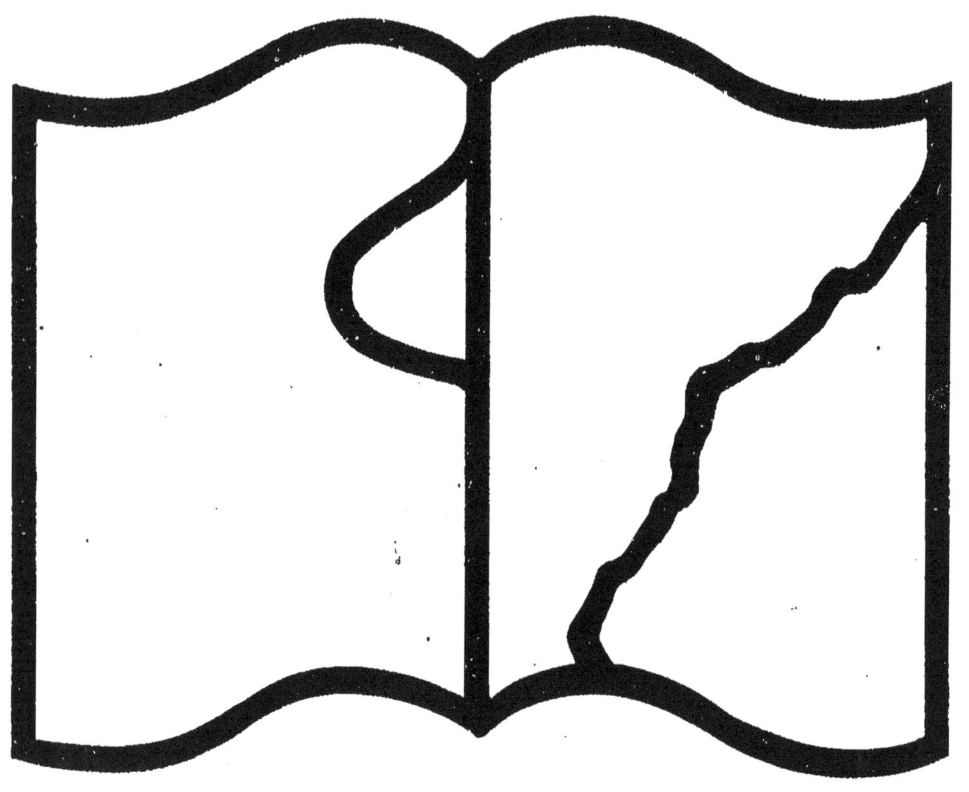

Texte détérioré — reliure défectueuse

NF Z 43-120-11

Symbole applicable
pour tout,ou partie
des documents microfilmés

LA VIE

ET

L'HÉRÉDITÉ

PAR

P. VALLET

PRÊTRE DE SAINT-SULPICE

PARIS

ANCIENNE LIBRAIRIE RETAUX-BRAY

VICTOR RETAUX ET FILS, SUCCESSEURS

82, RUE BONAPARTE, 82

—

1891

LA VIE

ET

L'HÉRÉDITÉ

DU MÊME AUTEUR

————

PRÆLECTIONES PHILOSOPHICÆ AD MENTEM S. THOMÆ AQUI-
NATIS, 2 vol. in-12, 6ᵉ édition, prix 7 fr.

HISTOIRE DE LA PHILOSOPHIE, 1 vol. in-12, 4ᵒ édition, prix 4 fr.

L'IDÉE DU BEAU DANS LA PHILOSOPHIE DE SAINT THOMAS.
1 vol. in-12, 2ᵉ édition; prix 2 fr. 50.

LA TÊTE ET LE CŒUR, étude physiologique, psychologique et
morale. 1 vol. in-12, 2ᵉ édition, prix 2 fr. 50.

LE KANTISME ET LE POSITIVISME, étude sur les fondements de
la connaissance humaine, 1 vol. in-12, prix 2 fr. 50.

ÉMILE COLIN — IMPRIMERIE DE LAGNY

LA VIE

ET

L'HÉRÉDITÉ

PAR

P. VALLET

PRÊTRE DE SAINT-SULPICE

PARIS

ANCIENNE LIBRAIRIE RETAUX-BRAY

VICTOR RETAUX ET FILS, SUCCESSEURS

82, RUE BONAPARTE, 82

—

1891

PRÉFACE

Le problème de la vie intéresse également tous
les hommes, et c'est pourquoi il est d'une actualité
qui se renouvelle sans cesse. Mais la solution en
est des plus difficiles.

Au fond, il n'est rien dans la nature qui ne puisse
piquer notre curiosité : le sentiment de l'admiration s'éveille en nous devant les moindres objets ;
jusqu'à l'être inanimé, tout captive et retient l'attention de l'homme. Mais la vie a je ne sais quoi
d'intime et de mystérieux qui parle en même
temps à l'imagination du poète et à la raison du
philosophe.

Et puis, la vie est abondamment répandue : on

a.

la trouve chez l'homme, chez l'animal et jusque dans la plante. En nous, elle ne s'arrête pas aux phénomènes inférieurs de l'être organique et sensible ; elle s'élève jusqu'à l'activité plus haute de la pensée et de la volonté. Bien plus, la perfection des êtres semble se mesurer à la puissance de leur vitalité ; aussi l'Être par excellence se fait-il appeler le « *Dieu vivant* » : *Cor meum et caro mea exultaverunt in Deum vivum* (1).

L'explication de la vie a donc une importance considérable ; si nous ne savons pas la découvrir, la nature tout entière demeurera obscure à nos yeux, et cette obscurité atteindra également la physiologie et la psychologie.

Cependant, avons-nous dit, cette question a revêtu de nos jours un caractère très prononcé d'actualité. Les savants lui ont consacré de nombreuses études, que ne dirigeait pas toujours, il faut bien le reconnaître, une intention pure et désintéressée. Plusieurs espéraient obtenir, à force d'expériences, une preuve ardemment désirée en faveur du système qui réduit le problème de la vie à un simple problème de physique et de mécanique. Ils comptaient ensuite pousser plus avant ; ramener la sensation à la vie et la pensée à la

____

(1) Ps. 83, v. 3.

sensation, et ne laisser debout aucun des vieux dogmes du spiritualisme.

La tactique était habile ; le transformisme procédait lentement, méthodiquement, mais en fin de compte, il devait aboutir aux mêmes conclusions que le matérialisme, sous le couvert d'un nom nouveau qui ne contenait point de menaces et semblait rempli de séduisantes promesses.

L'objet principal de ce livre est de montrer l'inanité de la nouvelle forme du matérialisme, en faisant voir qu'il est impossible de passer de la matière à la vie, de la vie à la sensation et de la sensation à la pensée.

Après avoir rempli cette première partie de notre tâche, nous aborderons la deuxième en traitant le grave problème de l'hérédité.

L'hérédité est la source de la vie ; pour bien connaître celle-ci, il faut savoir jusqu'à quel point elle dépend de ses origines et dans quelle mesure elle peut modifier son cours.

Au reste, la question de l'hérédité n'est ni moins intéressante, ni moins importante, ni moins actuelle que celle de la vie.

Aristote l'avait posée en termes exprès et les penseurs qu'intéresse l'origine des choses la posèrent après lui.

Les Pères et les théologiens durent la reprendre,

car elle touche de très près à l'origine de l'âme humaine, et des liens étroits la rattachent au dogme de la transmission du péché originel.

Saint Thomas d'Aquin en reconnut la grande portée et en donna une solution fort exacte, qui rend compte de tous les faits constatés et attribue une juste part à l'âme et au corps.

L'école idéaliste inaugurée en France par Descartes, regarda le corps et l'âme comme deux substances complètes, séparées par un abîme, l'une n'ayant d'autre propriété que l'étendue, et l'autre d'autre fonction que la pensée : grâce à ce dualisme, la partie matérielle et la partie spirituelle de l'être humain ne communiquaient plus entre elles, et la question de l'hérédité ne pouvait avoir aucune importance appréciable.

Cependant, une réaction violente devait bientôt se faire sentir. Les sciences naturelles se renouvelèrent ; elles constatèrent de nombreux rapports entre les différents règnes de la nature, et exagérant bientôt ces rapports, un grand nombre de savants finirent par ne voir dans l'anthropologie qu'une application, une extension de la biologie et de la physique.

Dans la question spéciale qui nous occupe, les médecins firent le premier pas. Ils remarquèrent que les maladies sont fréquemment héréditaires et

que, généralement, les diverses dispositions physiologiques se transmettent comme les maladies.
— Les partisans de la nouvelle psychologie vin-
rent ensuite, apportant dans l'étude des facultés
de l'âme les mêmes procédés d'investigation empirique. En présence d'un malade, les médecins
s'étaient appliqués à trouver dans la constitution
physique de ses ancêtres les antécédents et la cause
plus ou moins directe de la maladie actuelle ; de
même, en face d'un sujet présentant telle tendance
mentale ou tel caractère déterminé, les psychophysiciens invoquèrent les tendances et le caractère de ses parents.

Peu à peu certains médecins en sont venus à
mettre *toutes* les maladies sur le compte de l'hérédité, et plusieurs philosophes en ont fait autant
pour les aptitudes intellectuelles et morales de
toute sorte. On cite aujourd'hui, comme étant
l'expression d'une vérité universelle, cette parole
étrange de M. Letourneau : « A vrai dire, tout être
organisé, végétal, animal ou homme, est, dans
toute sa personnalité, le résultat de l'hérédité (1). »

Dans un pareil système, il ne saurait y avoir de
place pour le libre arbitre ; pour l'homme comme
pour l'animal, les fatalités sont absolues et les des-

______

(1) *Dictionnaire encyclopédique des sciences médicales.*

tinées inévitables. Le déterminisme héréditaire a trouvé dans l'origine de chaque chose la raison de l'évolution qu'elle doit accomplir et des diverses phases qu'elle doit traverser.

On le voit, c'est maintenant la cause même du spiritualisme qui se trouve engagée dans la question de l'hérédité, et s'il ne veut laisser prononcer son arrêt de mort au nom de la science, il doit fournir la solution du problème d'après ses propres principes. Sans doute, trop de mystères enveloppent encore l'origine des choses pour qu'on puisse espérer faire pleinement la lumière sur un problème aussi complexe et qui touche à tant de sciences différentes ; toutefois, la philosophie du Docteur Angélique, si mesurée et si précise dans la détermination des rapports qui unissent, chez l'homme, le principe physique et le principe immatériel, offre à qui sait la pénétrer de précieuses indications et de solides explications.

C'est à sa lumière que nous nous efforcerons de rendre compte des faits observés par la science moderne, et de montrer l'importance considérable des influences héréditaires ; c'est elle aussi qui nous préservera des exagérations dans lesquelles sont tombés les partisans de la psycho-physique, et qui nous permettra de combattre victorieusement les conclusions du déterminisme.

De la sorte, la base de notre étude sera expérimentale et le faîte rationnel. Dans la question de l'hérédité comme dans celle de la vie, la philosophie et les sciences doivent combiner leurs efforts, sous peine de s'égarer ou de demeurer stériles. Au savant de multiplier les expériences et d'enregistrer les faits avec soin ; au philosophe d'en fournir la raison dernière en pénétrant jusqu'à l'essence des choses.

LA VIE

ET

L'HÉRÉDITÉ

PREMIÈRE PARTIE

LA VIE

On ne comprend bien une notion qu'en la rapprochant des notions analogues, et en l'étudiant sous tous ses aspects. C'est de cette manière que nous chercherons à connaître l'activité vitale. Nous verrons que l'activité règne déjà dans la matière inorganique, où elle se montre à sa plus faible puissance. Ensuite nous l'examinerons dans la plante, où elle se révèle sous la forme de la spontanéité; dans l'animal, où elle devient connaissance et désir; dans l'homme enfin, où elle s'élève jusqu'à la pensée et aux déterminations volontaires.

1

CHAPITRE PREMIER

L'activité dans la matière.

La question que nous avons dessein de traiter en ce chapitre est assez délicate : notre solution n'est point familière à plusieurs esprits trop accoutumés à prendre pour des oracles toutes les affirmations des physiciens modernes. Aussi sentons-nous le besoin d'exposer avec quelque développement l'*état de la question*.

I

La matière inorganique est-elle absolument inerte, et tous les phénomènes dont elle est le théâtre trouvent-ils leur raison totale dans les mouvements qui les ont provoqués ? L'atome est-il une masse indifférente, ou porte-t-il en lui-même un principe d'activité capable d'orienter dans une certaine direction l'impulsion qu'il reçoit du dehors ? Telle est la question à résoudre.

Saint Thomas avait enseigné avec toute l'école l'activité de la matière brute, sans la confondre avec l'activité vitale. Tout être, dit-il, est en vue de son acte : l'activité est une conséquence naturelle de l'existence : *Unaquæque res est propter suam operationem* (1). — *Singulæ partes sunt propter actus suos, sicut oculus ad videndum* (2).

D'après ce grand docteur, refuser l'activité à la créature, c'est du même coup porter atteinte à la sagesse et à la puissance du Créateur. « Detrahere perfectioni creaturarum, est detrahere perfectioni divinæ virtutis. Sed si nulla creatura habet actionem aliquam ad aliquem effectum producendum, multum detrahitur perfectioni creaturæ. Ex abundantia enim perfectionis est quod perfectionem, quam aliquid habet, possit alteri communicare (3). »

Entre ce mouvement naturel qui se produit sans relâche dans la nature physique et le mouvement vital proprement dit, saint Thomas a signalé une analogie véritable : *Quicumque motus naturalis hoc modo se habet ad res naturales ut quædam similitudo vitalis operationis* (4).

Telle était la pensée de l'école : la matière est active et porte en elle-même le principe de son activité (5) : cette activité se montre dans la nature à des degrés

(1) 1a, 2æ., q. III, a. 2, c.
(2) 1a., q. XLIV, a. 4, c.
(3) *Contra Gentes*, l. III, c. LXIX.
(4) 1a., q. XXVIII, a. 1, ad 1.
(5) Nous croyons devoir prévenir le lecteur que dans tout ce chapitre, nous prenons la matière avec son double élément étendu et formel, et non pas dans le sens de matière première, considérée indépendamment de la forme.

divers, et l'on ne doit point confondre l'acte de la plante qui vit, avec l'acte de la pierre qui garde la stabilité de ses éléments.

Aujourd'hui ces idées n'ont plus cours dans le monde des savants : les sciences physiques modernes visent à une interprétation mécanique de tous les phénomènes de l'univers. Deux éléments suffiraient à rendre compte de tout : le mouvement et la masse. De simples différences dans la distribution de la masse et du mouvement expliquent, en dernière analyse, les changements les plus divers.

Cette théorie purement mécanique fit son apparition dès que les physiciens commencèrent à secouer le «joug de la métaphysique». Descartes mit en principe que « toute variation de la matière ou toute la diversité de ses formes dépend du mouvement (1) ». Leibnitz paraît soutenir la même opinion, quand il affirme que « tout se fait mécaniquement dans la nature (2) ».

C'est l'enseignement que nous retrouvons dans les livres de la plupart de nos savants modernes. Ils ne se contentent point de réduire à des problèmes de mécanique tous les phénomènes physiques ou chimiques : la Physiologie elle-même ne serait qu'une branche de la Mécanique. Physiciens et physiologistes parlent dans le même sens. Kirchhoff disait en 1805 : « Le but suprême auquel les sciences naturelles doivent viser, mais qu'elles n'atteindront jamais, c'est la détermination des forces présentes dans la nature, et de

(1) *Princip. Philos.*, II, 21.
(2) *Nouveaux Essais.*

l'état de la matière à un moment donné, — en un mot, la réduction de tous les phénomènes de la nature à la mécanique. » — « Chaque analyse, disait Ludwig en 1852, de l'organisme animal, a ainsi mis en lumière le nombre limité des atomes chimiques, la présence de l'éther, véhicule de la chaleur, et celle des fluides électriques. Ces données conduisent à cette inférence, que tous les phénomènes de la vie animale sont simplement des conséquences, des attractions et des répulsions résultant du concours de ces substances élémentaires. »

Les représentants les plus autorisés de la science moderne ne voient donc dans la nature que matière et mouvement : tout principe d'activité est, à leurs yeux, une entité métaphysique que la science positive ne saurait admettre. Si les êtres de l'univers nous présentent des degrés divers de perfection, c'est qu'ils participent en quantités' inégales à la somme constante de mouvement ou d'énergie actuelle.

Nous ne pouvons souscrire à de pareils systèmes. Nous voulons établir contre le matérialisme que l'être vivant est dirigé vers sa fin, à travers les phases de son évolution, par un principe vital qui l'imprègne, le vivifie, l'*informe*. Mais notre thèse aura bien plus de poids, si nous établissons d'abord que le minéral lui-même est doué d'activité, et que cette activité, différente d'une espèce à l'autre, ne trouve son explication que dans une force inhérente à la matière elle-même. Si, au contraire, tous les phénomènes de la nature inorganique avaient leur cause suffisante dans le mouvement mécanique qui les provoque, ne pourrait-on pas nous taxer de précipitation et d'ignorance,

quand nous attribuons à une force l'activité vitale ?
Car, on nous objecterait que la Physiologie n'a que
peu d'années, que la Physiologie expérimentale ne
fait que de naître, qu'on pourra un jour intégrer
dans une formule mathématique les fonctions végétatives, comme on l'a fait pour les phénomènes physico-chimiques. Quand nous aurons prouvé que la
masse et le mouvement ne suffisent point au savant
philosophe qui veut pénétrer les secrets de la nature
minérale, n'aurons-nous pas la voie ouverte pour
montrer que le physiologiste ne peut y trouver non
plus la raison dernière des opérations vitales ?

Nous regrettons vivement que plusieurs savants
catholiques aient renoncé si aisément à la thèse que
nous allons soutenir. Ils n'ont pas réfléchi aux conséquences : ils n'ont pas assez pesé les fortes preuves
que la doctrine de l'école emprunte à la science elle-
même. Ainsi le P. Secchi, dans son livre de l'*Unité
des forces physiques,* a fait une dépense d'activité
intellectuelle qui honore beaucoup son génie, mais
qui eût été plus profitable au service d'une meilleure
cause. Il essaie de ramener à la Mécanique tous les
phénomènes connus de physique et de chimie : il s'est
heurté à des difficultés insurmontables que nous
dirons plus loin.

Ce n'est point par ignorance des lois de la nature
et des découvertes qui ont illustré les savants de notre
siècle, que nous maintenons la doctrine ancienne de
l'activité de la matière. Nous reconnaissons tous les
progrès accomplis de nos jours, et particulièrement
les conquêtes de la Physique et de la Chimie dans le
domaine de la Physiologie. Au reste, pour mieux

éclairer le lecteur sur ce point, nous professerons que tous les corps de la nature sont constitués par des *atomes* ou des *molécules*, sièges de *mouvements divers*, où tout phénomène s'accomplit suivant les *lois générales de la Physique et de la Chimie*, mais où tout se passe sous la direction d'un *principe d'activité* inhérent à l'atome simple ou à la molécule composée.

Que le *mouvement* soit dans la nature, c'est le seul fait naturel qui ne rencontre aucun contradicteur.

La *matière étendue* n'est pas aussi universellement reconnue. Le dynamisme compte des champions nombreux parmi les mathématiciens, qui ne considèrent dans l'atome que le point d'application des forces et font trop aisément table rase de l'étendue réelle. Nous distinguons sans peine la matière pondérable et la matière impondérable. Que les physiciens disputent sur la nature de l'éther, qu'ils y voient une matière réduite à un état impalpable, mais de même nature que l'atome pondérable, ou qu'ils en fassent un milieu universel doué de qualités propres, — il nous suffit que l'espace soit rempli d'une matière continue, à travers laquelle les atomes étendus sont mis en mouvement et produisent des combinaisons diverses.

Tous les phénomènes naturels se révèlent à nos sens par une sorte de *mouvement* dans la *matière*. Mais suivant quelles lois s'accomplissent ces phénomènes? Chaque mouvement a-t-il son caractère propre? Ne pourrait-on pas prouver que tous se passent suivant des lois générales toujours fidèlement observées?

Nous admettons volontiers que tout phénomène

s'accomplit dans la nature sous la dépendance des forces physico-chimiques et conformément à leurs lois. Ainsi l'oxygène et l'hydrogène ne se combinent que sous l'influence de la chaleur ou de l'électricité, et la combinaison produit des résultats prévus dans des formules générales. Nous dirons de même que dans l'être vivant rien ne se produit que sous la provocation extérieure des forces physiques, et le mouvement vital se manifeste par des mouvements mécaniques et des altérations chimiques, susceptibles bien souvent d'être exprimés par une formule mathématique.

Nous ne serons donc point accusés de méconnaître les droits des sciences physico-chimiques : il nous arrivera à toute occasion de signaler la grande part qui leur revient dans les phénomènes vitaux.

Mais nous prétendons qu'on n'a pas dit le dernier mot sur la nature même inorganique, quand on a formulé la loi suivant laquelle le mouvement s'accomplit dans la matière. Nous espérons démontrer par ce qui va suivre qu'un principe d'activité inhérent à la matière est à la fois la source des propriétés qui la distinguent, et la raison de la direction qu'elle prend sous l'impulsion du mouvement mécanique.

Tout ce qui précède explique assez clairement notre pensée pour que nous puissions émettre la proposition suivante :

La molécule inorganique est douée d'une vraie activité propre et immanente.

Nous disons *molécule*, pour que notre thèse s'applique également aux corps simples et aux corps composés.

1.

L'activité est ce qui se révèle à nous : elle est la manifestation d'un principe actif inhérent à la matière : si la matière est vraiment active, il faut qu'elle porte en soi la cause de son activité.

Cette activité est *immanente*, elle existe au sein même de la molécule, elle n'est pas empruntée. Sans doute, cette activité emprunte au dehors l'énergie qu'elle emploie. La molécule inorganique est impuissante à créer de l'énergie. Mais elle se révèle par ce fait qu'elle dirige et applique une énergie actuelle ou potentielle, qui, d'elle-même, était indifférente au résultat final. Exemple : l'étincelle électrique qui traverse l'eudiomètre est indifférente, elle décomposera l'ammoniaque ou combinera l'oxygène et l'hydrogène : l'effet produit va dépendre de la vertu ou activité propre des éléments qui l'utilisent.

II

Il nous reste à prouver notre thèse. Nous n'insisterons pas sur les raisons métaphysiques : car soutenant une doctrine combattue par la science moderne, il sera plus de saison d'employer des arguments tirés de la science elle-même.

Pour montrer l'activité de la matière, il nous faut prendre sur le fait son action. Nous pourrions examiner dans ce but tous les phénomènes de la nature : une analyse sérieuse nous ferait découvrir partout l'activité immanente de la molécule derrière le mouvement mécanique qui frappe les sens. Il nous suffira d'en étudier trois : la cohésion, la cristallisation et l'affinité élective. Nous ferons ressortir ensuite en quelles contradictions tombe nécessairement la théorie mécanique.

La *cohésion* est cette force qui tient serrées les particules élémentaires des corps. On admet aujourd'hui que tous les corps sont formés par des agrégats de particules innombrables, insaisissables à nos instruments, et qu'on nomme atomes ou molécules. Les atomes, ou parties ultimes de la matière, s'unissent en molécules : mais les atomes et les molécules sont autant de systèmes juxtaposés dans les corps, suspendus dans le milieu universel continu qu'on appelle *éther* ; ils ne se touchent pas, et pourtant ils conservent entre eux une étroite union. Cette union peut être substantielle, comme cela se voit dans les molécules composées de plusieurs sortes d'atomes, — ou accidentelle, par exemple dans les masses homogènes ou non homogènes, où des molécules déjà constituées dans leur espèce sont pour ainsi dire inséparables.

Le fait de la cohésion ne peut être contesté ; il varie d'une substance à l'autre, mais on le retrouve partout. La cohésion qui unit les atomes d'une molécule d'eau, par exemple, est tellement forte, que l'énergie d'un courant électrique ou d'une très haute température est seule capable de la vaincre. L'union des molécules similaires ou non similaires entre elles est plus variable. Elle est à son maximum dans les corps solides qui gardent une forme constante ; elle est faible dans les liquides où les molécules glissent aisément les unes sur les autres ; elle est nulle dans les gaz, où chaque unité moléculaire est animée d'un mouvement perpétuel, comme si chacune exerçait sur l'autre une vraie répulsion.

Mais d'où vient cette force qui produit la cohésion ? Elle vient des molécules elles-mêmes, ou bien elle vient du dehors : nous ne pouvons faire une troisième supposition.

La première hypothèse se présente d'abord à l'esprit comme la plus vraisemblable. Voici une molécule d'eau, où deux atomes d'hydrogène et un atome d'oxygène sont liés dans une vraie unité substantielle. Vous pouvez faire de cette molécule ce qu'il vous plaira : vous ne briserez pas ce lien qui unit ses éléments. Comment se refuser à croire que ces éléments ont exercé les uns sur les autres une réelle influence, que leurs activités respectives se sont fondues en une activité nouvelle qui ne disparaîtra qu'en face d'une puissante énergie électrique ou calorifique ? Une barre de fer peut supporter sans se rompre un poids énorme : la cohésion qui unit ces particules peut être mesurée par la force extérieure capable de la détruire. Je suis porté à imaginer l'action réciproque de toutes les molécules de fer : chacune d'elles est liée à sa voisine par une influence mutuelle ; cette influence est une activité que j'attribue à la molécule elle-même. Sans doute je ne suis pas en mesure de dire la nature de cette activité, ni les lois précises de son action : cependant, j'en reconnais la nécessité.

Et si l'on trouve que j'introduis une entité métaphysique, dont la sience positive ne doit pas connaître, que m'offre-t-on pour me tirer d'embarras ? Si la cohésion ne vient pas de l'influence que les molécules exercent entre elles, il faut bien qu'elle soit produite par un agent externe. Cet agent doit être purement mécanique : il reste donc à dire que les molécules paraissent se tenir parce qu'elles sont poussées l'une vers l'autre par un choc extérieur. C'est en effet la théorie destinée à supplanter l'activité de la matière. L'espace est constamment traversé dans toutes les directions par des courants de corps infiniment petits, se mouvant avec une vitesse presque infinie et venant des régions inconnues de l'univers. Le choc de ces petits corps sur les molécules pondérables juxtaposées les fait adhérer fortement les unes aux autres.

Nous ne voulons pas discuter en détail cette hypothèse pour en démontrer toute la frivolité. Deux observations importantes nous suffiront. 1° Il serait possible de protéger des corps solides par des écrans contre le choc producteur de la cohésion. Prenons une barre de fer : enfermons-la dans une boîte de platine, le platine arrêtera tous les coups ; sans cela le platine lui-même ne garderait pas sa consistance. Le fer ainsi soustrait aux influences mécaniques du dehors devra donc tomber en poussière ; qui le voudrait croire ? — 2° Une seconde observation nous est fournie par le savant Maxwell lui-même. Voici le dilemme qu'il propose : Ou bien les corpuscules facteurs de la cohésion sont parfaitement élastiques et rebondissent avec la même vitesse, quand ils rencontrent une molécule pondérable, et alors ils emportent avec eux leur énergie dans les régions ultramondaines, et ils ne pressent pas la molécule heurtée ; ou bien ces corpuscules sont soit inélastiques soit imparfaitement élastiques, et alors une partie de leur énergie se transforme en chaleur, et la chaleur ainsi engendrée élèverait en quelques secondes le corps frappé à la température du blanc (1).

La cohésion demeure donc à notre avis la manifestation sensible d'une réelle activité inhérente à la matière.

.·.

Le plus étrange phénomène que nous présente le monde inorganique est assurément celui de la *cristallisation*. Tout corps liquide ou dissous qui passe librement ou lentement à l'état solide, oriente avec tant d'art ses molécules, qu'il prend une forme géométrique régulière. Chaque corps affecte un système particulier ; certaines substances, comme le soufre, peuvent présenter plusieurs formes suivant les circonstances de la cristallisation ; mais en dehors de ces formes déterminées, quelque variables que soient les influences, jamais un corps ne prendra une forme cristalline étrangère. Certains accidents peuvent nuire à une parfaite régularité ; mais sous de légères imperfections de formes extérieures, on découvre toujours la tendance à réaliser le même plan. Le cristal tronqué peut réparer ses blessures, et il les répare sans s'écarter du modèle. Ce fait de la cristallisation a paru si singulier que certains auteurs n'ont pas craint d'assimiler le cristal à un être vivant ; à leurs yeux ce serait un intermédiaire où la nature

______

(1) Cf. Stallo, La *Matière et la Physique moderne*, p. 43.

réalise déjà une forme constante dans l'espèce, mais où règne la stabilité, tandis que le mouvement perpétuel caractérise la monère qui se nourrit.

Où prendrons-nous la cause de la cristallisation? Pourrons-nous l'interpréter sans recourir à une activité interne?

On nous dira que la cristallisation s'explique par la nécessité de l'équilibre mécanique. Tout tend à l'équilibre dans la nature. C'est pour le réaliser que dans la molécule les atomes se groupent en petits édifices; les exigences de l'équilibre sont la raison du nombre et des espèces d'atomes qui entrent dans la construction.

Quand un corps dissous se solidifie lentement, chacun de ces édifices moléculaires tombant au fond du vase a toute liberté de prendre la meilleure position d'équilibre par rapport à ceux qui l'ont précédé; il oriente ses pôles, et la symétrie s'observe si bien que la masse totale présente une forme géométrique sans doute en parfaite harmonie avec la forme de chaque unité.

Nous ne nierons point la tendance à l'équilibre, mais nous demanderons d'où vient cette orientation que prend la molécule en arrivant au fond du cristallisoir, et quelle est la cause de la forme et des propriétés spécifiques de chaque édifice moléculaire.

A mesure que le liquide s'évapore, les molécules suspendues en dissolution ou bien s'unissent déjà dans la masse liquide, ou tombent une à une, peu importe. En tout cas, il se produit une réelle orientation. Trouvera-t-on une cause mécanique externe, un choc quelconque qui en donne la raison suffisante?

Les causes extérieures sont au moins indifférentes. Le besoin d'équilibre n'explique rien, s'il n'exprime une activité propre à chaque molécule, dont l'influence amène l'orientation nécessaire à la forme cristalline. Si la molécule a des pôles distincts, d'où vient la distinction? Si ces pôles sont électrisés de noms contraires, comme il faut bien admettre qu'ils ne se ressemblent pas, qui a déterminé la distribution de l'électricité! etc., etc...

C'est la pensée des cristallographes que chaque molécule a une forme géométrique caractéristique de son espèce. Chacune est un polyèdre dont les atomes occupent les sommets. Il y avait donc dans les atomes une raison qui les a groupés dans tel système plutôt que dans tel autre. Il y a donc dans la molécule résultante un lien qui les retient unis dans un même édifice et résiste aux mouvements extérieurs qui tendraient à les séparer. Or, admettre tout cela, n'est-ce pas reconnaître que l'atome et la molécule ne sont point inertes, qu'ils agissent véritablement et ne sont point seulement mûs par le dehors! L'énergie qui vient du dehors est évidemment indifférente à l'effet qu'elle produira : la constance et la régularité de la forme réalisée attestent donc une activité immanente qui dirige vers un but déterminé les forces du dehors.

Aussi le fait de la cristallisation est-il encore à nos yeux une preuve incontestable de l'activité de la matière.

Nous avons dit que l'*affinité élective* des corps nous conduirait à la même conclusion, en nous faisant prendre sur le fait l'action des atomes élémentaires.

Le mot *affinité* est employé en Chimie pour désigner la tendance que présentent les éléments atomiques à se combiner entre eux. On dira que le chlore a plus d'affinité pour l'hydrogène que pour l'oxygène, parce qu'il se combine plus aisément et forme des composés plus stables avec le premier qu'avec le second. Or, l'affinité est *élective.* En voici la preuve : Mettez dans un eudiomètre de l'oxygène, de l'hydrogène et de l'azote, faites-y passer l'étincelle électrique : une combinaison d'oxygène et d'hydrogène se produit dans une proportion d'un volume de l'un contre deux volumes de l'autre. Vous remarquerez d'abord la sélection qui s'opère dans le mélange ; et pourtant les deux gaz qui s'allient ne manquent pas d'une certaine affinité pour l'azote : puis, la combinaison ne se fait point au hasard, les éléments s'unissent suivant une loi constante. Et c'est là un fait universel qui se renouvelle dans toutes les opérations chimiques : toutes les fois que vous mêlerez des substances diverses et que vous fournirez l'énergie nécessaire, vous verrez les éléments suivre leurs plus grandes affinités et *choisir* dans la masse tous les éléments qui leur reviennent.

Trouvera-t-on aussi une cause mécanique à ce choix constant ? sera-ce un choc ? mais le choc ne discerne point les éléments pour les unir : il pourrait les rapprocher peut-être, mais il ne pourrait les combiner de manière à constituer de nouvelles substances. — Sera-ce la forme géométrique des atomes qui déter-

mine et le choix et l'union intime qui s'opère? On le
dit en effet, et nous avons entendu avec intérêt le
P. Le Ray exposer cette opinion au dernier congrès
scientifique des Catholiques. Mais ou bien ces atomes
de formes diverses sont purement inertes, et alors
on ne peut expliquer ni la cohésion qui les unit, ni les
propriétés qui résultent de leur union ; — ou bien ils
sont doués de qualités inhérentes à leur masse, d'où
naîtraient les propriétés qu'ils manifestent à l'état
isolé, et les propriétés du composé qu'ils forment, et
alors ces qualités sont précisément cette activité immanente que nous voulons trouver dans la matière.
— Non seulement la théorie cinétique n'a pas encore
rendu compte des affinités chimiques ; mais on peut
dire que ces affinités paraissent tellement le résultat
de l'activité propre des éléments, qu'on ne pourra
jamais trouver une formule mathématique des actions
et influences réciproques des atomes.

Il n'est pas un seul phénomène de la nature où
l'analyse attentive ne pût saisir l'activité de la matière. Mais les exemples que nous avons cités suffisent. Il est temps de suivre sur leur propre terrain
les partisans de la théorie mécanique et de montrer
comment leurs principes sont en contradiction avec
les théories les plus universellement admises de la
Physique moderne.

III

Dans un livre assez récent, où des observations très
judicieuses se trouvent mêlées à des aberrations re-

grettables (1), le savant américain Stallo a clairement résumé et vivement poursuivi la doctrine que nous combattons ici. Nous lui ferons plusieurs emprunts dans les arguments que nous allons donner.

La théorie suivant laquelle le mouvement est la cause totale, et non pas seulement la condition, de tous les changements qui se manifestent dans la nature, — et toute diversité qualitative se ramène à une simple différence quantitative dans la distribution de la masse et du mouvement; cette théorie, disons-nous, conduit aux quatre propositions suivantes (2) :

1. Les unités élémentaires de masse, étant simples, sont égales sous tous les rapports.

2. Les unités élémentaires de masse sont absolument dures et inélastiques.

3. Les unités élémentaires de masse sont absolument inertes et par suite absolument passives.

4. Toute énergie dite potentielle est en réalité motrice.

La première proposition est une déclaration formelle de Descartes. « La matière qui existe dans le monde est partout une et identique : toutes les variations de la matière dépendent du mouvement (3). » Les idées n'ont point changé depuis, et Herbert Spencer enseigne encore que les *unités ultimes* des corps sont *homogènes*. (*Contemporary review*, juin 1872.)

---

(1) Stallo, *La matière et la physique moderne.* — Paris, Alcan, 1884.

(2) Stallo, p. 12.

(3) *Princ. phil.*, II, 23.

Or, les atomes ne sont pas dépourvus de qualités et de différences spécifiques. Ils diffèrent en poids, ils diffèrent par des propriétés dont le seul mouvement ne peut rendre compte. Nous ne reviendrons pas sur l'*affinité élective* des atomes qui manifeste clairement des différences de propriétés : il nous suffira de faire ressortir que le poids diffère d'un atome à l'autre.

Toute la Chimie moderne repose sur un principe dont on a dit « qu'il tient en Chimie la même place que la loi de la gravitation en Astronomie. » (Cooke.) C'est la loi d'Avogrado, dont voici l'énoncé : Des volumes égaux, de toutes les substances, pris à l'état gazeux, et sous les mêmes conditions de pression et de température, contiennent le même nombre de molécules. Il en résulte que les poids des molécules sont proportionnels aux poids spécifiques des gaz ; comme ceux-ci sont fort variables, les molécules diffèrent donc aussi en poids : et s'il est vrai que les molécules de certains corps soient monoatomiques, ou constituées par un seul atome, tandis que les molécules des divers autres corps contiennent le même nombre d'atomes, les atomes ultimes de ces corps sont de poids différents.

A ce qui précède on ne peut objecter qu'une cause : sans doute les molécules diffèrent en poids, mais la différence vient de la différence dans le nombre des atomes agrégés. Ainsi le chlore a un poids atomique 35 fois plus fort que celui de l'hydrogène, la cause en est que le molécule de chlore a 35 unités élémentaires, tandis que l'hydrogène n'en a qu'une. — Mais cette hypothèse, d'ailleurs purement gratuite, rencontre un.

obstacle insurmontable dans la thermodynamique (1).

Si les atomes offrent entre eux de réelles différences, et si tous les efforts tentés jusqu'à ce jour pour les expliquer par la pure mécanique sont restés vains et toujours en contradiction avec les faits scientifiques, ne sommes-nous pas autorisés à en rechercher la cause dans un principe d'activité inhérent à la matière, dans ce que l'École nommait la *forme substantielle ?* La matière première est de soi indifférente et indéterminée : la forme qui la pénètre la détermine et lui donne les qualités diverses que la science nous révèle. C'est ainsi que les progrès réalisés par nos savants modernes, non seulement ne battent pas en brèche les vieilles conceptions de notre

(1) Nous croyons devoir mettre en note l'exposé de cette difficulté : si le lecteur est un peu au courant des sciences physiques, il la lira avec intérêt. Nous l'empruntons à Stallo, *op. cit.*, p. 18 :

« La science moderne regarde la chaleur comme une forme de l'énergie — comme consistant dans une agitation des molécules ou atomes dont les corps sont constitués ; et, pour les corps gazeux au moins, elle distingue entre la partie de cette énergie qui se manifeste sous la forme de température, l'attribuant à des mouvements translatoires de molécules, ou plutôt de leurs centres de masse, et une autre partie, appelée énergie interne, que l'on suppose résider dans les mouvements oscillatoires ou rotatoires des atomes qui les composent.

» On a montré expérimentalement que le rapport entre la chaleur spécifique d'un gaz à une température constante et la chaleur de ce gaz à volume constant, est inférieur à la valeur que lui attribue la théorie qui suppose que toute la chaleur fournie à un corps gazeux est employée à produire un mouvement de translation des molécules, l'effet produit étant la dilatation ou une augmentation de pression, ou l'un et l'autre.

» Cette différence, on en rend compte en supposant qu'une

Philosophie, mais mettent plus au jour les bases solides qui lui servent de fondement.

.*.

La seconde proposition suppose toutes les *unités élémentaires absolument dures et inélastiques*. L'élasticité implique mouvement de parties, et, par suite, ne peut être l'attribut d'atomes véritablement simples. Aussi les partisans de la théorie mécanique, depuis Newton jusqu'à nos jours, ont-ils admis la dureté absolue de l'atome élémentaire.

Et cependant la théorie cinétique des gaz et la loi de conservation de l'énergie, deux choses également chères à nos physiciens modernes, exigent la parfaite

partie de la chaleur est convertie en mouvements intramoléculaires, c'est-à-dire en mouvements de particules dans l'intérieur de la molécule, sans modifier sa position ni son action totales.

» On voit maintenant, — et Clausius, Boltzmann, Maxwell et autres ont montré — que l'énergie ainsi convertie en mouvements intramoléculaires ou interatomiques doit croître avec la complexité de la constitution moléculaire ; elle deviendrait énorme par conséquent, si une molécule consistait en un nombre d'atomes assez grand pour rendre compte des différences entre les poids moléculaires des corps simples. Le poids moléculaire du chlore, par exemple, est trente-cinq fois et demie celui de l'hydrogène ; et si ces poids sont proportionnels au nombre d'atomes contenus dans chaque molécule, il devient nécessaire de supposer, — même en admettant que l'hydrogène est strictement diatomique, — que chaque molécule de chlore ne se compose pas de moins de 71 atomes. Mais, si cette hypothèse était valide, presque toute la chaleur fournie au chlore serait absorbée, c'est-à-dire convertie en énergie interne, et sa chaleur spécifique d'après le calcul dépasserait beaucoup le chiffre que lui assigne actuellement l'expérience. »

élasticité des atomes. Nous voilà donc en présence d'une contradiction nouvelle.

D'après la théorie cinétique, qui n'est qu'une hypothèse sans doute, mais fort bien appuyée sur les faits, les corps gazeux seraient composés d'innombrables particules solides se mouvant incessamment en ligne droite, avec des vitesses différentes, dans toutes les directions possibles, bombardant sans cesse les bords des récipients qui les contiennent. Ces mouvements seraient bientôt terminés, si les particules étaient inélastiques ou imparfaitement élastiques : car il y aurait perte de mouvement à chaque rencontre. La perpétuité du mouvement des parties conduit donc à admettre leur parfaite élasticité.

Le principe de la conservation de l'énergie amène au même résultat. Quand un corps peu élastique perd de son mouvement de translation, l'énergie translatoire s'est transformée en mouvements vibratoires des parties minuscules : on la perçoit sous forme de chaleur. Mais les atomes ultimes, étant simples, n'ont point de parties : l'énergie translatoire ne peut se transformer en énergie interatomique : d'où il faut conclure ou bien à la diminution de l'énergie, ou bien à la parfaite élasticité.

D'ailleurs, les notabilités scientifiques, comme Maxwell, ont reconnu la nécessité d'admettre dans les atomes élémentaires une élasticité parfaite.

La théorie mécanique n'a point manqué d'habiles défenseurs pour la tirer de l'embarras où la jette cette contradiction. Sir William Thomson et le P. Secchi ont fait les tentatives les plus dignes de remarque. Mais Maxwell a victorieusement démontré l'impossibilité des *atomes-tourbillons* de Thomson, et les théorèmes bien établis de notre grand géomètre Poinsot ont prouvé que la réflexion des molécules imaginée par le P. Secchi ne peut tenir lieu de l'élasticité (1).

*
* *

Les unités élémentaires sont absolument inertes : telle est la troisième proposition de la théorie mécanique : on peut même dire qu'elle contient et exprime toute la théorie elle-même. C'est contre elle que notre thèse est dirigée. Sans répéter ici ce que nous avons déjà dit contre l'inertie de la matière, nous ajouterons pourtant quelques réflexions.

Si la matière est inerte, toute action physique se produit par choc : tout phénomène se réduit à une transmission et à une transformation de mouvement : chaque molécule est un *substratum* d'une certaine quantité d'énergie actuelle, elle n'intervient nullement dans la direction qui lui est imprimée. Nous avons déjà montré combien une telle inertie s'accorde peu avec les phénomènes les plus vulgaires, comme ceux de la cristallisation et des combinaisons chimiques.

Il y a dans la nature une force physique, la plus mystérieuse assurément, qui réclame aussi dans la matière autre chose que l'inertie : c'est la gravitation universelle. Newton a constaté la loi : il n'a point osé se prononcer sur la cause, et il a dit : Tout se passe *comme si la matière attirait la matière* en raison directe des masses et en raison inverse du carré des

(1) Pour développements, v. Stallo, p. 27 et sq.

distances. Si la matière *attire*, elle jouit donc d'une activité réelle : s'il faut à tout prix qu'elle soit inerte, ne parlons plus d'attraction, elle n'attire pas, elle ne peut être que *poussée*.

Dans cette théorie, il faudra donc enseigner qu'un corps qui tombe vers le centre de la terre est bombardé dans tous les sens par des particules impalpables venues des lointaines régions de l'espace, — que les chocs latéraux se font équilibre, — que la terre fait écran dans la direction du centre, — et que l'excès de la poussée *a tergo* précipite la matière ainsi frappée.

Ici pourraient revenir les difficultés tirées de la thermo-dynamique que nous avons présentées au sujet de la cohésion. Le poids d'un corps devrait disparaître, quand un écran le soustrait aux chocs verticaux, et tout le monde sait qu'il n'en est rien. Si la molécule qui tombe n'est point poussée, il faut bien qu'elle soit attirée, et le centre qui l'attire n'est point sans activité.

Assurément, on peut nous demander comment s'opère cette attraction. S'exerce-t-elle à distance et sans intermédiaire ? Il semble clair qu'une force ne peut agir là où elle n'est pas. — Se transmet-elle par le mouvement vibratoire d'un milieu insaisissable à nos sens ? Cela même n'est point sans difficulté : car la pesanteur paraît agir instantanément, et, contrairement aux autres agents physiques, aucune force ne peut en modifier ni la direction ni l'intensité.

Nous avouons sans confusion que bien des conquêtes nous restent à faire dans le domaine de la nature : mais si nous lui avons du moins arraché le secret de son activité, faudra-t-il déchirer la première page d'un livre que nous ne pouvons encore complètement déchiffrer ?

* *

Enfin, la quatrième proposition prétend que toute l'énergie est actuelle ou motrice. C'est une conséquence nécessaire des principes de la théorie : on ne reconnaît que la masse inerte et le mouvement ; tous deux sont aussi distincts dans leur nature que constants en quantité : la masse n'est que le support de mouvements divers qui se transmettent et se transforment.

La distinction généralement admise entre l'énergie actuelle et l'énergie potentielle est sans valeur : il n'y a point d'énergie potentielle, ce que nous appelons ainsi n'est qu'un mode de mouvement que nos sens ne peuvent saisir.

Or, tout effort fait en vue d'abolir cette distinction restera sans succès, car la science moderne enseigne que la diversité et le changement dans les phénomènes de la nature ne sont possibles qu'à la condition que l'énergie du mouvement puisse être emmagasinée comme énergie de position.

Soit un kilogramme de poudre destiné à produire un grand travail, comme celui de lancer un boulet de canon, ou de briser un quartier de roche. Cette énergie potentielle est-elle vraiment motrice, ou consiste-t-elle dans la tendance des éléments de la poudre à se combiner entre eux et avec l'oxygène ? Si l'énergie est toute motrice, comme le veut la théorie, il faudra dire que tous les atomes des grains de poudre sont animés autour de leur centre de mouvements rotatoires extrêmement rapides, et que l'approche de la flamme détermine la transformation brusque de ces mouvements rotatoires en un mouvement de translation. De telles frivolités ne peuvent être admises par des esprits sérieux. Il convient au contraire de comparer les éléments de la poudre et de l'air à l'eau d'un réservoir qui, dans sa chute, engendre un mouvement réel capable de produire un travail. La poudre est par rapport à l'air dans une position telle, que le voisinage d'une flamme combinera les éléments et produira une quantité d'énergie motrice capable de lancer un projectile ou de fendre un rocher. Mais dans ce cas, l'énergie était purement latente, vraiment potentielle ; la quantité de mouvement a vraiment augmenté ; la masse tenait vraiment de l'énergie emmagasinée ou dissimulée ; elle était donc douée de certaines qualités ; elle n'était donc pas absolument inerte.

* *
*

Concluons : la matière inorganique n'est point inerte et purement passive : son activité se révèle au philosophe dans tous les phénomènes de la nature. C'est pourquoi nous considérons l'atome comme constitué par deux principes : l'un passif, la matière première, source du poids et de l'étendue, mais qui n'existe jamais seul, privé de sa forme ; l'autre actif, la forme substantielle, source des propriétés diverses et de l'activité dont la matière est réellement le siège.

Ces deux principes ne doivent point être conçus comme deux entités juxtaposées, capables de séparation ; ils sont fondus en un seul être.

Il n'y a donc pas lieu de s'effaroucher de ces *entités métaphysiques* pour lesquelles la philosophie moderne professe tant d'horreur : la forme n'a rien qui ressemble à ces esprits que les astrologues supposaient chargés de veiller au cours régulier des astres dans l'espace. L'attraction universelle a fait évanouir ces génies bienfaisants inventés par l'ignorance, mais elle n'a fait que confirmer la vieille thèse aristotélicienne de l'activité de la matière.

Nous ajouterons que ce principe d'activité est la source des différences spécifiques qui distinguent les corps. Puisque la forme est la source des propriétés, qu'elle se révèle même par ces propriétés, elle est multiple comme les effets qu'elle produit. Il n'appartient pas au philosophe de compter le nombre des corps simples : il apprend du chimiste quels éléments diffèrent essentiellement dans la manifestation de leur activité. Le nombre peut varier : il est possible qu'on en compte trop ; il est probable que d'autres restent à découvrir. Mais au milieu des oscillations perpétuelles d'une science mobile, le principe de l'activité de la matière restera toujours incontestable. Et tandis que la stabilité des éléments est le terme vers lequel tend l'activité du monde inorganique, nous allons voir que c'est dans un tourbillon perpétuel de la matière que se manifeste le principe d'activité propre aux êtres vivants.

CHAPITRE II

La vie végétative.

Un savant américain, Georges Barcker, nous représente la vie comme « un feu follet qui danse encore au-dessus des marécages de notre faible savoir. » Un autre écrivain, Dubois-Raymond, a placé la vie parmi les sept énigmes du monde.

Mais le scepticisme de ces auteurs ne tiendrait-il pas à une erreur de méthode ? Ils ont voulu résoudre par la seule observation un problème qui dépend essentiellement du raisonnement ; est-il donc si étonnant qu'ils aient échoué dans leur tentative ? Les sciences physiques et physiologiques, en vertu même de leurs procédés, ne peuvent arriver jusqu'à l'essence des choses ; cette connaissance difficile est du ressort d'une science plus haute, la philosophie.

A sa lumière, essayons de montrer d'abord ce qu'est l'opération vitale, ensuite ce qu'est la vie dans la plante, enfin quelle est la nature intime du principe dont elle émane.

2.

ARTICLE PREMIER

NOTION GÉNÉRALE DE LA VIE

La vie, disions-nous en commençant, se manifeste chez les êtres les plus divers ; l'homme, l'animal et la plante en sont également pourvus. Végéter, sentir, penser et vouloir, c'est vivre, mais ce n'est pas vivre de la même manière. Cherchons donc le fonds commun qui se cache sous ces formes diverses ; si nous sommes assez heureux pour le distinguer, nous pourrons nous faire une idée de la vie en général.

De l'aveu de tous, la vie est une *source d'activité*, et les savants ou les philosophes qui regardent la matière comme tout à fait inerte et passive, reconnaissent qu'il y a au sein de l'être vivant une activité propre incontestable.

Mais ce premier caractère ne saurait nous suffire ; d'abord, parce qu'il est trop vague et trop général, ensuite parce que l'activité n'est point l'apanage exclusif des êtres animés : on la trouve chez tout ce qui est, et la matière elle-même nous en a fourni des preuves irrécusables.

On s'accorde aussi en général à regarder la vie comme une sorte de *mouvement*. La fameuse formule, *vita in motu*: est passée en axiome. D'après le Docteur angélique, la première comme la dernière manifestation de la vie, c'est l'expression d'un mouvement *autonome*. « Primo enim dicimus animal vivere, quando incipit ex se motum habere, et tamdiu judicatur animal vivere, quamdiu talis motus in eo apparet; quando vero jam ex se non habet aliquem motum, sed movetur tantum ab alio, tunc dicitur animal mortuum, per defectum vitæ. Ex quo patet quod illa proprie sunt viventia, quæ seipsa secundum aliquam speciem motus movent (1). »

Mais ici quelques explications deviennent nécessaires. Le mouvement, appliqué à la vie, doit s'entendre dans un sens assez large, non pas seulement en tant qu'il se rapporte au mouvement local, mais en tant qu'il désigne un acte quelconque de l'ordre spirituel ou matériel. *Operatio vitæ*, dit encore saint Thomas, *est ex hoc quod aliquid est natum movere seipsum, largè accipiendo motum, prout etiam intellectualis operatio motus quidam dicitur* (2). »

L'usage a consacré cette acception large et métaphorique du mouvement, car on ne parle guère moins du mouvement de l'âme, des mouvements de l'esprit et du cœur, que des mouvements du corps.

Du reste, le mouvement vital n'est pas nécessairement un mouvement *extérieur*; l'activité *interne* est

---

(1) *Sum. th.*, I, q. xviii, a. 1, c. « Dans la nature inanimée on trouve des mouvements qui imitent de loin le mouvement spontané; aussi les a-t-on pris pour emblèmes de la vie Par exemple, les eaux *vives*, le torrent qui s'*écoule*, la flamme qui se *consume* lentement. » Mais ce ne sont là que de lointaines analogies : « Quæ *videntur* per se moveri, quorum vulgus motores non percipit, per similitudinem dicemus vivere, sicut aquam *vivam* fontis fluentis, non auten cisternæ vel stagni stantis. » (*Contra Gent.*, l. I, c. xcivii, n. 2).

(2) *In I de animâ*, lect. a.

une preuve de la vie au même titre que l'activité externe. Les êtres les plus répandus au dehors ne sont pas toujours ceux qui produisent le plus, et les plus concentrés en eux-mêmes ne sont pas ceux qui produisent le moins.

Mais s'il n'est pas nécessaire que le mouvement se traduise au dehors, il est indispensable qu'il vienne *du dedans*, qu'il ait sa source dans une vertu propre et *immanente*. C'est là, d'après saint Thomas, un des concepts caractéristiques de la vie. « *Opera vitæ dicuntur quorum principia sunt in operantibus, ut seipsos inducant in tales operationes. — Vivere dicuntur aliqua, secundùm quod operantur ex seipsis, et non quasi ab aliis mota. — Viventia dicuntur quæcumque se agunt ad motum, vel operationem aliquam: ea vero in quorum naturâ non est ut se agant ad aliquem motum vel operationem, viventia dici non possunt* (1). »

Le vivant « n'est pas agi », comme dit quelque part Bossuet dans son énergique langage, il agit par lui-même sans avoir besoin de recevoir le mouvement du dehors : *operantur ex seipsis, et non quasi ab aliis mota;* il est la cause propre et déterminante de ses actes, il en a l'initiative et, dans une certaine mesure, la direction.

Nous pouvons donc tenir pour une vérité hors de conteste que l'acte vital procède de l'énergie interne du sujet qui en est le principe.

* *

(1) 1a, q. xviii, a. 1, c. et a. 3, ad 2, a. 3. c.

Faut-il aller plus loin? Faut-il croire qu'il doit encore se renfermer dans l'intérieur même de sa cause? Certains auteurs l'ont affirmé, à la suite du P. Liberatore et de quelques autres écrivains de l'école thomiste. A leurs yeux, ce qui distingue essentiellement un acte vital de tout autre acte, c'est l'*immanence*.

Est-il vrai que cette doctrine ressorte des principes mêmes de saint Thomas, ou n'aurait-elle pas plutôt été ajoutée à la pensée du Maître? Le grand docteur a donné de l'action immanente une analyse très complète; il s'est expliqué aussi à plusieurs reprises sur la nature de la vie et du principe vital, mais nulle part nous n'avons su découvrir qu'il ait songé à identifier la vie avec l'immanence. Il veut que tout être vivant se détermine à agir, qu'il se meuve, s'ébranle lui-même sous la poussée de son énergie propre; il affirme en termes formels que le *principe* de la vie réside à l'intérieur du sujet, mais il ne suppose jamais qu'il doive en être ainsi du *terme* lui-même. « *Viventia dicuntur quæcumque agunt se ad motum. Opera vitæ dicuntur quorum principia sunt in operantibus, ut seipsos inducant in tales operationes.* »

Il semble, au contraire, qu'on peut citer bien des actes vitaux qui ne sont pas immanents, et, réciproquement, bien des actes immanents qui se trouvent placés en dehors de toute influence vitale. La génération, dans la plante et dans l'animal, est l'acte vital par excellence, et pourtant il sort de son principe et produit son effet *ad extra*. L'acte créateur est, en Dieu, un acte éminemment vital, et lui aussi a son terme à l'extérieur, puisque la créature, en vertu même de la distinction essentielle qui la sépare de son

Auteur, se trouve projetée en dehors de la substance divine.

Le peintre qui promène son pinceau sur la toile, le sculpteur qui fait une statue, l'architecte qui élève un édifice, l'animal qui se dirige lui-même vers le champ où se trouve sa pâture préférée, font tous des actions incontestablement vitales, ils agissent par eux-mêmes, ils témoignent d'une remarquable spontanéité, et pourtant leur activité ne s'exerce pas au dedans d'eux-mêmes, elle passe dans le domaine du monde extérieur.

Dira-t-on que ces actes sont doubles, qu'il faut distinguer entre la *volonté* d'agir au dehors, et l'*exécution* de cette volonté, et que la première seule mérite le nom d'activité vitale ? Cette distinction ne sert nullement la thèse qu'il s'agit d'établir, car il n'est pas permis de douter que le second acte, aussi bien que le premier, ne provienne de la vertu intime de l'agent, et qu'il ne présente tous les caractères ordinaires de la spontanéité et de la vie.

Au surplus, que l'être vivant se meuve au dedans ou au dehors de lui-même, c'est toujours lui qui se meut par sa propre énergie, et il peut, dans l'un comme dans l'autre cas, faire preuve d'une égale force et d'une égale vitalité.

Il y aurait encore une autre observation à faire contre la théorie de l'immanence : c'est qu'elle n'établit point une distinction suffisante entre les êtres vivants et les êtres inanimés. En effet, nous croyons avoir démontré dans notre précédent chapitre qu'on découvre une véritable activité immanente dans la matière inorganique. Quoi qu'il en soit de ce point spécial, ce qui frappe avant tout dans les phénomènes de l'ordre vital, ce n'est pas le *terme*, mais le *principe*, ce n'est pas le théâtre où ils se montrent à nos regards, mais la source d'où ils proviennent, et la manière dont ils en découlent. Il importe assez peu de savoir si le *produit* est extérieur ou intérieur; il importe souverainement de savoir s'il est l'effet de la *spontanéité* de l'agent plutôt que d'une force physique ou mécanique.

L'action immanente, nous n'éprouvons aucune hésitation à le reconnaître, est, en soi, bien supérieure à l'action *ad extra*, mais cela ne suffit pas pour lui assurer le monopole de la propriété vitale.

*
* *

Et maintenant, quelle est la note distinctive, le *quid proprium* de la vie, comme s'exprime Cl. Bernard ? Nous avons déjà prononcé le mot à plusieurs reprises dans ce travail, c'est la *spontanéité*. Cette qualité se rencontre, à quelque degré, dans tout ce qui possède au moins une parcelle de vie, on ne la retrouve nulle part ailleurs.

Mais il nous faut expliquer nettement le sens que nous attachons à ce terme, car on pourrait lui donner plus d'étendue et de portée que nous ne lui en accordons.

Et d'abord, la spontanéité n'implique dans son concept ni la liberté, ni la réflexion. Elle n'exclut absolument ni l'une ni l'autre, puisqu'on se porte souvent de plein gré à certains actes dont on pourrait bien s'abstenir. Mais elle peut se produire en dehors de tout concours de la volonté réfléchie : l'homme qui instinctivement se met en garde contre un péril réel ou imaginaire, l'animal qui fond sur sa proie ne se déterminent point en conséquence d'une vue rationnelle ; et pourtant, quoi de plus naturel, de plus intime que le mouvement qu'ils exécutent avec tant de soudaineté ?

Bien plus, la spontanéité ne suppose pas nécessairement la perception de l'objet recherché, pourvu qu'on le recherche d'une certaine manière, qu'on y tende méthodiquement, avec art, sans se laisser détourner par les obstacles, et comme si la vue de cet objet lui-même exerçait une impression attractive.

Nous ne soutiendrons pas, non plus, que la spontanéité possède le privilège de soustraire le sujet qui en est doué à toute influence, à toute sollicitation étrangère. Certes, la sensation, la pensée, la détermination volontaire et libre sont choses qui demandent du sujet une activité éminemment vitale, et cependant l'œil ne voit pas avant de recevoir l'action de la lumière, l'esprit n'entend pas avant de sentir l'impression de l'intelligible, et la volonté ne se meut pas avant d'être ébranlée par l'amour qu'éveille en elle la présence du bien.

Vivant ou non, tout être créé se trouve environné d'êtres différents ou semblables ; il ne saurait échapper à leur influence, il a d'ordinaire besoin d'être excité par des causes extérieures. Mais, de quelque manière que cette action lui arrive, l'être vivant la reçoit conformément aux lois de sa nature intime ; la trouve-t-il en harmonie avec ses propres tendances, il la fait sienne et se l'assimile aussitôt : si au contraire elle répugne à ses instincts, il sait lui résister dans la mesure de ses forces.

Nous définirons donc la spontanéité, en général : *une force intime, en vertu de laquelle un être est capable de se mouvoir lui-même, de diriger dans une certaine mesure son activité propre vers une fin déterminée, de poursuivre cette fin avec constance, et de résister aux agents extérieurs qui voudraient l'en détourner, ou lui imprimer une direction contraire.*

Une telle activité se rencontre-t-elle chez tous les êtres vivants sans exception, et seulement en eux, c'est la question qu'il nous faut examiner, si nous voulons que notre définition réponde aux exigences de la logique et puisse s'appliquer à tout le défini et au seul défini : *omni et soli definito* (1).

ARTICLE II

LA VIE DANS LA PLANTE

Inutile de montrer la spontanéité ainsi entendue dans l'homme et dans l'animal. Vouloir ramener à un simple jeu d'automatisme une détermination libre,

(1) Claude Bernard n'hésite pas à répondre affirmativement : « Les corps bruts sont dépourvus de spontanéité. Les êtres vivants, étant au contraire doués de s pontanéité, nous apparaissent comme s'ils étaient tous pourvus d'une force intérieure qui rend les manifestations de la vie d'autant plus indépendantes des variation s des influences extérieures, que l'être s'élève davantage dans l'échelle de l'organisation. » (*La Science expérimentale*, p. 38.)

une pensée et même un mouvement passionnel, serait
se débattre contre le double témoignage de l'expérience interne et de l'expérience externe.

Quant à la plante, qui participe aussi, à sa manière, à la puissance vitale, nous avouons sans détour
que la spontanéité n'apparaît pas en elle au même
degré que chez l'homme et chez l'animal. Elle y
semble même enveloppée d'un voile qui la dérobe en
partie aux regards des sens, sinon à la vue perçante
de l'esprit. Quoi d'étonnant, puisque la plante se
trouve placée au dernier degré de l'échelle vitale, et
qu'elle n'a reçu en partage, suivant l'expression de
Denys l'Aréopagite, qu'un lointain reflet de la vertu
mystérieuse « κατ' ἔσχατον ἀπηχήμα » (1).

Néanmoins, nous espérons découvrir en elle les
attributs de la spontanéité.

§ 1. — *Fonctions principales.*

Une première preuve nous est naturellement fournie
par les trois fonctions principales de la vie végétative :
la *génération*, la *nutrition* et l'*accroissement*.

C'est un fait généralement reconnu que, dans le
monde physique, *rien ne se crée*, comme *rien ne se
perd*. Or, la génération nous présente une *création*
véritable, suivant une expression consacrée par
Cl. Bernard. Non pas, sans doute, une création rigoureuse, qui tire quelque chose du néant, mais une merveilleuse production qui tire le déterminé de l'indé-
terminé, qui, avec un simple *germe*, fait un être

---

(1) *Div. Nomin.*, c. VI.

complet, appartenant à une catégorie à part, et cela avec une méthode parfaitement sûre, grâce à une *évolution progressive*, dirigée elle-même en vue d'un idéal à atteindre. Au commencement, une cellule unique, l'ovule, qui se divise et se fractionne ensuite, et, en se divisant et se multipliant sans fin, donne naissance à toutes les cellules *dérivées*, mais garde toujours le type immuable de l'espèce.

Cl. Bernard insiste avec beaucoup de force sur cette génération de l'être appelé à la vie : « Nous voyons dans l'évolution apparaître une simple *ébauche* de l'être, avant toute organisation... Mais dans ce *canevas* vital est tracé le *dessin* idéal d'une organisation, encore invisible pour nous, qui a assigné à chaque élément sa place, sa structure, ses propriétés. La vie a donc son essence dans la force, ou plutôt dans l'*idée directrice* du développement organique ; c'est la force vitale ainsi comprise qui constitue la force *médiatrice* d'Hippocrate, la force *séminale* et l'*archæus faber* de Van Helmont. Si je devais définir la vie d'un seul mot, je dirais : la vie, *c'est la création.* En effet, la vie, pour le physiologiste, ne saurait être autre chose que la cause première créatrice de l'organisme... Cette cause se manifeste par l'*organisation ;* pendant toute sa durée, l'être vivant reste sous l'empire de cette influence vitale créatrice, et la mort naturelle arrive lorsque la création organique ne peut plus se réaliser (1). »

Saint Thomas d'Aquin n'avait pas donné à sa pensée des développements aussi abondants que Cl. Ber--

(1) *La science expérimentale. — Du progrès dans les sciences physiol.,* p. 52.

nard, mais il avait dit la même chose dans une
comparaison non moins belle et plus complètement
exacte. D'après lui, « le germe possède une vertu
créatrice qui remplit à l'égard de la matière organique un rôle semblable à celui du plan de l'édifice
dans l'esprit de l'architecte à l'égard des pierres et
des pièces de bois qui doivent entrer dans la construction, avec une différence pourtant (et cette différence
n'a pas été assez remarquée par Cl. Bernard), c'est
que le plan de l'édifice est *extrinsèque* aux pierres et
aux pièces de bois, tandis que la vertu du germe lui
est *inhérente*. « *Est in semine virtus formativa, quæ
hoc modo comparatur ad materiam concepti, sicut
comparatur forma domûs in mente artificis ad lapides
et ligna, nisi quod forma domûs est ommino extrin-
seca a lapidibus et lignis, virtus autem spermatis est
intrinseca* » (1).

*
* *

Les rapports intimes qui existent entre la génération, d'une part, et la nutrition et la croissance
d'autre part, vont nous fournir une preuve également
frappante en faveur de la spontanéité immanente dans
la plante aussi bien que dans l'animal.

La *nutrition* accuse une cause organisatrice d'une
remarquable puissance. L'être vivant attire à soi les
éléments nutritifs dont il a besoin ; il fait entre eux un

_____

(1) *In III Metaph.*, lect. 8. — Dans sa *Physique*, Aristote a
exprimé une pensée non moins belle : « Si l'art des constructions
navales était dans l'intérieur du bois, l'art agirait tout comme
la nature. » *Phys.* II, c. viii, § 15.

triage dirigé par une *sélection* savante, rejetant les uns, s'incorporant les autres, auxquels il fait subir une transformation complète avant de les changer en sa propre substance. Or, ce mouvement de *régénération* ou de synthèse organique offre deux modes principaux. Tantôt, suivant l'observation de Cl. Bernard, « la synthèse assimile la substance ambiante pour en faire des principes nutritifs, tantôt elle en forme directement les éléments des tissus », et opère ainsi de véritables rénovations histologiques. Ce double travail suppose, dans le sujet qui en est l'auteur, une vertu active douée d'une spontanéité assez énergique, d'abord, pour *transformer* un aliment inorganique en matière vivante, ensuite, pour lui imprimer la *forme* d'un type déterminé et voulu. « *Nutritum*, dit saint Thomas, *assimilat sibi nutrimentum; unde oportet esse in nutrito virtutem nutritionis activam, cum agens sibi simile agat* (1) ». Et ailleurs : « *Id proprie nutriri dicimus, quod in seipso aliquid recipit ad suiipsius conservationem* » (2).

Cependant, là ne s'arrête pas l'œuvre du principe vital. Il doit lutter sans relâche contre le travail de *désassimilation* qui, à chaque instant, mine et décompose l'organisme; pour cela, il doit sans aucun repos réparer ses pertes et refaire lui-même sa propre substance.

Cl. Bernard exprime en très bons termes cette importante vérité, soupçonnée depuis fort longtemps, mais qui a reçu de nos jours une nouvelle lumière.

(1) *Cont. gent.*, l. II, c. LXXXIX.
(2) *In II De animâ*, lect. 9.

« On a, dès l'antiquité, comparé la vie à un *flambeau*. Cette métaphore est devenue de nos jours, grâce à Lavoisier, une vérité. L'être qui vit est comme le flambeau qui brûle ; le corps s'use, la matière du flambeau se détruit ; l'un brille de la flamme physique, l'autre brille de la flamme vitale. Toutefois, pour que la comparaison fût rigoureuse, il faudrait concevoir un flambeau physique capable de durer, qui se renouvelât et se régénérât comme le flambeau vital. La combustion physique est un phénomène isolé, en quelque sorte accidentel, n'ayant dans la nature de liaisons harmoniques qu'avec lui-même. La combustion vitale, au contraire, suppose une *régénération* corrélative, phénomène de la plus haute importance » (1).

Cette régénération est donc une génération véritable, et qui ne demande pas moins de puissance que la génération proprement dite. Aussi Cl. Bernard propose-t-il de ramener la nutrition à la génération. « Les phénomènes de rédintégration, de réparation, qui se montrent chez l'individu adulte, sont de la même nature que les phénomènes de génération et d'évolution, par lesquels l'embryon *constitue* à l'origine ses organes et ses éléments anatomiques. L'être vivant est donc caractérisé à la fois par la génération et la nutrition ; il faut réunir et confondre ces deux ordres de phénomènes ; et, au lieu d'en créer deux catégories distinctes, nous en faisons un acte unique dont l'essence et les mécanismes sont tout pareils (2).

(1) *La Science expérim.; Défin. de la vie*, p. 191.
(2) Il y a analogie mais non identité entre la génération et la nutrition. Celle-ci s'exerce au dedans, celle-là au dehors ; celle-ci a

C'est dans cette pensée que l'on a pu dire avec raison que la nutrition n'était qu'une *génération continuée...* ; synthèse organique, génération, régénération, rédintégration et même cicatrisation sont des aspects du même phénomène, des manifestations variées d'un même agent, le germe » (1).

*
* *

La vertu *augmentative* nous conduit à la même conclusion. En effet, elle renferme une *évolution progressive*, un accroissement régulier, fruit du travail du principe vital, accroissement dirigé par la loi immanente du germe, et toujours en conformité absolue avec le type propre à chaque espèce. Nous voilà donc une fois encore ramenés à la génération.

Le minéral, observe saint Thomas, n'a rien de semblable à nous offrir ; ce qu'il reçoit du dehors est *ajouté* à sa substance, il ne fait pas corps avec elle ; il peut bien augmenter son volume par addition, il ne se développe pas en vertu d'une croissance propre-

pour objet propre de conserver l'être vivant dans son état normal, celle-là produit un être nouveau. Aussi saint Thomas regarde-t-il comme des fonctions réellement distinctes la génération, la nutrition et l'accroissement. « Tres sunt *potentiæ* vegetativæ partis... Est tamen quædam differentia attendenda inter has potentias. Nam nutritiva et augmentativa habent effectum suum in eo in quo sunt ;... sed vis generativa habet effectum suum non in eodem corpore, sed in alio ; quia nihil est generativum sui ipsius. Et ideo, vis generativa quodammodo appropinquat ad dignitatem animæ sensitivæ, quæ habet operationem in res exteriores, licet excellentiori modu et universaliori. » (1a, q. LXXVIII, a. 2, c.)

(1) *Op. cit.*, p. 192.

ment dite. « *Sola animata verò augentur, quia quœlibet pars eorum et nutritur et augetur; quod non convenit rebus inanimatis, quœ videntur per additionem crescere; non enim in illis crescit id quod fuit prius, sed ex additione alterius constituitur quoddam majus* » (1).

La plante, il est vrai, ne *connait* ni les divers mouvements qu'elle exécute, ni la marche qu'elle suit dans son évolution, ni la fin qui l'attire et qui dirige son activité. Un tel privilège est réservé aux êtres supérieurs, que la nature a favorisés de la puissance cognitive. La plante se borne à remplir la tâche qui lui a été assignée, autant que peut le faire une puissance purement *exécutive* et *instrumentale;* et voilà, entre autres raisons, ce qui la place au dernier degré des êtres animés du souffle vital.

Il faut donc élever plus haut nos regards, et les porter jusqu'à *l'auteur* intelligent de la nature; c'est lui qui dirige la plante vers un but qu'elle ignore elle-même, et qui adapte à ce but, avec une proportion admirable, toutes les diverses puissances dont il l'a enrichie. Mais c'est bien la plante qui se nourrit et développe progressivement le canevas vital déposé dans le germe, et cela en vertu d'une propriété intime et immanente. Cela nous suffit pour reconnaître en elle une spontanéité véritable, au sens restreint déterminé par notre définition.

(1) In II de *Anima*, lect. 9.

§ II. — *Attributs secondaires.*

Les trois fonctions essentielles à la plante comme à l'animal, à savoir la génération, la nutrition et la croissance, nous ont fourni une première preuve en faveur de la *spontanéité.* D'autres phénomènes plus accidentels et d'un ordre inférieur nous en fourniront une seconde, moins éclatante peut-être, mais aussi incontestable. Parmi ces nouveaux phénomènes qui établissent une différence essentielle entre l'être animé et l'être inanimé, on peut citer la vie latente, l'adaptation au milieu, la déviation, la rédintégration, l'habitude, l'épuisement, et enfin la vieillesse, bientôt suivie de la mort.

Parlons d'abord de la *vie latente.* On l'observe dans le végétal aussi bien que chez l'animal. Tout le monde sait que des graines de céréales ou de légumineuses, maintenues à l'abri de l'humidité, conservent indéfiniment leur vitalité sous une apparence de mort, et passent de nouveau à l'état actif dès qu'on les place dans des conditions de milieu favorables. C'est ainsi que des grains de blé, extraits du cercueil d'une momie égyptienne dont l'antiquité dépassait trois mille ans, ont fourni une puissante et féconde végétation. Des haricots, enfermés depuis l'année 1700 dans l'herbier de Tournefort, ont été semés en 1840 et ont produit plantes et graines.

De même pour un être en voie de développement. Il peut retomber à l'état latent et recouvrer ensuite son activité perdue. On a vu des fougères complètement desséchées retrouver leur vitalité sous l'influence de l'humidité et poursuivre leur développement interrompu pendant un temps assez long. On a vu encore des cryptogames vasculaires desséchés d'abord à l'air libre, puis maintenus pendant douze jours dans le vide de la machine pneumatique et au-dessus d'une capsule pleine d'acide sulfurique bouilli, et enfin soumis durant huit jours à une température de 60° dans une étuve sèche, reprendre leur aspect ordinaire lorsqu'on leur restitue l'eau nécessaire.

Des phénomènes analogues se produisent chez certains animaux; ils sont particulièrement sensibles chez les *hibernants*, que le froid plonge dans une sorte de léthargie et rend insensibles aux impressions du dehors. La vie ne disparaît pas pour cela, mais elle se retire à des profondeurs impénétrables. Car on ne saurait dire de ces êtres, de ces graines et de ces plantes pas plus que de ces animaux, qu'ils perdent réellement la vie, et que l'humidité ou la chaleur leur donne ensuite une nouvelle naissance. Non, ils reprennent le cours de leur existence précisément où ils l'avaient laissé, comme fait l'animal ou l'homme après un sommeil plus ou moins long, et ils continuent à se développer suivant le type propre de leur espèce.

En général, il faut admettre dans le monde vivant, à côté des forces *agissantes*, des forces *radicales* et emmagasinées dans l'individu qui n'arrive à en user que lorsque sa défense ou sa conservation le demandent. On pourrait comparer ces forces mystérieuses aux mille notions enfermées dans les trésors de la mémoire, et qui attendent une *excitation* nouvelle pour revivre aux yeux de la conscience. Or la vie agissante n'est pas toujours en proportion de la vie latente et radicale ; il est des êtres dont l'activité semble toute-puissante et qui ne tardent pas à succomber aux attaques de forces ennemies, et l'on en voit d'autres, d'une apparence frêle et chétive, qui font tête à l'orage et révèlent tout à coup une extraordinaire énergie. L'être vivant est donc un être à part, qui tantôt rentre en lui-même, réserve et concentre ses forces, et tantôt se montre au dehors avec éclat et dépense son activité autour de lui.

Seule, la spontanéité peut rendre raison de faits si curieux et qui tranchent d'une façon si sensible avec tous les procédés bien connus des êtres inanimés. En effet, comme l'observe le Dr Chauffard, « le mouvement, dans la matière, ne saurait pas plus s'arrêter que se perdre ; il ne saurait passer à l'état réellement latent, c'est-à-dire ne se manifester par aucun des effets qui lui appartiennent ; sous une forme ou sous une autre, la circulation du mouvement est constante et indéfinie ; contre-balancée par une résistance, la pesanteur peut bien ne pas communiquer du mouvement à un corps ; mais elle n'est pas latente, elle produit une pression ou une traction. La chaleur n'est pas à l'état latent dans la vapeur d'eau ; transformée en élasticité, elle se manifeste par une pression » (1).

*
* *

L'être vivant nous présente une seconde propriété fort remarquable, c'est la faculté de *s'acclimater*, de *s'adapter* au milieu. « Tout végétal, dit M. Chauffard,

____

(1) *La Vie*, ch. v.

se plie aux conditions du milieu dans lequel il vit. Si ces conditions sont favorables, son développement est continu, abondant, facile ; si ces conditions sont mauvaises, le développement se réduit, s'arrête. L'être lutte tant que les conditions qu'il rencontre ne lui sont pas absolument contraires ; il meurt si elles lui sont décidément hostiles. Toute sa vie témoigne donc de sa spontanéité ; il tend incessamment à son but ; sa mort arrive s'il ne lui est pas permis de l'atteindre. » Il sait, au besoin, imprimer des *modifications* à sa vie suivant les conditions particulières où il se trouve placé, et résister, non sans énergie, aux agressions du dehors.

Cette force interne qui permet à l'être vivant de se montrer, en plusieurs circonstances, *supérieur* au milieu où il se voit jeté, a été signalée par Agassiz comme un fait de grande importance. « Autant, dit le savant naturaliste, la diversité des animaux et des plantes qui vivent dans des circonstances physiques identiques démontre l'indépendance où sont, quant à leur origine, les êtres organisés du milieu dans lequel ils résident, autant cette indépendance devient de nouveau évidente quand on considère que des types identiques se rencontrent partout sur la terre dans les conditions les plus variées... Il y aurait à écrire un volume sur l'indépendance où sont les êtres organisés des agents physiques (1). »

*

(1) Agassiz, cité dans la *Revue des quest. scientif.*, 2 mai 1868.

A ce phénomène d'adaptation au milieu se rattache le phénomène, non moins intéressant à étudier, en vertu duquel l'être vivant est capable de contracter certaines *habitudes*. L'homme seul, si nous en croyons saint Thomas, mérite d'être appelé le sujet propre des habitudes, parce que, seul entre tous les êtres qui l'entourent, il peut, grâce à la réflexion et à la liberté, se rendre compte de ses actes et de ses besoins et imprimer à sa vie, suivant les circonstances ou son bon plaisir, telle direction nouvelle qu'il lui convient.

Mais si l'animal et la plante abandonnés à leur propre initiative, ne peuvent se donner à eux-mêmes des habitudes, rien ne s'oppose à ce que, *sous la con-duite de l'homme*, ils se plient à une nouvelle manière d'être ou d'agir. Laissés à eux-mêmes, ces êtres inférieurs suivraient uniformément la pente de leur nature ; soumis à l'homme, ils se plient au gré de ses désirs. « *Si sibi relinquantur bruta animalia, operantur ex instinctu naturæ; et sic in brutis animalibus non sunt aliqui habitus ordinati ad operationes...: sed quia bruta animalia a ratione hominis per quamdam consuetudinem disponuntur ad aliquid operandum sic vel aliter, hoc modo in brutis animalibus habitus quodammodo poni possunt* (1). »

Sans doute, la plante a moins de souplesse que l'animal, elle ne se prête pas aussi aisément aux caprices de l'homme ; néanmoins, elle ne se montre pas réfractaire à toute culture, et son âme sauvage, comme parle le poète, se plie sans trop de peine sous la main de l'artiste :

(1) III, q. 3, a. 2.

« . . . . Hœc quoque si quis
Inserat, aut scrobibus mundet mutata subactis,
Exuerint sylvestrem animum, cultuque frequenti
In quascumque voces artes haud tarda sequentur (1) ».

La plante, aussi bien que l'animal, a un penchant très prononcé pour la lumière. On peut, à l'aide de cet instinct, l'amener à pousser ses racines en haut et sa tige en bas, contrairement à son état normal. La *mimosa pudica* ferme ses feuilles chaque soir ; si pendant quelque temps on la tient la nuit dans un lieu vivement éclairé et dans une cave pendant le jour, elle continuera pendant quelque temps à veiller le jour, malgré l'obscurité, et à dormir la nuit, malgré la lumière ; mais à la longue elle contracte des habitudes nouvelles, et on la voit s'accoutumer peu à peu à fermer ses feuilles pendant le jour et à les ouvrir pendant la nuit. Or, pour recevoir une habitude, il faut être doué d'une certaine flexibilité qui permette de répondre à l'excitation du dehors, et d'entrer dans une nouvelle direction. « La loi de l'habitude, dit M. Ravaisson, ne peut s'expliquer que par le développement d'une spontanéité *passive* et *active* tout ensemble, et également différente de la fatalité mécanique et de la liberté réflexive. »

Voilà pourquoi les habitudes se contractent si aisément dans l'enfance et dans la jeunesse, et si difficilement dans un âge avancé, lorsque l'organisme et l'esprit lui-même ont pris quelque chose de rigide qui rend tout changement difficile, sinon tout à fait impossible.

(1) Virgile, *Georg.*, II, 40.

Un autre phénomène intéressant à observer dans l'être vivant, c'est celui qu'on a coutume de désigner sous le nom de *déviation*. On appelle déviation, en physiologie générale, un vice quelconque de direction dans le développement évolutif du sujet vivant. Le germe, dans son évolution, suit un plan et marche à la réalisation d'une forme typique qui est toujours celle de son parent. S'il s'écarte de son plan, si quelque partie de son organisme présente une *monstruosité*, on dit qu'il a dévié.

Ce phénomène, au premier abord assez étrange, peut-il être allégué en faveur de la spontanéité, et ne semble-t-il pas plutôt contraire à la finalité, sans cesse invoquée, de l'être vivant ?

Et d'abord, il sert incontestablement de confirmation à la théorie de la spontanéité, car le sujet qui dévie a besoin d'une certaine flexibilité qui lui permette, sous l'influence de circonstances anormales, de s'écarter de sa direction ordinaire. On chercherait en vain quelque chose d'analogue dans le minéral ; en lui, rien de rigide et de géométrique, rien qui rende possible le moindre écart, la plus petite dérogation au déterminisme physique de la matière.

Nous ferons une remarque semblable, au sujet de la finalité : 1° Dire qu'un être a dévié dans son évolution, c'est reconnaître sa tendance à une fin déterminée. On ne dévie pas, on ne se détourne pas, quand on ne marche pas vers un but.

2° La déviation ne se produit que sous des influences extérieures défavorables. Il faut que le germe rencontre un obstacle, pour qu'il s'écarte de sa voie : dans les conditions normales, il n'y a jamais d'écart. L'écart subi ne prouve donc absolument rien contre la tendance du germe à réaliser un plan : il prouverait tout au plus que cette tendance est aveugle, ou qu'elle n'est pas en mesure de résister toujours à l'action des agents extérieurs ; ce qui répond très bien à l'idée qu'on doit se faire de la spontanéité de la plante et même de celle de l'animal (1).

3° Le produit de la déviation est toujours *accidentel* et presque sans importance. Encore cette déviation n'est-elle que *relative*, et, comme telle, laisse-t-elle apercevoir la tendance au but, sous la monstruosité

(1) Aristote avait mis cette vérité dans tout son jour. « Il y a, disait-il, chance d'erreur même dans les productions de *l'art* : par exemple, le grammairien peut faire une faute d'orthographe, ou le médecin peut donner une potion contraire. De même, évidemment, l'erreur peut se glisser aussi dans les êtres que produit la *nature*. Si, dans le domaine de l'art, les choses qui réussissent sont faites en vue d'une certaine fin, et si, dans les choses qui échouent, l'art a seulement fait effort pour atteindre le but qu'il se proposait, sans y parvenir, il en est de même dans les choses naturelles, et les monstres ne sont que des déviations de ce but vainement cherché. » (*Phys.*, l. II, c. 8, paragraphe 8.)

Ainsi l'objection est en réalité une preuve nouvelle, comme saint Thomas en fait la remarque. « Si enim ars non ageret ad determinatum finem, qualitercumque ars operaretur, non adesset peccatum, quia operatio artis æqualiter se haberet ad omnia. Hoc ipsum igitur, quod in arte contingit esse peccatum, est signum quod ars propter aliquid operetur. — Ita etiam contingit in *naturalibus* rebus, in quibus *monstra* sunt quasi *naturæ* peccata...: et hoc ipsum quod in naturalibus contingit esse peccatum, est signum quod natura propter aliquidagat. » (*Loc. cit.*).

elle-même. Dans les sujets qu'on a vu naître munis de six doigts, la force évolutive avait commis une erreur de nombre sous des influences inconnues, mais elle n'avait point commis d'erreur dans le développement de l'organe de surcroît.

4° Les monstruosités qui proviennent de la déviation ne se reproduisent point d'ordinaire dans les descendants, à moins qu'on ne renouvelle les conditions extérieures qui les ont produites. Il y a une tendance très remarquable à reproduire le type normal primitif, toutes les fois que la nature est abandonnée à elle-même. Les *variétés* et les *races* ne sont pas autre chose que des produits artificiels de déviation. Mais qui ne sait que l'espèce fait effort pour retrouver sa forme typique, et que les variétés, laissées à elles-mêmes, perdent, après plusieurs générations, leurs caractères distinctifs? Cette *tendance au retour* est très providentielle pour la conservation des espèces : l'espèce réagit dans les individus contre une affection maladive et finit, à la longue, par s'en débarrasser. L'humanité n'existerait plus sans cette énergie de l'espèce contre les maladies héréditaires ; or ces affections morbides héréditaires ne sont que des cas de déviation.

Il y a donc, au sein de l'être vivant, *réaction* contre la déviation. Et cette réaction témoigne hautement en faveur de la spontanéité, aussi bien que de la finalité.

Les phénomènes de *rédintégration* ne mettent pas moins en lumière la tendance immuable du sujet vivant à se défendre lui-même contre les attaques du dehors, à panser, pour ainsi dire, ses propres blessures, à réparer les diverses mutilations qu'on lui fait subir.

On objecte qu'il en est de même du *cristal*, et que, par suite, cette nouvelle propriété ne prouve absolument rien en faveur de la plante. Mais il s'en faut de beaucoup que l'objection dise vrai.

Rien n'a été plus étudié, dans ces derniers temps, que la *cristallographie ;* et pourtant il règne encore une grande obscurité sur la cause et les lois de la cristallisation.

Tout le monde s'accorde à attribuer ces phénomènes à une cause purement physique, à un mode de l'attraction moléculaire : personne n'a jamais eu l'idée de les attribuer à quelque principe particulier, comme on a attribué les phénomènes vitaux à un principe vital distinct des forces physiques.

Mais, de nos jours, afin de réduire la vie à un mode de la matière, on a comparé l'organisation du vivant à la formation régulière du cristal, et on s'est plu à dire que la matière pouvait présenter trois modes particuliers sous l'empire des forces physiques : l'état *amorphe*, l'état *cristallin*, l'état *organisé*, ces divers états de la matière permettant aux mêmes forces de produire des effets divers.

« Mais, dit M. de Quatrefages, il me paraît inexplicable que quelques hommes, dont je reconnais d'ailleurs le mérite, aient tout récemment encore assimilé les cristaux aux êtres les plus simples, à ces organismes *sarcodiques*... Monères ou amibes, ces êtres sont les antipodes du cristal, à tous les points de vue (1).»

(1) *Espèce humaine*, I, 1.

Cependant, on s'est efforcé de mettre en saillie certaines analogies superficielles, et l'on a cru pouvoir assimiler le cristal et la monère sous trois rapports qui sont en effet de grande importance :

1⁰ Tendance à la réalisation d'une forme parfaitement déterminée et toujours la même ;

2° Fixité de cette forme dans le cristal, comparable à la fixité de forme dans l'individu et dans l'espèce ;

3' Réparations des lésions subies par le cristal, comparables à la rédintégration et à la cicatrisation dans les êtres vivants.

La naissance, la conservation, la rédintégration, phénomènes qu'on regardait comme caractéristiques d'une spontanéité vitale dans l'être vivant, se retrouveraient donc dans le cristal, et en vertu des seules forces physiques de la matière.

Pour montrer combien ce rapprochement est peu sérieux, il suffit de comparer le cristal à l'être vivant dans ces trois phases diverses. On verra que l'abîme est immense et infranchissable, entre le cristal et la plus simple monère.

1° NAISSANCE ET ÉVOLUTION

— Le cristal ne provient pas d'un parent.

— La monère provient toujours d'un parent, dont elle reproduit le type.

— Il ne manifeste aucun signe d'hérédité ; chez lui chaque type est aussi indépendant qu'invariable.

— Le vivant reproduit, avec son type spécifique, les caractères accidentels de ses ancêtres (hérédité), atavisme.

— Le cristal n'évolue pas, il n'acquiert pas graduellement sa forme; il est parfait dès qu'il commence; et quelque petit qu'il soit, le microscope découvre en lui tous ses caractères.

— On ne peut point dire qu'il s'accroît. On doit dire seulement que de nouveaux cristaux s'ajoutent au premier par juxtaposition. La masse ou la somme des cristaux s'accroît; mais le cristal élémentaire ne grandit pas.

— Un cristal ainsi accru n'a point changé sa forme élémentaire; les unités cristallines s'ajoutent suivant le même plan que les molécules se sont groupées pour faire le cristal élémentaire.

— Tendance à une forme géométrique qu'on peut sou-

— Le vivant évolue et marche graduellement à son type. Dans le germe, l'instrument le plus puissant ne saurait découvrir tout l'organisme en miniature.

— L'embryon acquiert par chaque élément qu'il produit une perfection nouvelle.

— Le vivant s'accroît, dans le vrai sens de ce mot. Chaque cellule est une formation nouvelle (Robin) ou une création (Cl. Bernard). Ce ne sont pas des parties semblables qui se superposent pour augmenter une masse, mais des parties nouvelles que le vivant produit lui-même et qui complètent son plan.

— La forme change à mesure que les parties se multiplient; ce ne sont pas des unités qui s'ajoutent pour former une somme, comme des boulets de canon qui s'entassent pour former une pile, mais des éléments qui se complètent et concourent à former un tout.

— Jamais de forme géométrique; jamais un germe

mettre au calcul le plus rigoureux.

— Le cristal ne dévie point.

ne reproduit son ascendant sans y joindre quelques traits accidentels qui lui soient propres.

— Le germe vivant dévie sous la plus légère influence des milieux.

2° CONSERVATION

— Le cristal une fois constitué conserve sa forme, sans doute comme une pile de boulets reste immobile et toujours semblable à elle-même.

— Dans le cristal, les forces restent dans un état d'équilibre stable qui ne se rompt que sous l'influence de causes extérieures. De là, pour lui, la possibilité de durer indéfiniment, sans rien changer, pas plus à ses formes qu'à ses propriétés de toute nature.

— Le cristal ne varie jamais.

— Le vivant conserve sa forme, mais dans un tourbillon vital incessant, et malgré un échange perpétuel de la matière.

— L'équilibre est instable, ou plutôt il n'y a jamais d'équilibre. A chaque instant l'être vivant dépense aussi bien de la force que de la matière. Il ne dure que par l'équivalence de l'apport et du départ. Encore il ne peut durer toujours, il meurt infailliblement.

— Il s'accommode aux circonstances et se plie aux milieux : il résiste aux influences nuisibles. Aussi peut-il modifier ses formes et ses propriétés sans cesser d'exister.

3° RÉDINTÉGRATION

— Le cristal en partie brisé se répare, mais de la même façon qu'il s'est formé. La partie détruite se répare par juxtaposition.

— La réparation n'amène aucune modification de forme et de structure, elle n'est jamais imparfaite et relative; elle est jetée dans le moule absolu du cristal primitif (Chauffard).

— Le cristal ne subit de perte que dans la partie atteinte; le mal ne se propage pas.

— Le cristal se rétablit par un travail de forces moléculaires et par un rétablissement d'équilibre. Un cristal qu'on replonge dans une dissolution saline commence par compléter son plan défait, avant d'ajouter sur toutes ses autres faces. — Le cristal, dans la même dissolution, croîtrait par superposition de couches, s'il n'avait pas à se réparer.

— Le vivant blessé se répare aussi de la même façon qu'il s'est formé, non par le dehors, mais par le dedans. par un mouvement interne.

— Toute blessure qui se ferme laisse une empreinte sur le vivant. Elle est souvent très imparfaite, et amène dans l'endroit blessé des déviations monstrueuses.

— Rien de plus commun que de voir une blessure du vivant exercer une influence pernicieuse sur tout l'organisme.

— Le vivant se rétablit par une réaction interne à laquelle prend part tout l'organisme. Il n'a pas besoin d'être placé dans un nouveau milieu; il se répare par sa propre spontanéité. Au lieu d'un simple échange de matière, il se produit une création de nouvelles cellules comme dans l'évolution.

Enfin, la matière organisable a si peu d'analogie avec la matière cristalline, qu'elle s'en distingue précisément parce qu'elle n'est pas cristallisable. Au contraire, presque tous les composés minéraux cristallisent en passant à l'état solide, et il n'est pas un seul corps qui ne cristallise soit à l'état simple, soit au moins à l'état de combinaison.

On voit donc que la cristallisation, loin de servir de milieu entre les règnes organique et inorganique, est un des caractères essentiels qui servent à séparer les êtres vivants des corps bruts.

*
* *

Un phénomène bien différent de la rédintégration, qui a amené la digression un peu longue peut-être sur le cristal, caractérise tous les êtres vivants qu'il nous est donné d'observer ; nous voulons parler de la *lassitude*, de *l'épuisement* et de *la mort*, qui viennent les frapper après un laps de temps déterminé et relativement court. Ce phénomène d'un nouveau genre fournit encore une preuve à l'appui de la thèse de la spontanéité. Le monde physique ne connaît ni stimulants, ni fatigue, ni évolution, ni jeunesse, ni vieillesse. Ces mots n'auraient aucun sens dans l'éternelle et uniforme vigueur des agents matériels, où le mouvement se communique toujours avec une équivalence parfaite, sans que rien du dedans vienne jamais modifier la vitesse ou la lenteur du mouvement reçu du dehors. «La quantité de force capable d'agir qui existe dans la nature inorganique est éternelle et invariable », dit Helmoltz.

Au contraire, jetez les yeux sur l'être vivant : il naît, grandit et se développe peu à peu, demeure ensuite un certain temps stationnaire, puis languit et dépérit, en attendant qu'il meure tout à fait. Ces diverses étapes, il les parcourt l'une après l'autre, suivant une marche aussi fatale que régulière, alors même qu'aucun agent extérieur ne vient attenter à sa santé et à ses jours. Dans ce cas, ne doit-on pas dire de ce dépérissement et de cette décadence de l'être vivant ce que nous avons dit de son évolution et de son épanouissement : la cause vient du dedans, et non pas du dehors, du principe vital lui-même, et non pas des forces physiques et chimiques ?

Ce qui confirme cette manière de voir, c'est que les commencements de la vie sont aussi ceux de la plus grande activité des échanges moléculaires, où le milieu moléculaire offre le plus de résistance à la force vitale, et cependant celle-ci avance et progresse toujours. Plus tard, au contraire, le tourbillon diminue, le calme se fait, la résistance moléculaire est moins vive ; n'importe, la puissance interne s'affaiblit, le déclin s'accentue, le flambeau se consume et s'éteint.

Encore une fois, d'où vient la mort ? De la même source que la vie : c'est-à-dire du germe. Le germe a une quantité de force déterminée ; il l'emploie et la dépense pour se développer au dedans, pour se répandre ou combattre au dehors ; mais cette quantité plus ou moins parcimonieusement mesurée par la nature s'épuise peu à peu ; vient le moment où il n'a plus de quoi réparer ses pertes ni panser ses blessures, il se replie et s'affaisse sur lui-même.

Cl. Bernard et saint Thomas assignent absolument la même cause à l'évolution et à la mort de l'être vivant. Le premier s'exprime en ces termes : « C'est par le germe que nous comprenons les rapports nécessaires qui existent entre les phénomènes de la nutrition et ceux du développement. Il nous explique la durée limitée de l'être vivant, car la mort *doit* arriver quand la nutrition s'arrête, non parce que les aliments font défaut, mais parce que l'enchaînement évolutif de l'être est parvenu à son terme, et que l'*impulsion* cellulaire organisatrice a épuisé sa vertu (1). »

Et maintenant, écoutons saint Thomas : « Semen, in quo est aliquod principium corporis formativum (2)... » — « Omnis virtus in corpore passibili per continuam actionem *debilitatur*, quia hujusmodi agentia etiam *patiuntur*. Et ideo, virtus *conversiva* in principio quidem tam fortis est, ut possit convertere non solum quod sufficit ad restaurationem *deperditi*, sed etiam ad augmentum ; postea vero non potest convertere nisi quantum sufficit ad restaurationem deperditi, et tunc cessat augmentum ; demum, nec hoc potest, et fit *diminutio ;* deinde, deficiente hujusmodi virtute, totaliter animal moritur (3). »

(1) *Op. cit., Définition de la vie,* p. 208.
(2) I, q. lxxviii, a. 2, ad 2.
(3) I, q. cxix, a. 1, ad 4, et xcvii, a. 4, c.

ARTICLE III

NATURE DU PRINCIPE VITAL

De la discussion qui précède relativement au caractère propre de l'opération vitale, il nous sera aisé de conclure à la nature du principe dont elle émane. Nous pourrions résumer notre opinion dans la proposition suivante, dont chaque partie demandera à être prouvée séparément : Le principe vital est une force *sui generis, absolument irréductible aux propriétés de la matière physique, supérieure à l'organisme lui-même, dont elle n'est point la résultante, force simple, une et indivisible, douée de spontanéité et capable de direction, et ne pouvant ni être, ni agir indépendamment de la matière et de l'organisme.*

§ I. — *Irréductibilité de la vie aux propriétés de la matière inorganique.*

La théorie *mécanique* regarde l'être vivant comme une machine dont les ressorts sont harmonisés de manière à recevoir, transmettre et transformer le mouvement communiqué par le dehors.

Mais cette théorie repose sur ce principe général que rien n'existe dans la nature que la matière inerte et le mouvement. Or cette proposition est fausse pour le monde minéral, à plus forte raison l'est-elle pour le monde organique. — En effet, le seul mouvement d'atomes inertes ne peut expliquer comment un corps garde ses propriétés, comment il cristallise suivant un plan déterminé, etc... Or l'être vivant est infiniment plus compliqué qu'un cristal ; il ne réalise pas seulement une forme, mais il la conserve intacte au milieu du tourbillon incessant des particules composantes, il la transmet à un autre. Le mouvement des particules inertes ne pourrait rendre compte d'une telle constance et d'une telle variété d'action.

Si la matière inorganique est déjà, comme nous l'avons prouvé plus haut, le théâtre d'une activité immanente, on ne peut refuser à l'être vivant ce même caractère.

Mais serrons de plus près notre sujet, et montrons par des faits d'expérience que la cause de l'activité vitale est absolument irréductible aux forces physiques.

1° Il est essentiel à l'être physique que le mouvement lui soit communiqué avec une équivalence parfaite, sans que la *réaction* devienne jamais supérieure à l'action ou à l'impression reçue. Chez le vivant, le phénomène contraire est le cas général ; l'animal en fournit des indices trop éclatants pour qu'il y ait lieu d'insister, mais la plante elle-même, quoique à un moindre degré, montre aussi une puissance de *réaction* et de *transformation* très remarquable. Dans la nutrition, par exemple, ce qu'elle reçoit, c'est une matière inorganique, et ce qu'elle produit, c'est une matière organisée, à laquelle elle imprime sa forme et qu'elle fait à sa propre image.

2° La matière inorganique est, par nature, uniforme et indifférente, elle se prête à n'importe quelle direction et modification, elle se refuse à toute évolution et à toute création ; l'être vivant, au contraire, affecte toujours une forme spéciale, il agit suivant un plan fixe et se développe d'après un type déterminé et invariable.

3° Bien plus, il a pour origine un simple germe qui le contient tout entier, non pas en *acte* et comme en miniature, mais en *puissance* seulement et comme un canevas à développer. A lui de faire effort et de passer de la puissance à l'acte. Laissons parler Cl. Bernard : « L'élément de création organique des êtres vivants est une cellule microscopique, l'ovule ou le germe. Cet élément est sans contredit le plus merveilleux de tous, car nous voyons qu'il a pour fonction de *produire* un organisme tout entier... Qu'y a-t-il de plus extraordinaire que cette création organique à laquelle nous assistons, *et comment pouvons-nous la rattacher à des propriétés inhérentes à la matière qui constitue l'œuf?*... Quand il s'agit d'une évolution organique qui est dans le *futur*, nous ne comprenons plus cette propriété de la matière à longue portée... L'œuf, la cellule embryonnaire est un *devenir;* or, comment concevoir qu'une matière ait pour propriété de renfermer des propriétés et des jeux de mécanisme qui n'existent pas encore?... Je ne concevrais pas qu'une cellule formée spontanément et sans parents pût avoir une évolution, puisqu'elle n'aurait pas cette direction *originelle*, cette sorte de formule organique qui *résume* les conditions évolutives d'un être déterminé (1). »

(1) *De la Physiolog. génér.*, pp. 148, 156, 177. — Et encore : « L'œuf représente une sorte de formule organique qui résume l'être dont il procède et dont il a gardé en quelque sorte le souvenir évolutif. »

* * *

Mais cette évolution a trop d'importance, au point de vue qui nous occupe, elle établit trop nettement une barrière infranchissable entre le vivant et la matière brute pour ne pas retenir plus longtemps notre attention. Tout le monde dit bien que le vivant crée sa forme typique, qu'il crée chacun de ses organes à point nommé, et qu'il marche sans dévier à la réalisation de sa fin. Toutefois, ces termes généraux deviennent bien plus frappants de vérité, si l'on considère l'évolution dans les *détails* des opérations qui s'y passent.

Deux points de vue y sont particulièrement remarquables : 1° la différenciation des cellules ; 2° la ligne ou la voie que suit le germe dans son évolution.

On sait que tout être vivant commence par une seule cellule : cette cellule paraît identique au point de départ de tout être vivant. Il n'y a aucune différence sensible dans la matière ; il faut bien que la différence se trouve dans une force simple qui contienne en puissance tout ce qu'elle va produire, résultat très différent suivant les diverses espèces, absolument semblable pour les individus de même espèce.

Mais comment vont sortir d'une cellule unique tant d'éléments et d'organes divers ? — La cellule se gonfle, se segmente, se multiplie. Les nouveaux éléments se segmentent à leur tour et produisent d'autres organismes.

Comment chaque élément devient-il le commencement d'un organe déterminé ? Comment, par exemple, une cellule non caractérisée produit-elle une

4.

cellule nerveuse et un élément musculaire? C'est ce sujet qu'a étudié M. Robin dans ses travaux d'anatomie et de physiologie cellulaire, et, sur ce point, sa haute compétence est universellement reconnue. Or, pour lui, cette différenciation est une véritable création. La cellule nerveuse ne devient pas telle sous l'influence des milieux physico-chimiques, par transformation subie après sa naissance ; elle est produite à l'état de cellule nerveuse par la cellule-mère. Or cette cellule-mère n'était pas une cellule nerveuse ; elle ne possédait cette propriété qu'en puissance. Cette puissance s'est réduite en acte dans la cellule engendrée. N'est-ce pas là une vraie création ?

« Considérer, dit M. Robin, l'apparition successive de parties nouvelles, tant dans l'organisme embryonnaire que dans l'intimité de chaque élément ou à leur surface, comme n'étant qu'une simple séparation de parties et non une *genèse de choses qui n'existaient pas organiquement* (c'est-à-dire dont les principes immédiats préexistaient seuls), c'est supposer que ces parties existaient déjà toutes formées. C'est là une des formes de l'ancienne hypothèse (1) qui admettait

(1) Cette ancienne hypothèse fut combattue par saint Thomas en termes exprès : « Sic semen esset quasi quoddam parvum animal in actu ; et generatio animalis ex animali non esset nisi per *divisionem*, sicut lutum generatur ex luto, et sicut accidit in animalibus quæ decisa vivunt. Hoc autem est inconveniens. Relinquitur ergo quòd semen non sit decisum ab eo quod erat actu totum, sed magis in potentiâ totum, habens virtutem ad productionem totius corporis derivatam ab animâ generantis... Et secundum hoc, virtus nutritiva dicitur deservire generativæ ; quia id quod est conversum per virtutem nutritivam, accipitur a virtute generativâ ut semen. » (I, q. cxix, a. 2, c.)

que l'œuf est déjà le tout, l'organisme préexistant.

» Mais l'embryogénie prouve, au contraire, que cette hypothèse n'est pas validée par l'observation. L'apparition successive et épigénétique de facteurs de tels ou tels actes, même dans l'intimité des éléments anatomiques, n'est pas une séparation de ces facteurs les uns d'avec les autres, c'est la répétition de cette épigénèse associée ou non à la segmentation nucléaire et cellulaire qui détermine une complication croissante de l'organisme ; en amenant l'accroissement du blastoderme, elle détermine non point son partage, mais la formation, à son aide et à ses dépens, de nombreuses dispositions nouvelles différentes ; elle amène corrélativement l'apparition des manifestations fonctionnelles correspondantes... (1) »

« Ce qu'il y a de caractéristique dans l'évolution, au point de vue organique, c'est-à-dire au delà des changements de forme, de volume, etc... ou caractères d'ordre physique, consiste essentiellement dans *une génération successive et intime de parties nouvelles :* nucléoles, granules, stries, cavités, ou en la disparition ultérieure de ces parties profondes. Le développement est donc une formation, durant sa période ascendante au moins, et la formation n'est en aucune manière un développement... ni une métamorphose. Le développement ne consiste pas non plus en une simple séparation ou différenciation des parties primitivement homogènes et préexistantes (2). »

Création de parties nouvelles, voilà bien la pre-

(1) *Anatomie et Physiologie cellulaire*, p. 294, note.
(2) *Op. cit.*, p. 440, note.

mière note distinctive de l'évolution, établie par les données les plus autorisées de la science.

*
* *

La seconde, qui n'est pas moins remarquable, c'est la voie que suit le germe dans la réalisation d'un plan déterminé, conformément au type de son parent.

On avait remarqué de tout temps que le germe marche lentement, mais sûrement, à son but, passant toujours par les mêmes phases ou stades. Aristote faisait observer que l'homme est d'abord un ver, puis un poisson, puis un mammifère, puis un homme. L'embryologie était trop peu développée, jusqu'à ces dernières années, pour pénétrer plus avant les mystères de l'évolution embryonnaire.

Les transformistes ont cherché dans cette évolution une preuve à l'appui de leur thèse, et ils ont prétendu que chaque espèce actuelle reproduisait, dans la vie embryonnaire des individus, les divers stades par lesquels elle avait passé depuis la monère primitive jusqu'à son état présent. Ainsi l'homme est d'abord monère, c'est-à-dire ni végétal ni animal, puis successivement amibe, synamibe, planéade, gastréade, acœlomien, cœlomate, ver, acrânien, vertébré, craniote, amphirhinien, poisson, amphibie, amniote, mammifère, etc. (Hœckel ; voir Agassiz, abbé Arduin). Les longs travaux d'Agassiz sur l'espèce et sur l'embryogénie (1) lui ont permis de rétablir la vérité des faits, de montrer dans ces systèmes l'erreur à côté de la vérité.

(1) *De l'espèce et de la classification*, p. 270.

Deux points importants ressortent manifestement des faits établis : 1° que le transformisme ne trouve aucun appui, mais au contraire sa réfutation, dans l'embryologie ; 2° que la voie suivie par le germe dans son évolution est une preuve évidente en faveur de la finalité et de la spontanéité ; c'est le seul point qui nous occupe ici.

Le germe est tout d'abord individualisé, c'est-à-dire rendu distinct de son parent : c'est bien naturel, car le vœu, et comme l'effort de la nature dans la re-production, c'est la création d'un individu nouveau qui représente, soutienne et perpétue l'espèce. — Dès que des traits caractéristiques se font jour, c'est pour indiquer à quel embranchement appartiendra l'être qui évolue. C'est dire que le plan général de structure apparaît tout d'abord : on devait s'y attendre.

Mais il en résulte que l'homme ne sera jamais amibe, ni mollusque, ni ver, quelque ressemblance confuse que le fœtus puisse offrir pour des yeux peu exercés avec ces animaux inférieurs. — Dès que le plan se dessine plus clairement, on voit apparaître les moyens qui le réaliseront, c'est-à-dire les caractères de la classe. Ainsi, dès que l'embryon humain présente des traits plus distinctifs que ceux qui annoncent tout d'abord un vertébré, on reconnaîtra en lui un mam-mifère ; de sorte qu'à aucune époque de sa vie em-bryonnaire l'homme ne passe par les phases de pois-son et d'amphibie. Tout embryon qui montre les caractères du poisson ne fait que se classer, par les caractères successifs qui apparaissent ensuite, dans une famille ou une espèce de poissons.

Après les traits caractéristiques de la classe appa

raissent ceux de la *famille*, avant même ceux de *l'ordre;* et, en effet, on comprend aisément que la forme générale qui distingue la famille se montre avant toutes les complications de structure qui caractérisent les ordres.

De même, les caractères spécifiques qui proviennent de la proportion des parties, de leur rapport entre elles et avec le monde ambiant, font connaître l'espèce avant qu'on ne découvre les traits distinctifs du genre auquel il appartient.

Cette marche est uniforme, et montre avec quelle sûreté l'évolution se produit, sans s'écarter jamais de la ligne droite qui la mène à son but.

*   *
*

3° Une dernière preuve de l'irréductibilité du principe vital aux forces physico-chimiques, c'est qu'il leur *résiste*, en certains cas, et que toujours il les *dirige* et se les assujettit.

Bichat regardait la vie comme s'opposant à l'exercice régulateur des forces physiques, qui, de leur côté, étaient essentiellement en lutte avec la vie. Il fut ainsi amené à définir la vie : *l'ensemble des forces qui résistent à la mort.*

Comme l'a fait observer Cl. Bernard, une telle conception était entachée d'une exagération manifeste. Il est pourtant vrai de dire que les forces physico-chimiques tendent à user et à désagréger des éléments organiques, et que, par un mouvement contraire, la puissance vitale a pour fonction essentielle de réparer, de refaire, en un mot d'engendrer sans cesse l'être vivant.

Mais ce qu'il y a d'absolument décisif en faveur de notre thèse, c'est le fait signalé et commenté avec force par Cl. Bernard, à savoir que l'énergie vitale tient sous son empire les forces physiques, qu'elle les dirige, les emploie à son usage et les fait tourner à son bien. « Il y a comme un dessin vital qui trace le plan de chaque être et de chaque organe, en sorte que, si, considéré isolément, chaque phénomène de l'organisme est tributaire des forces générales de la nature, pris dans leur succession et dans leur ensemble, ils paraissent révéler un lien spécial, ils semblent dirigés par quelque condition indivisible dans la route qu'ils suivent, dans l'ordre qui les enchaîne. Ainsi les actions chimiques synthétiques de l'organisation et de la nutrition se manifestent comme si elles étaient *dominées* par une force impulsive *gouvernant* la matière, faisant une chimie appropriée à un but, et mettant en présence les réactifs aveugles des laboratoires, à la manière du chimiste lui-même... C'est cette puissance évolutive qui constituerait le *quid proprium* de la vie, car il est certain que cette propriété évolutive de l'œuf, qui produira un mammifère, un oiseau ou un poisson, n'est ni de la physique, ni de la chimie (1) ».

*
* *

On nous oppose — et cette objection fait une im-

______

(1) *La science expérim.* ; *défin. de la vie,* p. 209. 210.

pression assez vive sur certains esprits, — on nous oppose que les êtres vivants, et la plante plus que tout autre, ne peuvent à aucun prix se passer des forces générales de la nature et qu'ils soutiennent à leur égard des rapports de dépendance très étroite.

Le fait est incontestable, mais il n'atteint aucunement la théorie de la spontanéité. L'instrument, la condition *sine qua non* est nécessaire à l'agent principal, et pourtant nul ne songe à regarder l'instrument et la simple condition comme la cause véritable de l'effet produit. Or Cl. Bernard lui-même en a fait expressément l'aveu, la matière est bien la condition et le *substratum* de la vie végétative, mais elle ne l'engendre pas : « Les phénomènes de création organique me semblent bien de nature à démontrer une idée que j'ai déjà indiquée, à savoir que la matière *n'engendre* pas les phénomènes qu'elle *manifeste*. Elle n'en est que le *substratum* et ne fait que donner aux phénomènes leurs *conditions de manifestation*, seul intermédiaire par lequel le physiologiste peut agir sur la vie. »

Dans un texte d'une grande beauté saint Thomas a constaté deux faits également vrais et qui montrent d'une façon très claire, d'une part, que la matière tout entière est soumise à l'âme dont elle est l'instrument, d'autre part, que les différentes âmes se trouvent, à des degrés très divers, sous la dépendance de la matière elle-même.

« Le principe de la différenciation des âmes se tire tout entier du degré de leur élévation au-dessus des énergies matérielles. Le monde est soumis à l'âme, comme les matériaux et l'instrument sont soumis à l'artiste qui les emploie. Or, il y a des opérations de l'âme qui dépassent tellement les propriétés matérielles, qu'elles s'exercent sans le concours d'aucun organe ; telles sont les opérations de l'âme raisonnable. — Au-dessous de ces opérations de l'âme se placent des actions moins nobles qui ne peuvent s'accomplir qu'à l'aide d'un organe, mais qui ne s'accomplissent pourtant pas par la vertu des propriétés physiques ; les actions de l'âme sensible appartiennent toutes à cette catégorie. Pour sentir, l'organe animé doit réaliser certaines conditions physiques, jouir par exemple d'une température convenable ; mais ces conditions sont simplement requises pour le bon état de l'organe, elles n'ont aucune part directe dans la sensation.

Enfin l'activité de l'âme végétative occupe la dernière place, elle ne s'exerce pas seulement à l'aide d'un organe, mais *par* la vertu des propriétés physiques. La digestion et les autres fonctions qui l'accompagnent ont pour cause instrumentale la chaleur (1).

(1) « Diversæ animæ distinguuntur secundùm quod diversimodè operatio animæ supergreditur operationem naturæ corporalis. Tota enim natura corporalis subjacet animæ, et comparatur ad ipsam sicut materia et instrumentum. Est ergo quædam operatio animæ quæ in tantum excedit naturam corpoream, quod neque etiam exercetur per organum corporale ; et talis est operatio animæ rationalis. Est autem alia operatio animæ infra istam, quæ quidem fit per organum corporale, non tamen per aliquam qualitatem corpoream ; et talis est operatio animæ sensibilis ; quia etsi calidum et frigidum, et humidum et siccum, et aliæ hujusmodi qualitates requirantur ad operationem sensûs, non tamen ita quòd mediante virtute talium qualitatum operatio animæ sensibilis procedat, sed requiruntur solùm ad debitam dispositionem organi. — Infima autem operationum animæ est

5

Ainsi, d'après le saint docteur, la spontanéité est proportionnée, dans le sujet vivant, à son indépendance des forces physiques, et à la mesure d'influence qu'il peut exercer sur elles pour les modifier et les diriger.

Elle est nulle dans le corps brut, puisqu'il se trouve entièrement soumis aux lois mécaniques qui le dirigent toujours et qu'il ne dirige jamais.

Elle est à son plus bas degré dans le végétal. On pourrait même s'y tromper ; car la plante est dans une telle dépendance du monde extérieur, qu'elle n'agit qu'à la suite d'une provocation venue des forces physiques, que par l'intermédiaire des forces physiques qu'elle utilise pour atteindre sa fin, que sur la matière et les forces physiques dont elle modifie et dirige l'activité dans un sens déterminé. Par exemple, la partie verte ou chlorophylle de la plante, provoquée par les rayons de la lumière solaire, emploie leur énergie à décomposer l'acide carbonique de l'atmosphère, faisant entrer le carbone dans son tissu et laissant l'oxygène en liberté. De même, quand la plante est sous l'influence de la douce chaleur du printemps, son activité, provoquée par l'évaporation ou l'exhalaison qui se fait à la périphérie, détermine par les forces d'osmose et de capillarité les sucs de la terre à pénétrer ses racines et à monter dans ses cellules et ses fibres.

Cependant cette dépendance si étroite de la matière

<hr>

quæ fit per organum corporeum et virtute corporeæ qualitatis ; et talis est operatio animæ vegetabilis. Digestio enim et ea quæ consequuntur, fit instrumentaliter per actionem caloris. » (1a, q. LXXVIII, a. 1, c.)

et des forces physiques ne voile pas entièrement la spontanéité du végétal ; car aucune force physique, aucune transformation d'énergie ne peut et ne pourra jamais expliquer qu'un germe sorte du repos, qu'il évolue suivant un plan déterminé, qu'il se conserve dans une forme typique constante malgré le tourbillon perpétuel de la matière, qu'il se survive dans un germe nouveau, dans lequel il laisse son empreinte et épuise sa force.

*
* *

Les fonctions végétatives de l'animal sont encore toutes sous la dépendance du monde extérieur. Prenons un exemple, la digestion. La présence des aliments dans l'estomac provoque la sécrétion du suc gastrique : ce ferment dissout et transforme chimiquement les aliments ; dans l'absorption, la capillarité et l'osmose entrent en jeu, etc. Le phénomène même d'assimilation se produit dans les profondeurs de l'organisme sous l'influence des forces physiques et des réactions chimiques. Mais, comme le fait remarquer Cl. Bernard, ces phénomènes physico-chimiques couvrent une action vitale, une activité propre à chaque élément, qui dirige les forces physiques. L'animal a des fonctions plus élevées ; il sent, éprouve des passions, et se détermine en conséquence de ses connaissances et de ses passions. — Sans doute, le monde extérieur se retrouve encore au point de départ et au terme de toute sensation et de toute passion, mais l'acte vital qui se superpose au mouvement physique révèle une plus grande indépendance. L'organe sensoriel est ébranlé physiquement ; ce mouvement mécanique se transforme avec une équivalence parfaite en chaleur et en travail moléculaire ; et à l'occasion de cette modification organique, l'activité propre du vivant, une fois mise en jeu par l'objet, produit la sensation et la perception de l'impression reçue. La sensation, et surtout le mouvement passionnel ou appétitif qui la suit, n'est pas nécessairement proportionnelle à la dépense des forces physiques, il n'a aucune commune mesure avec les équations qui règlent les mouvements de la matière. Se souvenir, se passionner et se mouvoir, toutes choses parfaitement au pouvoir de l'animal, accusent un empire très marqué sur les forces générales de la nature. Saint Thomas a donc pu soutenir avec raison que les forces physiques ne font que disposer les organes et fournir l'énergie nécessaire pour préparer l'impression venue du dehors.

Quant à l'homme, il dépend aussi de la nature dans ses fonctions végétatives. Les forces physiques provoquent son activité et lui servent d'instruments ; cependant, il peut en diriger l'exercice, et sa nutrition même se ressent de ses facultés supérieures. Dans ses fonctions animales, il relève aussi de la nature, mais moins que l'animal ; il peut dominer ses passions, atténuer l'effet de ses sensations. Aussi les fonctions animales sont-elles, chez l'homme, très différentes suivant les individus.

Dans l'ordre intellectuel et moral, il conserve encore quelque lien avec la matière, mais il la domine pleinement de son pouvoir créateur. Il crée en elle des œuvres d'art qui la surpassent infiniment et qui

sont comme autant d'étincelles de la sagesse et de la
puissance divine. Il pense, il veut, il est libre ; et
grâce à cette liberté, il sait se soustraire aux influences du dehors, comme à celles, bien plus dangereuses, de ses propres passions. En un mot, il est le
plus spontané des êtres vivants, parce qu'il est, suivant l'expression de saint Thomas, le plus indépendant de la matière.

Le principe vital se montre absolument irréductible
aux forces physiques et chimiques, et par suite la
théorie *mécaniste* ne saurait être soutenue ni devant
la science, ni devant la philosophie.

§ II. — *Irréductibilité du principe vital aux propriétés de la matière organique.*

La théorie *organiciste*, dans sa forme la plus
simple, se rapproche beaucoup, si même elle en
diffère réellement, de l'opinion que nous venons de
réfuter. L'être vivant lui paraît une *machine montée,*
suivant l'expression de Rostan (1790-1806) renou-
velée de Descartes. Mais, comme le dit très bien
M. Robin, « il n'y a rien dans l'économie qui la
puisse faire comparer à une machine... La substance
vivante est le théâtre de changements incessants dans
l'intérieur de toute partie élémentaire. Ils sont même
la condition essentielle de la progression évolutive et
de la longue durée individuelle de chaque organisme.
Dans une machine, au contraire, ce qui importe le
plus, c'est que ces changements moléculaires dans

chaque partie directement active ne s'opèrent pas (1). »

L'organicisme a revêtu de nos jours une forme plus spécieuse, qui a trouvé parmi les hommes de la science un assez grand nombre de défenseurs. Et cela n'a rien de bien surprenant. Privés de toute connaissance philosophique sérieuse, préoccupés souvent du désir d'expliquer tous les phénomènes par les seules propriétés de la matière, accoutumés à ne considérer que le détail et le particulier, sans remonter jamais aux idées générales, confondant les idées de cause et de condition, de provocation et de déterminisme, ils sont arrivés à ne considérer l'être vivant que comme un agrégat de cellules et de fibres, la vie générale de l'ensemble comme la résultante des vies propres à chaque élément, et la vie propre à chaque élément comme la complexion des phénomènes physiques et chimiques dont il est le théâtre. De telles prémisses une fois admises, n'était-il pas tout naturel de conclure que la vie n'est qu'un mode d'activité provenant de l'organisation de la matière ?

Mais que faut-il entendre par organisation ? Sera-ce le mélange des principes organiques qui composent les éléments anatomiques et la structure, la texture qui groupe ces éléments en organes et en appareils ? C'est ce qu'on appelait autrefois organisation ; et comme tout cela subsiste dans le bois mort comme dans le cadavre de l'animal, il était facile de conclure alors que la vie n'est point le résultat de l'organisation, puisqu'elle ne lui est pas essentiellement liée.

(1) *Anatomie et physiologie cellulaires*, p. 20-22.

Aujourd'hui on donne à ce mot un sens tout différent. « Rien de plus faux, suivant M. Robin (*loc. cit.*), que de dire que dans la forme gît ce qu'il y a d'essentiel dans l'organisation, et que, hors de la forme de la cellule ou autre, il n'y a pas de vie. »

« Le caractère essentiel de l'état d'organisation n'est pas la forme ni la structure qui résulte de l'agencement des cellules », mais « un état moléculaire qui consiste dans l'équilibre instable » des molécules des principes associés ; « état d'oscillations incessantes », oscillations variables suivant l'espèce des cellules et le milieu ; défaut de stabilité d'où résulte la rénovation moléculaire nutritive, et ce mouvement nutritif, c'est la vie. Que l'équilibre devienne stable, le mouvement nutritif cesse ; il ne faut rien de plus pour expliquer la mort de chaque élément.

Nous accordons à M. Robin, dont la compétence en matière scientifique est hors de conteste, que la vie est étroitement liée à l'organisation, qu'elle subsiste dans chaque élément aussi longtemps que le mouvement moléculaire de nutrition, que les forces physiques interviennent dans ce mouvement, et qu'une différence anatomique très saisissable existe entre la cellule vivante et la cellule morte ; nous voulons bien aussi refuser le nom d'organisation proprement dite à la structure inerte, à la forme stable qui suit la mort et qui est une marque assurée que l'être a vécu.

Mais il s'en faut bien que M. Robin ait expliqué la vie. Rien d'ailleurs, dans les faits allégués, qui s'oppose à l'existence d'un principe vital distinct, quoique dépendant de l'organisme ; ces faits nous montrent les *conditions* nécessaires de la vie, mais non pas sa *cause* ou sa *source*. En effet, Cl. Bernard et Milne-Edwards l'ont très sagement fait remarquer, jamais le mouvement moléculaire ne dira pourquoi la cellule germinative se multiplie et donne, par une suite de créations merveilleuses, cet ensemble d'éléments et d'organes qui réalise un plan déterminé, toujours conforme à celui des parents. Jamais ce mot « d'équilibre instable » ne rendra compte de la conservation de l'organisme dans sa forme et ses propriétés au milieu d'un tourbillon incessant de matière (1). L'idée de plan préconçu, exécuté et conservé, est absolument incompatible avec la conception des molécules mobiles et des forces purement aveugles qui sont mises en jeu dans le mouvement d'échange nutritif.

Saint Thomas a très bien relevé cette opposition entre l'élément *formel*, qui demeure stable et identique dans l'être vivant, et l'élément *matériel*, qui se renouvelle à chaque instant, comme le bois qui alimente le feu. « Si consideretur caro secundum *speciem*, id est, secundùm id quod est formale in ipsâ, sic semper manet, quia semper manet natura carnis, et *dispositio naturalis* ipsius. Sed si consideretur caro secundum *materiam*, sic non manet, sed paulatim consumitur, et restauratur ; sicut patet in igne fornacis, cujus

____

(1) Flourens a écrit dans le même sens : « La loi, la grande loi qui fixe les rapports des forces avec la matière dans les corps vivants est, d'une part, la permanence des forces, et de l'autre, la mutation continuelle de la matière. » (*De la vie et de l'intelligence*, 1ʳᵉ part., c. V).

forma manet, sed materia paulatim consumitur, et alia in locum ejus substituitur (1). »

D'ailleurs, comment l'organisation ferait-elle la vie, puisqu'elle en est elle-même le résultat ? L'organisme ne se construit que par la vie : si la cellule-mère vient à périr, l'organisme tout entier aura péri avec elle. De plus, c'est un axiome reconnu que la fonction précède l'organe, crée son organe, comme parle Milne-Edwards. Elle est d'abord confuse et devient plus apparente à mesure que l'organe se forme et se développe ; c'est ainsi que les globules sanguins se montrent et commencent à circuler dans l'embryon bien avant l'apparition du cœur et des vaisseaux. Comment dire, en ce cas, que l'organe détermine la fonction ? Saint Thomas avait donc bien raison de dire que l'organe est pour la faculté, et non pas la faculté pour l'organe. *Non enim potentiæ sunt propter, organa sed organa propter potentias. Unde non propter hoc sunt diversæ potentiæ, quia sunt diversa organa, sed ideo natura instituit diversitatem in organis, ut congruerent diversitati potentiarum* (2).

Dira-t-on que la cellule germinative évolue en vertu d'une vitesse acquise dans une direction déterminée ? Mais qui lui a communiqué cette vitesse ? qui l'a lancée dans cette direction ? et comment ne dévie-t-elle pas sous l'influence de mille causes extérieures qui devraient modifier son mouvement ? Pourquoi cette impulsion se trouve-t-elle dans telle cellule, en tel point du corps ? Pourquoi chaque élément joue-t-il un rôle différent dans l'économie, rôle toujours appro-

(1) *Sum. th.*, I, q. CXIX, a. 1, ad 2.
(2) *Sum. th.*, I, q. LXXVIII, a. 3, c.

prié à la place qu'il occupe ? — Qui ne voit que ces faits ne sauraient s'expliquer par une simple attraction moléculaire, conséquence de l'équilibre instable où se trouve la matière organisée ? (1).

Au surplus, on ne peut attribuer la vie à l'organisation sans retomber du même coup dans le mécanicisme. Car il faudra bien trouver une cause qui détermine ces divers mouvements vitaux propres à la matière organisée ; il faudra l'emprunter au dehors et lui faire suivre les lois rigoureuses de la transformation des mouvements. « Si l'organisation est la cause de la

(1) Citons encore saint Thomas et Cl. Bernard :

« Ex anima generantis, dit le premier, *derivatur* quædam virtus *activa* ad ipsum semen animalis vel plantæ, sicut a *principali* agente derivatur quædam vis motiva ad *instrumentum*. » (*Sum. th* , Ia q. cxviii, a. 1, c.) — « Assimilatio generantis ad genitum non fit propter materiam, sed propter formam agentis, quod generat sibi simile. Unde non oportet, ad hoc quod aliquis assimiletur avo, quod materia corporalis seminis fuerit in avo, sed quòd sit in semine aliqua virtus derivata ab avo, mediante patre. » (*Ibid.*, q. cxix, a. 2, ad 2). — « Virtus illa activa quæ est in semine, ex animâ generantis derivata, est quasi quædam *motio* ipsius animæ generantis ; nec est anima, nec pars animæ, nisi in *virtute* ; sicut in serrâ vel securi non est forma lecti, sed motio quædam ad talem formam. Et ideo, non oportet quòd ista vis activa *habeat aliquod organum in actu*, sed fundatur in ipso spiritu incluso in semine... » (*Ibid.*, q. cxviii, a. 1, ad 3.)

— « Quand on observe l'évolution ou la création d'un être vivant dans l'œuf, on voit clairement que son organisation est la *conséquence* d'une loi organo-génique qui *préexiste* d'après une *idée préconçue*, et qui s'est *transmise* par tradition organique d'un être à l'autre. On pourrait trouver dans l'étude expérimentale des phénomènes d'histogénèse et d'organisation la justification des paroles de Gœthe, qui compare la nature à un

vie, disons-nous avec M. Janet, quelle sera la cause
de l'organisation ? La difficulté n'est que reculée (1). »

Résumons : L'organicisme regarde la vie comme
l'état d'activité de la matière *organisée*. Donnez-nous,
disent les fauteurs de ce système, de la matière organisée, et sous l'influence des forces physico-chimiques,
nous aurons le mouvement vital. Quand nous aurons
fabriqué du protoplasma, nous aurons fait l'être
vivant.

Tout n'est pas erreur dans ce système : c'est une
conquête dont il faut savoir gré à la Physiologie moderne que tous les phénomènes vitaux sont sous l'influence des forces physiques, et s'opèrent suivant les
lois de la Chimie.

Mais, l'erreur consiste à réduire les phénomènes
de la vie à des manifestations de forces physiques, à
confondre la *condition* des phénomènes avec leur
cause véritable. L'organisation est la condition de la

grand artiste. C'est qu'en effet la nature et l'artiste semblent
procéder de même dans la manifestation de l'idée créatrice de
leur œuvre. Nous voyons dans l'évolution apparaître une simple
ébauche de l'être avant toute organisation. Les contours du
corps et des organes sont d'abord simplement arrêtés, en commençant, bien entendu, par les échafaudages organiques pro-
visoires qui serviront d'appareils fonctionnels temporaires au
fœtus ; aucun tissu n'est d'abord distinct, toute la masse n'est
constituée que par des cellules plasmatiques ou embryonnaires ;
mais dans ce *canevas* vital est *tracé* le *dessin idéal* d'une organisation encore invisible pour nous, qui a *assigné d'avance* à
chaque partie, à chaque élément, sa place, sa structure et ses
propriétés. » (*La science expérim. ; le problème de la physiolog.
génér.,* p. 134, 135.)

(1) P. Janet : *Revue de l'Instruction publique,* 22, 30 octobre
1862.

vie, le principe vital qui lui est inhérent en est seul la cause. Sans doute, nous n'avons qu'une connaissance incomplète de la nature intime de ce principe directeur, mais son existence n'en est pas moins certaine.

Peut-on espérer que les chimistes fabriqueront un jour du protoplasma ? Jusqu'ici on a fabriqué dans les laboratoires des substances analogues ou identiques à celles que l'organisme produit ; exemple : urée, alcool, acide formique, carbures d'hydrogène. On a obtenu les *produits de la vie*, et non *la vie elle-même*. L'organisme étant un laboratoire où entrent en jeu les forces physiques et chimiques, il est naturel que les mêmes forces agissant sur la même matière conduisent aux mêmes effets. Mais, comme on l'a déclaré depuis longtemps, jamais aucun chimiste ne réalisera le protoplasma vivant (Berthelot). Nous terminerons par l'aveu d'un naturaliste distingué, Ed. Perrier : « La puissance des chimistes est fort grande. Mais voyons-nous dans ses œuvres rien qui puisse autoriser à penser qu'elle soit assez grande pour créer la substance vivante elle-même ? Il n'y paraît pas. »

§ 3. — *Unité et indivisibilité du principe vital.*

Il nous reste, pour achever notre étude, à démontrer l'*unité* et l'*indivisibilité* du principe vital. Elle rencontre aujourd'hui des adversaires très résolus dans une partie du monde savant. Au sentiment de plusieurs, chaque plante, « chaque animal représente une somme d'unités vitales qui portent en elles-mêmes les caractères *complets* de la vie » (1). Le vivant est une *collection*, ou, pour employer une formule encore plus à la mode, une *colonie*.

Néanmoins, plusieurs savants, et des plus illustres, tiennent un tout autre langage. Qu'il nous suffise de citer le témoignage de Cuvier, de Flourens et de Cl. Bernard. « Tout être organisé, dit Cuvier, forme un ensemble, un système *clos*, dont toutes les parties *se correspondent* mutuellement et concourent à la même action définitive par une réaction réciproque (2). » — « La vie, observe Flourens, n'est pas seulement une collection de propriétés ; et sans sortir des conditions précises démontrées par l'expérience, il est *visible* qu'il faut ici un *lien positif*, un point *central*, un *nœud* de vie,... une force *générale* et *une*, dont toutes les forces *particulières* ne sont que des *expressions* diverses (3). » Cl. Bernard parle comme Flourens et Cuvier : « Le physicien et le chimiste peuvent repousser toute idée de causes finales dans les faits qu'ils observent, tandis que le physiologiste est porté à admettre une finalité harmonique et préétablie dans le corps organisé, dont toutes les actions partielles sont *solidaires* et *génératrices* les unes des autres (4). »

(1) Virchow, *Pathologie cellulaire,* ch. I. « Nous comparerons le corps vivant à un essaim d'abeilles qui se ramassent en peloton et se suspendent à un arbre en manière de grappe. » (Bordeu, *Recherches anatomiques*, p. 125.)

(2) *Discours sur les révolutions du globe.*

(3) *De la vie et de l'intelligence*, 1re part., p. 153 et p. 137.

(4) Hippocrate, dans l'antiquité, avait défendu cette importante vérité en termes éloquents. « La fin et le principe sont uns. Dans

.*.

Après ces grandes autorités, faisons connaître les raisons scientifiques qui établissent d'une façon victorieuse l'unité absolue de l'être vivant. Nous nous bornerons à établir l'unité du principe vital dans la plante, car dans l'animal et dans l'homme elle est bien plus apparente encore.

Qu'il nous suffise, pour cela, de rappeler les divers phénomènes qui concernent l'origine et l'évolution, la conservation de la vie, la dépendance des parties et des fonctions de l'organisme, la reproduction, la décroissance et la mort de l'être animé.

Origine. — L'organisme tout entier est sorti d'une seule cellule *primitive* qui, en se fractionnant, a successivement donné naissance à toutes les cellules *secondaires* et *dérivées ;* il réalise un plan déterminé dont le germe portait l'empreinte.

Évolution. — L'individu s'est développé graduellement dans toutes ses parties ; et son accroissement a cessé le jour où il a atteint la forme de son parent.

Conservation. — L'unité persévère après l'évolution, car toutes les cellules-sœurs se soutiennent mutuellement, et concourent toutes ensemble à la conservation du plan réalisé. La matière est dans un perpétuel changement, mais en chaque point la cel-

l'intérieur est un agent inconnu qui travaille pour le tout et pour les parties, quelquefois pour certaines et non pour d'autres... Il n'y a qu'un but, qu'un effort. Tout le corps participe aux mêmes affections ; c'est une *sympathie* universelle. Tout est subordonné à tout le corps, tout l'est aussi à chaque partie, chaque partie concourt à l'action de chacune des autres. »

lule travaille à conserver la forme propre à l'individu.

Dépendance. — Non seulement chaque cellule travaille pour elle-même et pour conserver sa place dans le tout, mais encore un grand nombre ont pour mission de préparer aux autres les éléments qui les nourrissent : le tissu épithélial intérieur travaille sans cesse au profit du reste de l'organisme. De la sorte, il n'est pas un seul élément qui ne soit dépendant d'un grand nombre d'autres; et depuis Cl. Bernard, c'est comme un axiome en physiologie que chaque organisme fabrique lui-même le milieu intérieur dans lequel plongent ses parties, et les éléments qui doivent les nourrir. Cette dépendance est si étroite, qu'à l'état sain, chaque élément reflète l'état général de l'organisme, et que, dans la maladie, si l'on excepte les blessures accidentelles, la qualité morbide se répand dans toutes les cellules sans distinction.

Reproduction. — La reproduction de l'individu par la génération est une preuve éclatante de son unité ; car ce n'est pas chaque élément qui engendre, mais un seul, et tous les autres semblent ne travailler que pour concentrer dans le germe la force dont il a besoin pour perpétuer l'espèce dans un individu nouveau. On a montré d'une façon très sensible comment, dans le végétal, tous les efforts concourent à a préparation, à la formation et à la nutrition du germe.

Décroissance. — Quand l'être vivant s'est reproduit dans un germe, il dépérit. La fleur se fane dans toutes les plantes après la fécondation ; après la maturation de la graine, la plante annuelle ou bisannuelle périt ; si la plante vivace ne dépérit pas, elle retombe du

moins dans un état de sommeil et de repos, jusqu'à
ce qu'un nouveau printemps vienne ranimer ses forces
par une nouvelle génération. Tous ces détails se retrouvent d'une façon saisissante dans le règne animal.
L'être vivant s'est donc comme épuisé pour atteindre
sa fin ; il ne l'a atteinte que par un point de son organisme, et pourtant tout l'organisme tombe et dépérit.
Quelle preuve plus évidente de son unité ?

Mort. — La mort des éléments se fait en même
temps que celle de l'individu. Si l'individu n'était pas
un, il ne semble pas qu'il dût mourir, parce que
chaque cellule se renouvelle sans cesse par nutrition
et par reproduction. S'il n'y a qu'une colonie, pourquoi périt-elle, puisque ses unités se renouvellent ?
Si la force vitale est dans chaque partie, et nullement
dans le tout, cette collection d'individus qui se rajeu-
nissent incessamment par la génération ne devrait
jamais se dissoudre. Mais le principe vital est dans
cette collection, il anime chaque partie en même
temps qu'il les relie toutes dans l'unité. L'individu
tombe quand il a transmis et épuisé la force qui l'ani-
mait.

Il est vrai que les éléments meurent après l'individu et successivement, surtout dans le cas de mort
violente ; mais on ne saurait concevoir qu'il en fût autrement ; car cette forme qui régit le tout anime aussi
chaque partie et lui imprime une sorte d'impulsion
qui lui fait opérer les actes essentiels de nutrition et
de reproduction. On comprend sans peine que cette
vitesse acquise, cette force *participée* ne s'éteigne
pas tout à coup, mais continue son œuvre tant que
les conditions normales persévèrent.

Au reste, on pourrait admettre encore que la force *centrale* une fois disparue, au moment de la mort, quelques-unes au moins des forces *locales* acquiéront une autonomie suffisante et continuent à vivre aussi longtemps que le permettra l'état de l'organisme auquel elles se trouvent associées.

Pour nous résumer, nous ne refusons nullement de reconnaître aux différentes cellules comme aux différents organes de l'être vivant une certaine autonomie *partielle* qui leur assure, à quelque degré, une vie propre et individuelle ; mais les cellules ne sont pas des unités distinctes et complètes ; elles ne forment pas des individualités à part, car elles empruntent toutes à une source commune, et leurs énergies propres ne sont que des énergies *dérivées*, des expressions diverses de la force centrale. Le germe créateur semble dire aux diverses cellules qu'il engendre : *Crescite et multiplicamini*, mais les cellules engendrées restent dans le tout, dépendantes du tout et vivant par le tout. Elles ne sauraient vivre isolées, car elles ne peuvent puiser leur nourriture dans le monde extérieur ; chacune se nourrit du travail des autres, et l'on peut dire en général qu'elle travaille plus pour les autres que pour elle-même. Chacune a sa raison d'être dans le tout et ne se conçoit pas dans l'isolement. Conçoit-on par exemple une cellule nerveuse en dehors du cerveau ou du système nerveux ?

*
* *

On voit maintenant la nature et le rôle du principe vital dans l'organisme. Force simple et une, non localisée dans telle ou telle partie, mais pénétrant cha-

cune de sa vertu intime pour constituer une communauté, source première en même temps que lien de
toutes les énergies secondaires, le principe vital préside à tous les mouvements et les dirige tous vers une
fin supérieure, qui est le bien général de l'individu.
Otez à l'organisme social l'autorité centrale dirigeante,
il ne reste plus que des unités éparses, que nulle volonté commune ne relie entre elles ; il ne reste plus
que le nombre, et le nombre, a dit Lacordaire, est
anarchie. Otez à l'organisme matériel le principe supérieur qui retient les diverses cellules dans le tout
et les oblige de travailler au bien commun, c'en est
fait de l'être vivant ; il perd l'être en même temps que
l'unité. La comparaison est du Docteur angélique.
« Si naturale est homini quòd in societate multorum
vivat, necesse est in hominibus esse per quod multitudo regatur. Multis enim existentibus hominibus, et
unoquoque id quod est sibi congruum providente,
multitudo in diversa dispergeretur, nisi etiam esset
aliquis de eo quod ad bonum multitudinis pertinet
curam habens ; sicut et corpus hominis et cujuslibet
animalis deflueret, nisi esset aliqua vis regitiva communis in corpore, quæ ad bonum commune omnium
membrorum intenderet (1). »

On fait à notre théorie une objection très spécieuse :
c'est la *divisibilité* de l'être vivant. Vulpian l'expose
en ces termes : « Le principe vital, cette force une,
était divisible chez ces animaux (inférieurs). Mais,

(1) *De Regim. princip.*, l. I, c. 1.

pour nous, dire que le principe vital est divisible, c'est dire qu'il n'existe pas (1). »

Certains auteurs, M. Bouillet entre autres, sont tout disposés à faire des concessio ; sur la question de l'unité dans les vivants d'un ordre inférieur ; seulement ils nient qu'on ait pour cela le droit d'étendre l'objection à l'espèce tout entière (2).

Suivant nous, bien que, dans les organismes inférieurs, l'unité soit moins profonde et la vie locale plus développée, elle se révèle cependant à des signes incontestables, et l'objection de la divisibilité ne lui porte aucune atteinte réelle.

On peut faire à cette objection deux réponses différentes. La première, qui est celle de plusieurs auteurs scolastiques, consiste à dire que le principe vital, pour être simple et indivisible de sa nature, n'en est pas moins sujet, *accidentellement*, aux diverses vicissitudes qui peuvent affecter la matière à laquelle il est attaché et dont il partage le sort. Saint Thomas ne dit-il pas de ces formes inférieures qu'elles ont quelque chose de matériel : *Omne illud cujus esse est in materiâ, oportet esse materiale* (3) ; — *Quorum (formarum) esse est per hoc quòd insunt ma-*

(1) *Leçons sur la physiologie.*

(2) Le P. Lepidi adhère à cette opinion. « Quœvis pars (corporis) habet animam distinctam ab animâ alterius partis, ita ut quodlibet horum animalium non sit nisi una quœdam catena plurium animalium : quot annuli in lumbricis, quot gemmœ erumpentes in hydris, tot animalia. »

(3) *Cont. gent.*, l. II, c. LVI. — Aristote avait dit dans le même sens : « Rectè sentiunt quibus videtur principium vitœ neque esse sine corpore, neque esse corpus aliquod. » *De Animâ*, l. II, c. II, § 14.

teriæ (1)? Quoi d'étonnant, si la division qui atteint directement la matière étendue, atteint indirectement et accidentellement le principe vital coexistant à cette même étendue ? Ainsi raisonnent Scot (2), Durand de Saint-Pourçain (3) et Suarez (4). Saint Augustin avait dit avant eux : *Animam per seipsam nullo modo, sed tamen per corpus posse partiri* (5).

Une autre réponse, qui aurait nos préférences, peut être donnée au nom de saint Bonaventure et de saint Thomas. Elle n'admet pas que la division de la matière entraîne la division, même accidentelle, du principe vital, conformément à ce principe du Docteur angélique : *Quod est simplex est indivisum et actu et potentia* (6); mais elle suppose que cette division, en produisant plusieurs organismes distincts et affranchis les uns des autres, donne naissance, par une sorte de génération, à plusieurs âmes distinctes qui se trouvaient *en puissance* dans l'organisme primitif. Cette génération secondaire aurait quelque chose d'analogue à la génération proprement dite, où, comme nous l'avons vu déjà, la cellule primitive, en se fractionnant, produit un certain nombre de cellules dérivées.

Dans ces organismes rudimentaires dont toutes les parties se ressemblent, chaque partie est apte à former

---

(1) *Ibid.*, c. XL.
(2) *In 1 Sent.*, dist. 44, q. 1, n° 1.
(3) *In I Sent.*, dist. 8, p. 2 a. q. 3, a. 10.
(4) *Disp. metaph.*, disp. XV, sect. 10, n° 32, et *De Animâ*, l. I, c. II, n° 32.
(5) *De quantitate anim.*, c. XXXII, n° 68.
(6) 1a, q. XI, a. 1, c.

un tout, et conséquemment à posséder une âme distincte. Une âme nouvelle est donc tirée de la matière où elle était en puissance dès que la division a donné naissance à un nouvel individu matériel.

Au reste, voici les propres paroles du Docteur séraphique et du Docteur angélique : *Quia corpus annulosum est modicæ organisationis et quasi consimilis in partibus et in toto ; ideo, in qualibet sui parte est anima in proximâ dispositione ad hoc quòd sit in actu, et ideo, factâ divisione, subito inducitur forma* (1). — *In animalibus quæ decisa vivunt, est una anima in actu, et multæ in potentia ; per decisionem autem reducuntur in actum multitudinis, sicut contingit in omnibus formis quæ habent extensionem in materiâ* (2).

*
* *

Telle est la doctrine thomiste sur la nature de la vie et du principe vital. Cette doctrine renferme, suivant nous, plusieurs avantages très précieux.

1° Elle fait bien connaître ce qu'il y a de commun à tous les vivants, à savoir la spontanéité, qui se traduit principalement par la génération.

2° Elle élève la plante aussi haut que possible, tout en la séparant de l'animal par des caractères essentiels ; car, dans la plante, la spontanéité est *inconsciente* et l'évolution a lieu en vertu d'une simple im-

(1) *In* II *Sent.*, dist. XV, a. 1, q. 1, ad. arg.

(2) *Qq. disp. de spiritual. creat.*, a. 4, c. — Aristote avait dit aussi : « Necesse est ut anima vegetatrix actu simplex sit, potentia verò multiplex ; item de animâ sensitivâ. » (*De Juventute*, c. II, § 7.)

pulsion de la nature, tandis que l'animal s'avance vers un but connu de lui, et se dirige lui-même en vertu de sa propre connaissance, comme parle saint Thomas : « Il y a des êtres qui se meuvent eux-mêmes, mais qui tiennent de la nature et l'impulsion qui les pousse à agir et le but qui les attire. Ils se bornent à exécuter un mouvement dont la direction est entre les mains de la cause première. Les plantes se meuvent de cette sorte. — Il est des êtres plus parfaits qui ne se bornent pas à exécuter un mouvement, mais qui ont en eux-mêmes, ou plutôt qui découvrent par leur activité propre l'image destinée à les diriger vers le but. Et voilà précisément ce qui caractérise l'animal, qui se meut lui-même, non pas en vertu d'une impulsion de la nature, mais en vertu de la connaissance sensible. Aussi les animaux ont-ils un mouvement d'autant plus autonome qu'ils jouissent d'une sensibilité plus parfaite (1). »

(1) « Inveniuntur quædam quæ movent seipsa, non habito respectu ad formam vel finem quæ inest eis a naturâ, sed solùm quantùm ad executionem motûs; sed forma per quam agunt, et finis propter quem agunt, determinantur eis a naturâ. Et hujusmodi sunt plantæ... Quædam verò ulterius movent seipsa, non solùm habito respectu ad executionem motûs, sed etiam quantum ad formam quæ est principium motûs, quam per se acquirunt. Et hujusmodi sunt animalia, quorum motûs principium est forma non a naturâ indita, sed per sensum accepta. Unde quantò perfectiorem sensum habent, tantò perfectius movent seipsa. Nam ea quæ non habent nisi sensum tactûs, movent solùm seipsa motu dilatationis et constrictionis, ut ostrea, parum excedentia motum plantæ. Quæ verò habent virtutem sensitivam perfectam, non solùm ad cognoscendum conjuncta et tangentia, sed etiam ad cognoscendum distantia, movent seipsa in remotum motu processivo. » (1ª, q. XVIII, a. 3, c.)

3° La doctrine que nous venons d'exposer fournit une notion assez précise de la vie, et elle montre très bien son irréductibilité absolue aux forces physiques, bien qu'elle l'unisse très étroitement à la matière et à l'organisme. Sous ce rapport, elle fournit un solide appui au spiritualisme, et met une barrière infranchissable entre le végétal et le minéral ; car s'il est constant que le végétal possède la spontanéité, il n'est pas moins constant que le minéral, être mécanique et rigide, en est tout à fait dépourvu.

4° Elle fournit deux preuves excellentes en faveur de l'existence de Dieu : l'une tirée de l'irréductibilité même de la vie à la matière brute, ce qui suppose, à l'origine de la vie, une intervention spéciale du Créateur ; l'autre déjà insinuée par nous et tirée de l'*idée directrice* qui gouverne la plante, nous oblige de chercher en dehors et au-dessus d'elle celui qui la dirige d'une façon si douce et en même temps si régulière et si invariable.

« La nature, a dit saint Thomas dans un langage élevé, n'est pas autre chose que l'idée du divin artiste gravée dans les êtres et sous l'impulsion de laquelle ils se meuvent eux-mêmes vers une fin précise, comme il arriverait si le constructeur d'un navire savait donner aux pièces de bois le secret de se placer elles-mêmes dans l'ordre voulu pour former un navire (1). »

(1) « Unde patet quòd natura nihil est aliud quàm ratio cujusdam artis, scilicet divinæ, indita rebus, quâ ipsæ res moventur ad finem determinatum ; sicut si artifex factor navis posset lignis tribuere quòd ex seipsis moverentur ad navis formam inducendam. » (*In Phys.*, l. II, lect. 14º.)

CHAPITRE III

La vie animale.

La plante vit, mais elle vit retirée en elle-même,
étrangère à ce qui se passe au dehors. C'est qu'il lui
manque la faculté de connaître, et tout être à qui la
nature a refusé cette faculté précieuse, est forcément
réduit à lui-même, resserré dans les limites étroites
de son individualité.

La connaissance donne à la créature qui la possède
une ampleur, une étendue, qui ajoute beaucoup à sa
perfection native. Elle introduit en elle l'image, la
forme même de tout ce qui l'environne et en fait un
miroir où se réfléchit le monde extérieur. C'est la vie
de *relation* qui commence (1).

(1) « Cognoscentia a non cognoscentibus distinguuntur, quia
non cognoscentia nihil habent nisi formam suam tantum, sed
cognoscens natum est habere formam etiam rei alterius. Nam
species cogniti est in cognoscente. Unde manifestum est quod
natura rei non cognoscentis est magis coarctata et limitata.
Natura autem rerum cognoscentium habet majorem ampli-
tudinem et extensionem. Propter quod dicit Philosophus (*De
Anima*, III) quod anima est quodammodo omnia. » (1a, q. xiv,
a. 1, c.)

6

L'animal est le premier des êtres inférieurs qui participe à cette vie nouvelle. Il a trois grands moyens de communication avec le dehors, la sensation, les appétits et le mouvement. Voilà ce qui lui assigne un rang à part et le distingue essentiellement de la plante. *Animal distinguitur a non animali sensu et motu* (1).

Mais le mouvement a sa raison d'être dans l'appétit, et celui-ci, à son tour, prend sa source dans la sensation. Par suite, l'appétit et le mouvement doivent être considérés comme des propriétés dérivées, et la sensibilité demeure l'attribut primordial, la note distinctive de l'animal. *In hoc est animal quod naturam sensitivam habet. — In hoc quod est sensitivum esse, consistit ratio animalis* (2).

Pour nous faire une idée complète de la vie animale, nous devons montrer d'abord son irréductibilité à la vie végétative, et l'étudier ensuite dans ses trois fonctions essentielles, la sensation, la passion et le mouvement.

ARTICLE PREMIER

IRRÉDUCTIBILITÉ DE LA VIE ANIMALE A LA VIE VÉGÉTATIVE

Rien ne semble plus facile, au premier abord, que de distinguer le règne végétal du règne animal. La

---

(1) *Metaphysicor.*, 1. 7, lect. 1a.
(2) 1a, q. 111, a. 5, c.

différence est très sensible entre le chêne fixé au sol par de profondes racines et le bœuf qui trace le sillon dans la plaine. Aussi, depuis l'antiquité, avait-on regardé les animaux et les végétaux comme deux règnes distincts absolument irréductibles.

Aristote enseignait que l'animal diffère de la plante par le mouvement et la sensibilité ; il savait déjà cependant que certains êtres jouissent de la sensibilité sans être doués du mouvement local, et il les classait parmi les animaux (1). Tout le Moyen Age avait adopté cette manière de voir, et même jusqu'à notre siècle, la distinction avait paru nettement tranchée. « Les animaux vivent, sentent et se meuvent, disait Linné. » D'après Buffon, « la faculté de se mouvoir et celle de sentir sont, l'une, la différence la plus apparente entre les végétaux et les animaux ; l'autre, la différence essentielle. » Bichat, Cuvier, Geoffroy-Saint-Hilaire n'ont fait qu'accentuer la différence déjà remarquée par les anciens entre les deux règnes.

Le langage des naturalistes a bien changé ; et comme la philosophie moderne tend de plus en plus à s'inspirer de leurs doctrines, nous devons exposer leur sentiment et leurs raisons, afin d'examiner si la distinction essentielle entre les deux règnes peut encore aujourd'hui être soutenue sans se heurter contre des faits acquis à la science.

Voici, en abrégé, à quelles théories les idées transformistes ont conduit la plupart des naturalistes modernes : Il n'y a qu'une différence accidentelle entre les animaux et les végétaux composés d'une même

(1) *De Animâ*, l. II, c. 2.

base commune, le *protoplasma*, et partis du même point de simplicité organique, la *monère primitive*; ils se sont différenciés par des caractères purement matériels. Chez le végétal, les cellules qui entrent dans la construction de l'individu se sont enveloppées de cellulose, et en conséquence ne peuvent se nourrir que de liquides, et le protoplasma ainsi emprisonné dans une gaîne rigide ne peut manifester de mouvement; les animaux, au contraire, composés de cellules à enveloppe albuminoïde très flexible, peuvent émettre des prolongements, se mouvoir, et se nourrir d'aliments solides et liquides. Ce sont deux troncs également riches en espèces, mais qui se rencontrent dans une même racine où ils ont pris une commune origine. Les branches extrêmes sont assurément très différentes, mais c'est la même sève qui circule des deux côtés.

Les partisans de la théorie mécanique de la vie, pour qui les phénomènes vitaux ne sont qu'une transmission de mouvement à travers une machine très compliquée, ne pouvaient admettre une différence essentielle entre les deux règnes; là, comme dans toute la nature, on ne découvre à leur avis que des transformations de mouvement dans l'atome inerte.

Les organicistes mettent toute la différence dans la conformation et les propriétés de la cellule élémentaire; or, de fait, la cellule ne varie que d'une façon très accidentelle de l'animal au végétal. La sensibilité existerait dans tout protoplasma, elle consisterait dans la faculté de réagir par une contraction contre une excitation venue du dehors. Elle serait très rudimentaire et parfois même imperceptible chez les végétaux : elle s'accroît par degrés chez les animaux, et atteint chez l'homme son plus complet épanouissement.

Sans partager les doctrines mécanicistes ou organicistes, plusieurs auteurs ne pensent pas qu'il soit possible d'établir une distinction réelle entre les deux règnes. Animaux et végétaux se confondent dans leurs plus infimes ramifications ; les caractères qu'on avait pris pour traits distinctifs ne sont pas si tranchés qu'on le pensait ; on voit des êtres classés parmi les animaux qui ne manifestent ni sensibilité ni mouvement ; par contre, on trouve des végétaux dont la sensibilité est extrême, comme dans la sensitive, et dont les mouvements variés semblent le résultat d'un vrai appétit, comme dans certaines plantes aquatiques qui montent à la surface des eaux au moment de la fécondation.

Claus (1), après avoir parcouru tous les caractères autrefois invoqués pour distinguer les animaux et les végétaux, conclut comme il suit : « Ainsi il n'est aucun des caractères que nous venons de passer en revue qui puisse nous fournir un critérium péremptoire et nous permettre d'établir une ligne de démarcation bien tranchée entre les deux règnes. Animaux et plantes partent du même point, la substance contractile, pour suivre dans leur développement des voies, il est vrai, divergentes, mais qui dès les premières phases empiètent encore maintes fois les unes sur les autres, et ils ne laissent voir réellement leurs

____

(1) *Zoologie.* — Traduction de Moquin-Tandon. Paris, Savy, 1880.

6.

différences caractéristiques que dans des organismes plus parfaits. »

C'est aussi l'enseignement de M. Perrier, professeur de zoologie au Muséum : « Comme l'immobilité des végétaux est certainement le caractère qui les fait distinguer des autres êtres vivants, comme nous venons de trouver, dans l'existence d'une membrane de cellulose, la cause de cette immobilité, il est évident que le seul critérium qui soit conforme à l'idée même de végétal doit être tiré de la présence ou de l'absence de cette membrane » (1).

Le même naturaliste nous explique ailleurs la formation des organismes, depuis la monère jusqu'aux êtres où apparait la division du travail (2) : « Le passage des animaux et des végétaux aux monères se trouve établi de la façon la plus complète ; nous voyons les monères se transformer en organismes cellulaires. Ceux-ci vivent d'abord à l'état de simples cellules, capables de revêtir successivement plusieurs formes ; mais bientôt elles acquièrent une aptitude nouvelle, celle de s'associer. Les cellules nées les unes des autres demeurent unies en véritables familles, dont les membres conservent cependant d'abord une grande indépendance.... Les sociétés une fois constituées, interviont, tout comme dans les sociétés humaines, à titre de progrès nouveau et important, la *division du travail physiologique.* Les éléments constituant une société ou *colonie* sont d'abord tous semblables entre eux ; mais bientôt demeurent associés

(1) Perrier, *Zoologie,* 1er fascicule, p. 12. Paris, Savy, 1800.
(2) *La Nature.* 17 mai 1879.

des éléments dissemblables, provenant cependant les uns des autres, représentant les phases successives que peuvent revêtir les êtres monocellulaires ayant dans l'association des rôles différents, vivant chacun pour son compte, mais accomplissant aussi au profit commun certaines fonctions qui leur sont propres. De là naît une variété plus grande : les organismes, au lieu d'être comparables à une association d'échoppes d'ouvriers travaillant chacun pour soi, semblent être de vastes usines où la puissance de production se développe rapidement dans des proportions considérables. »

Nous voyons clairement par tout ce qui précède que la vieille thèse de la distinction réelle des animaux et des végétaux n'est point en faveur parmi les modernes. La question qui se pose devant nous dans cet article peut s'énoncer ainsi : les animaux et les végétaux sont-ils d'ordre distinct, ou simplement des degrés divers dans un même ordre ? En d'autres termes : sont-ce deux troncs essentiellement différents, ou sont-ce deux branches divergentes d'un même arbre ?

Pour résoudre la question, il nous faut interroger les phénomènes. Si des phénomènes d'ordre spécial nous sont présentés par tous les animaux à l'exclusion de tous les végétaux, nous admettrons deux règnes distincts. Ce principe est évident de soi, mais il faut étudier les faits pour en démontrer l'application.

Puisque tout le monde s'accorde à distinguer l'animal du végétal, il y a évidemment des opérations distinctes de part et d'autre; on reconnaît dans l'a-

nimal deux sortes d'opérations ; les unes, dites végétatives, assurent la conservation de l'individu et de
l'espèce ; les autres, dites animales, sont le mouvement et la sensibilité. Nous parcourrons ces deux
modes d'activité, et nous verrons que l'activité végétative est commune aux deux règnes, mais que l'activité dite animale distingue essentiellement deux
ordres d'êtres vivants.

§ I. — *Des opérations végétatives.*

Nous avouons que les anciens, très désireux d'établir une distinction tranchée entre les deux règnes,
ont cru trouver dans les opérations végétatives des
différences qui n'existent pas. On conçoit, en effet,
que la vie doive s'entretenir par des moyens analogues dans tous les êtres qui en sont doués. Et
cette règle n'est pas seulement vraie d'une façon générale, en ce sens que tout vivant se nourrit, s'accroît,
se conserve, se multiplie ; les physiologistes modernes
ont clairement démontré l'identité presque absolue
des phénomènes considérés jusque dans leurs moindres détails.

Cependant, certaines différences semblent assez
constantes entre les deux règnes ; elles ne sont qu'accidentelles, il est vrai ; elles ne sont point chez l'animal la preuve d'un ordre supérieur ; mais il est bien
permis d'y reconnaître sur la partie végétative comme
l'empreinte d'une activité d'ailleurs plus parfaite.

On a beaucoup parlé de l'*identité du protoplasme*
dans toutes les cellules vivantes : la composition chimique est la même ; les principes albuminoïdes,

fibrine, albumine, caséine, se trouvent dans la plante comme dans l'animal. De même, les composés ternaires, tels que graisse et hydrates de carbone, qu'on avait pris autrefois comme caractère distinctif du règne végétal, sont aussi très répandus dans l'économie animale. — Et malgré cette identité de composition, comment se fait-il que le protoplasme végétal s'enveloppe d'une gaine de cellulose, tandis que la cellule animale se couvre seulement d'une mince écorce albuminoïde? Sans doute cette différence est purement accidentelle, et nous reconnaissons que, si elle était seule, comme le pense M. Perrier, elle ne séparerait pas nettement les deux règnes.

La *respiration* est identique dans les deux règnes. Le végétal absorbe par toute sa surface de l'oxygène, et rejette de l'acide carbonique. La *fonction chlorophyllienne*, par laquelle les grains verts de chlorophylle décomposent l'acide carbonique et fixent le carbone dans le tissu cellulaire, a été reconnue pour une fonction de nutrition. D'ailleurs elle n'est point propre aux végétaux : de nombreux champignons sont entièrement dépourvus de chlorophylle ; certains animaux inférieurs sont au contraire munis de cet agent chimique qui opère en eux comme dans les plantes. Il est vrai qu'il est douteux que les grains de chlorophylle soient élaborés par la cellule animale; ils seraient plutôt le produit d'un parasite végétal. Cependant, d'une manière générale, ce caractère est encore pris pour différencier la plante de l'animal.

Nous pourrions citer tous les phénomènes de la vie végétative, nutrition et reproduction, et nous ferions les mêmes remarques : ils sont identiques au fond,

quoique dans le mode ils présentent d'ordinaire une
différence sensible.

§ II. — *Des opérations animales.*

On entend communément par opérations animales
la sensibilité et le mouvement. La *sensibilité*, au sens
philosophique, ne désigne pas seulement la faculté de
réagir contre une excitation, mais une vraie connaissance sensible : un acte de sensibilité est un acte
de connaissance. La connaissance est dite *sensible*
quand elle se limite au particulier, au matériel, quand
elle s'exerce au moyen d'un organe situé dans un
centre nerveux ; elle se distingue ainsi de la connaissance intellectuelle, qui n'a point d'organe dans le
corps, et s'exerce sur l'immatériel et le général.

Nous savons quelles opérations sensibles se passent
en nous par la conscience que nous avons de nous-
mêmes. Mais quand il s'agit des animaux, nous en
sommes réduits à examiner les manifestations extérieures de la sensibilité. Un acte de connaissance qui
se passe en eux ne peut nous être révélé que par le
mouvement qu'il provoque. Ainsi la sensibilité pouvant
être étudiée dans la plante et l'animal, nous devons
chercher à saisir dans les mouvements de l'une et de
l'autre l'absence ou la présence de cette opération
intime, que nous avons nommée connaissance sen
sible.

Mais le mouvement est partout dans la nature : ce
que nous appelons repos dissimule souvent un mouvement dont nous n'avons pas connaissance. Il faut

donc distinguer d'abord plusieurs sortes de mouvements. Le mouvement *mécanique*, soit vibratoire ou moléculaire, soit de translation, est seulement transmis, communiqué du dehors ; on le trouve dans tous les êtres, vivants ou bruts : quand un animal tombe sous l'action de la pesanteur ou est mû par des causes physiques quelconques, il est le support d'un mouvement mécanique.

Il y a des mouvements organiques ou *automatiques*, qui sont vraiment produits par l'organisme lui-même, par le jeu involontaire et non perçu des diverses parties du corps. On peut citer comme exemple les mouvements péristaltique et antipéristaltique, d'inspiration et d'expiration, de systole et de diastole, l'excrétion des glandes..., la contraction d'un muscle sous l'excitation d'une piqûre ou d'un courant électrique. Ces mouvements se retrouvent chez tous les êtres vivants ; point de vie sans changement, et point de changement sans mouvement.

Les mouvements *autonomiques* sont ceux où l'appétit de l'animal est la *loi*, la cause de l'effet produit : l'occasion est d'ordinaire une excitation venue du dehors, mais le mouvement n'est plus le résultat nécessaire, automatique, de l'ébranlement communiqué. Ils dépendent de ce qu'on a appelé la *faculté locomotrice* chez l'animal. Les mouvements *autonomiques* sont la manifestation de la sensibilité, et eux seuls la supposent.

Cette importante distinction nous permet d'aborder la preuve de notre thèse.

La distinction des animaux et des végétaux est réelle et essentielle, si les animaux possèdent une faculté qui n'existe point chez les végétaux : et la faculté en question est la sensibilité manifestée par les mouvements autonomiques. — Or, tous les animaux sont doués de sensibilité, et tous les êtres communément regardés comme végétaux en sont dépourvus. Donc, nous trouvons entre les uns et les autres une différence essentielle qui les divise en deux règnes distincts.

1° *Tous les animaux sont doués de sensibilité.* — Il n'y a aucun doute pour les embranchements supérieurs, et même pour certaines classes que les anciens avaient rangées dans le règne végétal, comme les Polypiers, les Hydraires, les Spongiaires : ces animaux, en effet, connaissent certainement le voisinage de leur proie, et, quoique fixés au sol, exécutent des mouvements de tentacules ou de cils vibratiles pour attirer à eux la nourriture.

Le mouvement *autonome*, indice de la sensibilité, peut revêtir des formes multiples : tantôt il est *total* et de locomotion proprement dite, tantôt il est *partiel*. Un mouvement de bras, de tête, la simple flexion d'une phalange digitale, n'est pas moins caractéristique de la sensibilité que le déplacement total de l'individu.

Or, il y a des groupes d'animaux où l'on distingue à la fois les deux sortes de mouvements : tous les vertébrés, la plupart des Annelés et des Mollusques peuvent, suivant les circonstances, changer de lieu ou s'agiter sur place. La rapidité du mouvement est très variable : il y a des Mollusques, comme les Nautiles, qui jouissent d'une grande agilité, et d'autres, comme les tarets et les pholades, qui ne s'enfoncent qu'avec lenteur dans le bois ou la pierre où ils ont élu domicile.

D'autres animaux, classés d'abord parmi les végétaux, parce que, comme eux, ils sont fixés au sol, que Cuvier avait pour cette raison renfermés dans le grand embranchement des Zoophytes, n'ont qu'un mouvement partiel. Mais si les polypiers restent attachés au rocher qui les porte, ils n'en ont pas moins des mouvements de tentacules qui font foi d'une très réelle sensibilité. Ils sont maîtres de leur action et savent diriger leurs bras de manière à enlever la proie qui leur est offerte.

La difficulté n'est sérieuse aujourd'hui que pour les Protozoaires, nouvel embranchement dans lequel les naturalistes ont placé tous les êtres monocellulaires ou polycellulaires, où les éléments ne sont pas différenciés, et dans lesquels on ne rencontre pas d'enveloppe en cellulose.

Ces êtres inférieurs ne sauraient être l'objet d'une difficulté réelle : et nous ferons à ce sujet deux observations.

La première est ainsi formulée : Nous savons très nettement qu'il y a des êtres doués de sensibilité, et d'autres qui en sont dépourvus ; les premiers sont des animaux ; les seconds sont des végétaux. Il appartient au naturaliste, et non au philosophe, d'étudier un à un tous les êtres vivants, pour discerner lesquels ont des mouvements autonomiques, et lesquels n'ont que des mouvements purement automatiques. Dans l'état actuel des sciences, beaucoup d'êtres n'ont pas été étudiés d'assez près pour qu'on y ait découvert des signes certains de sensibilité : on a cependant classé, par analogie, parmi les animaux, ceux dont la structure anatomique rappelle la structure animale. Or, ces êtres incertains sont, en fait, ou bien doués de sensibilité, ou bien tout à fait dépourvus : dans le premier cas, le philosophe les range parmi les animaux ; dans le second, il les abandonne au règne végétal. — De tout ce raisonnement, on ne peut contester qu'un seul point : savoir qu'il y a des êtres vivants absolument dépourvus de sensibilité ; nous verrons plus loin qu'il en est ainsi.

Il n'y a donc pas lieu de créer, comme l'a fait Hœckel, un règne intermédiaire entre les végétaux et les animaux ; le règne des *Protistes* ne peut avoir aucune signification : s'ils possèdent la sensibilité, ce sont des animaux, aussi infimes que l'on voudra ; s'ils ne l'ont pas, ce sont des végétaux, alors même qu'ils ne posséderaient pas l'enveloppe caractéristique de cellulose. On peut ignorer le fait, et on l'ignore, mais on ne peut se soustraire à la conséquence.

D'ailleurs, et c'est notre seconde observation, les Protozoaires sont réellement animés de mouvements : la difficulté est de savoir si ces mouvements sont autonomiques, ou résultent de la contractilité du protoplasma, propriété commune aux plantes et aux animaux. Les plus perfectionnés, comme les Infusoires ciliés, sont munis de longs cils à l'aide desquels ils font progresser l'eau et amènent ainsi la nourriture à leur portée. Les plus infimes ne sont qu'une masse plus ou moins homogène de protoplasma, sans enveloppe distincte : ils émettent des prolongements qu'ils replient sur des algues ou autres éléments qu'ils attirent : cette action incessante des pseudopodes a été diversement interprétée. Plusieurs naturalistes, suivant de près les mouvements de divers amibes placés dans les mêmes conditions, ont cru surprendre dans la variété de leur action la preuve de leur autonomie. Mais sur une question si délicate, où les observations ont été trop peu nombreuses, nous préférons nous en tenir à la règle énoncée plus haut.

Il nous reste seulement à démontrer, pour donner à notre thèse toute sa valeur, que tous les êtres vivants reconnus comme végétaux sont absolument dépourvus de sensibilité.

2° *Les végétaux ne présentent aucun mouvement autonomique qui soit l'indice d'un acte de connaissance sensible.* — L'immobilité n'est point le signe caractéristique du règne végétal : un grand nombre de plantes semblent l'emporter de beaucoup sur les animaux inférieurs par l'activité, l'étendue et la variété des mouvements dont elles sont le théâtre.

Classons d'abord ces mouvements et nous verrons ensuite s'ils sont le résultat de l'appétit, s'ils sont consécutifs à un acte de connaissance, en un mot autonomiques.

On en peut distinguer trois sortes : ils sont *habituels, périodiques* ou *accidentels*.

Les mouvements *habituels* sont continus. Plusieurs espèces, du genre *Desmodium*, en fournissent des exemples curieux. Le *sainfoin oscillant*, dont la feuille est composée de trois folioles, est animé, durant toute la vie de la plante, d'un mouvement singulier. Tandis que la foliole intermédiaire tourne et s'incline alternativement de droite à gauche et de gauche à droite, les folioles latérales oscillent, et toujours contrairement l'une à l'autre, de bas en haut et de haut en bas, par une série de petites saccades qui se succèdent à intervalles plus ou moins rapprochés (1). Parmi les algues, les oscillaires sont animés de mouvements continus qui s'étendent à la totalité de la plante.

Les mouvements *périodiques* sont limités à certains moments de l'existence : le *sommeil des plantes* et les phénomènes qui accompagnent la fécondation sont les plus connus. On voit des feuilles, à l'approche de la nuit, se redresser ou s'abaisser pour couvrir la fleur placée au-dessus ou au-dessous d'elles; les fleurs ont aussi leur *éveil* et leur *sommeil*. Dans une multitude d'espèces, les étamines semblent s'animer au moment de la fécondation. La Vallisnéria, la plus remarquable de toutes, est une fleur dioïque formée au sein des eaux et qui monte à la surface quand les éléments reproducteurs sont arrivés à maturité. La fleur à étamines se détache de sa tige ; la fleur à pistil est portée par un long pédoncule spiral qui resserre ensuite ses tours et la replonge, une fois fécondée, au milieu du liquide.

Les mouvements *accidentels* sont produits en certaines plantes par des excitations extérieures. Ainsi la dionée *attrape-mouche*, dès qu'un corps étranger a touché une de ses feuilles, en rapproche les deux lobes, comparables aux deux valves d'une coquille, si bien qu'un insecte ne peut se poser sur une dionée sans qu'elle le fasse pour quelque temps prisonnier. La sensitive est plus merveilleuse encore; chacun sait

____

(1) Cf. Geoffroy Saint-Hilaire, *Hist. nat.*, 2º partie, ch. VI.

les mouvements dont elle est le siège ; les botanistes l'ont nommée avec raison *mimosa pudica*.

Le mouvement n'est donc point, chez les plantes, un fait rare et exceptionnel. Mais quelle interprétation faut-il en donner?

D'abord, il ne saurait nous surprendre. Nous savons que la base de tout organisme est le protoplasma que la propriété caractéristique de toute masse protoplasmique est la contractilité. Tout ce qui vit est donc doué de contractilité et la contraction ou raccourcissement des parties produit le mouvement. Mais nous avons dit que les mouvements qui ont pour cause l'être vivant lui-même peuvent être *automatiques* ou simplement organiques, comme le battement du cœur dans l'homme, ou bien *autonomiques* ou résultat de l'appétit consécutif à un acte de connaissance. Auquel de ces deux genres faut-il rapporter les trois sortes de mouvements observés dans les plantes? Sont-ils l'indice d'une réelle, quoique rudimentaire sensibilité? Ne sont-ils pas seulement automatiques? Nous ne pensons pas qu'ils portent en eux-mêmes la moindre trace de connaissance et d'appétit.

En effet les mouvements *habituels* des plantes sont absolument analogues aux mouvements automatiques des animaux. La continuité d'action ou la répétition habituelle sont par excellence les caractères de l'automatisme. Sans doute nous ne pouvons expliquer les oscillations du *Desmodium* comme nous expliquons les battements de notre cœur ; mais nous sommes néanmoins assurés qu'ils ne sont pas voulus, commandés, dirigés par l'appétit sensible. L'appétit sensible ne saurait s'appliquer toujours au même objet;

tout acte autonomique est de sa nature intermittent.

Les mouvements *périodiques*, ceux surtout des organes floraux, prêtent davantage à l'illusion ; et les poètes semblent avoir eu raison de chanter les noces des plantes *sponsalia plantarum*. Nous présenterons à ce sujet plusieurs observations.

On assimile trop les phénomènes qui accompagnent la fécondation chez les animaux et chez les végétaux. Il faut distinguer chez les animaux deux sortes de phénomènes : les uns sont le résultat de l'appétit, supposent la connaissance, sont autonomiques ; ce sont ceux par lesquels un animal *recherche* son semblable ; les autres, qui constituent l'acte même de la fécondation, sont soustraits à l'empire de l'appétit et sont purement *automatiques*. Or le mouvement des étamines vers le pistil doit être comparé aux seconds et non pas aux premiers. Ils n'impliquent aucune connaissance, ils supposent une excitation qui provoque automatiquement la contraction du protoplasma qui porte l'anthère. Comme nous ne saurions y voir une direction volontaire imprimée par la plante elle-même à ses organes, nous devons admirer le soin qu'a pris la Providence de tout harmoniser dans la nature en vue de la conservation des individus et des espèces.

Nous dira-t-on que dans la vallisnérie, dont les éléments montent à la surface de l'eau pour la fécondation, il y a *recherche*, et par suite mouvement autonomique ? Mais de tous ces phénomènes les uns sont purement mécaniques ; les autres ne sont qu'organiques. En effet, les mouvements qui ont paru le plus instinctifs sont passivement accomplis selon les lois physiques de la gravitation. Les fleurs mâles ne se *portent* pas en réalité à la surface de l'eau quand elles ne sont plus retenues ; elles y *sont portées* en raison de leur légèreté spécifique « rupto nexu elevantur » (De Jussieu). — De plus, la maturité des éléments peut ne pas coïncider : les étamines n'exercent pas une surveillance pour saisir le moment opportun de la fécondation. Quant à la tige femelle, elle monte et elle descend de même en vertu des lois de la pesanteur. La rencontre des étamines et des pistils séparés amène la fécondation par un jeu non moins automatique que dans les plantes hermaphrodites.

L'explication des mouvements *accidentels* de la sensitive et des autres plantes est moins avancée. Nous croyons cependant qu'ils ont leur raison d'être dans la contractilité du protoplasma. De même que toute fibre musculaire se contracte sous une excitation galvanique, de même la fibre végétale de certaines plantes peut se raccourcir et produire des mouvements automatiques. Au reste, il suffit d'examiner attentivement les circonstances du phénomène pour lui refuser tout caractère de sensibilité. Quels sont les mouvements si célèbres de la sensitive? Précisément les mêmes qui ont lieu périodiquement au coucher du soleil. Déterminer par un contact le resserrement des feuilles, c'est amener la plante artificiellement à l'*état de sommeil;* comme on ne peut admettre que le phénomène change de nature en changeant d'heure, il faut bien reconnaître qu'il est organique (1).

Nous sommes loin d'avoir épuisé un sujet si inté-

(1) V. pour de plus amples développements Isid. Geoffroy-Saint-Hilaire, *loc. cit.*

ressant : mais ce qui précède suffit à notre but, et nous concluons à la différence essentielle entre les végétaux et les animaux. En effet, les deux règnes constituent deux ordres distincts, si l'un d'eux possède, à des degrés variables de développement, un mode d'activité, une faculté dont l'autre ne présente aucune trace. Or la sensibilité, ou puissance de connaître et de tendre spontanément vers un objet extérieur, se manifeste chez tous les animaux par des mouvements automatiques : très développée chez l'homme et les mammifères, elle diminue à mesure que l'on descend dans l'échelle animale. Elle fait absolument défaut dans les plus parfaits des végétaux : les mouvements singuliers souvent cités par les botanistes et chantés par les poètes ne présentent au philosophe que les caractères d'un automatisme organique. Aussi croyons-nous devoir tenir fermement à la distinction établie par les anciens ; et nous sommes heureux de constater encore une fois que les plus délicates analyses de la science moderne ne font que rendre hommage à la sagacité intuitive de nos maîtres en philosophie.

ARTICLE II

LA SENSATION

Pour bien comprendre la nature de la sensation, il convient de la considérer successivement dans son objet, dans son sujet et dans l'union de l'objet avec le sujet.

§ I. — *La sensation est objective et représentative. Nature de son objet.*

Les anciens philosophes faisaient la sensation plus noble que les philosophes modernes, attachés à l'école de Descartes. Ceux-ci la considèrent comme une simple émotion agréable ou désagréable, comme une impression purement interne et subjective. Ceux-là, au contraire, la regardaient comme un acte du sujet sentant, comme une perception ou connaissance proprement dite, nous mettant en relation directe avec le monde extérieur.

Bossuet formule en ces termes l'opinion de l'école :

« Nous pouvons définir la sensation la *première perception* qui se fait en notre âme, à la présence des corps que nous appelons objets, et ensuite de l'impression qu'ils font sur les organes de nos sens (1) ».

Un premier reproche que l'on peut adresser à la théorie moderne, c'est qu'elle porte une très grave atteinte à l'objectivité de nos connaissances. Il est certain que la sensation se trouve au point de départ de la pensée humaine, car l'homme n'a point la connaissance innée de la vérité, comme les anges, mais il s'instruit peu à peu en recueillant les données des sens (2). Ainsi le système tendant à abaisser la sen-

---

(1) *Connaiss. de Dieu et de soi-même*, ch. i, a. 1.

(2) « Anima intellectiva, secundum naturæ ordinem, infimum gradum in substantiis intellectualibus tenet : in tantum quod non habet sibi naturaliter inditam notitiam veritatis, sicut angeli, sed oportet ut eam colligat ex rebus visibilibus, per viam sensûs » (Saint Thomas, 1a, q. LXXVI, a. 5. c.)

7.

sibilité, atteindra du même coup les facultés supérieures qui reçoivent d'elle leurs indispensables approvisionnements et ne pourra moins faire que de frayer la voie à l'idéalisme.

Les sceptiques l'ont parfaitement compris ; aussi ont-ils livré les plus rudes assauts à cette première forteresse du dogmatisme qui devait les mettre en possession de la place. Ce qui est fait pour surprendre, c'est qu'il ait pu se trouver des dogmatistes assez peu clairvoyants pour ne pas remarquer les piéges tendus par les adversaires de la certitude.

En second lieu, l'opinion subjectiviste est en contradiction manifeste avec le témoignage de la conscience. Voir, entendre, toucher, etc..., sont des actes et non pas simplement des états d'âme ; ces actes s'accomplissent à l'intérieur du sujet, mais ils se rapportent à des objets extérieurs, et ces objets, ils les représentent comme étendus et situés dans un point particulier de l'espace. Par exemple, quand je vois une rose, je l'embrasse tout entière d'un seul regard, avec sa forme gracieuse et ses riches ou tendres couleurs qui charment mes sens.

Si ce n'est point là une connaissance, et une connaissance objective, je dois renoncer à accorder la moindre valeur au témoignage du sens intime.

D'un autre côté, il est bien clair que l'objet de la sensation est en dehors du sujet sentant. Rien au monde ne serait capable de me faire croire que la rose dont je parlais tout à l'heure ne soit pas en dehors de moi et de ma vue. Il ne m'appartient pas uniquement d'apercevoir ou de ne pas apercevoir certaines choses ; une distance trop grande, un défaut de lumière, un milieu défavorable, voilà autant d'obstacles qui rendent impossible la perception externe.

Au reste, j'éprouve à tout instant une résistance extérieure plus ou moins vive ; parfois je réussis à la vaincre, mais il m'en coûte des efforts prolongés ; souvent aussi elle lasse ma patience et m'oblige à renoncer à mes plans les mieux combinés, à mes projets caressés avec le plus d'amour.

La réalité du monde extérieur, objet de la sensation, est donc absolument certaine.

Kant l'accorde volontiers, mais il nie que l'objet senti représente une étendue réelle. Il ne voit au dehors que des forces à la fois *diffuses* et *concentriques*, propres à produire sur nos sens l'*apparence* ou le *phénomène* de l'étendue.

Les partisans des monades soutiennent la même opinion.

Nous la croyons absolument contraire à la foi du genre humain et à la vérité des faits.

Le sens commun accorde à la perception des objets matériels la plus entière confiance ; cette table est sous ma main ; elle est solide, cela n'est pas douteux, et je cite ce fait comme un exemple de complète évidence, et je pense avoir une connaissance complète d'un objet si facile à percevoir.

Le langage lui-même confirme les témoignages du sens commun. Veut-on présenter une chose comme certaine, d'une certitude absolue ? On dit alors : mais *voyez* et *touchez*, cela se voit, cela se sent ; voilà le plus haut degré de l'évidence.

On peut apporter à l'appui de notre thèse une autre

preuve non moins convaincante. Nous plaçons les objets externes *ici* ou *là*, à *droite* ou à *gauche*, plus *haut* ou plus *bas*. Mais ces locutions et d'autres semblables que tout le monde emploie avec la plus entière assurance n'ont plus aucun sens, si l'on supprime la réalité de l'étendue.

N'appelez point à votre aide le principe de causalité ; car selon une très juste remarque de Cousin, « ce principe tout seul ne peut pas donner la *continuité* de la résistance ; il dit résistance, encore résistance, toujours résistance, mais il ne dit pas, il ne peut pas dire résistance *ici*, *là*, sur ce point, sur cet autre ; car ici, là, impliquent la notion de l'étendue, de telle ou telle portion de l'étendue (1) ».

On répond qu'une monade toute seule ne peut, sans doute, nous donner l'étendue, mais que plusieurs monades placées à distance peuvent la produire ou du moins nous en donner l'illusion.

Cette réponse n'est pas acceptable, car poursuit Cousin, « vingt mille monades inétendues ne peuvent composer un atome d'étendue, et il répugne absolument qu'autant de zéros d'étendue qu'on voudra supposer constituent une étendue quelconque. Or si des zéros d'étendue ne constituent pas l'étendue, comment la figureraient-ils ? Ils ne le peuvent ; car l'apparence est ici déjà le signe et comme une partie de la réalité ».

D'un autre côté, on affirme gratuitement que les monades sont placées à distance les unes des autres. En effet, la distance suppose l'espace, c'est-à-dire l'étendue réelle, et, dans l'hypothèse, nous avons de

(1) *Premiers Essais, analyse de la connaissance sensible,* p. 230.

simples monades ou forces inétendues qui, par elles-mêmes et par leurs rapports, quels qu'ils puissent être, sont aussi incapables de constituer l'espace, que les corps qui sont contenus dans l'espace.

Ainsi les monades ne sont point à distance, puisque rien ne les sépare.

D'ailleurs, réussit-on à les placer à distance, on ne serait guère plus avancé ; on tomberait dans un autre écueil aussi inévitable ; car on admettrait la possibilité de l'action à distance, c'est-à-dire la possibilité pour les monades d'agir les unes sur les autres, bien que séparées les unes des autres et privées de tout moyen de se transmettre mutuellement leur action.

La force ne saurait donc remplacer l'étendue ni la figurer en aucune manière.

Bien plus, sans constituer l'essence des corps, comme l'a cru Descartes, l'étendue n'en doit pas moins être considérée comme la première propriété de la matière, comme le fondement de toutes les propriétés physiques. Sans étendue réelle, conçoit-on l'impénétrabilité, la solidité, la figure, et toutes les autres qualités de la matière? (1).

On prétend aujourd'hui réduire toutes les propriétés des corps à de simples mouvements. Mais se représente-t-on le mouvement sans un point de départ et un point d'arrivée, sans un point d'appui, une

______

(1) « Prima dispositio materiæ est quantitas dimensiva; unde et Plato posuit primas differentias materiæ *magnum* et *parvum*. Et quia primum subjectum est materia, consequens est quod omnia alia accidentia referantur ad subjectum, mediante quantitate dimensivâ, sicut et primum subjectum coloris est superficies. » (3a, q. LXXVII, a. 2, c.).

distance et une vitesse quelconques, et toutes ces choses, peut-on les conserver quand on a une fois supprimé l'étendue ? Nous pouvons le dire avec assurance : ou l'étendue est réellement objective, ou il n'y a rien d'objectif au monde.

Or ce point est décisif pour la question qui nous occupe, à savoir l'objectivité de la connaissance sensible. Car, d'une part, le toucher saisit directement l'étendue, et, d'autre part, tous les autres sens reposent sur le toucher : « *Omnes alii sensus fundantur supra tactum* (1) », a dit Saint-Thomas, après Aristote : « *Omnes sensus quodam tactu perfici* (2) ».

Sans doute, des sons harmonieux, le parfum des fleurs ne représentent pas une *surface* ni un *volume* odorant ou sonore ; et cependant, impossible de concevoir une odeur, un son, une couleur, etc., en dehors d'un sujet étendu.

L'objectivité de l'étendue emporte donc avec elle l'objectivité de toutes les propriétés sensibles, et par suite de toutes les sensations.

Chaque sens a un objet qui lui est propre, mais tous les sens ont une égale aptitude à saisir leur objet, et nous tenons pour l'expression d'une loi générale cette pensée de Saint-Thomas : « Aucune puissance ne se trompe dans la perception de son objet, à moins qu'il ne lui manque quelque chose ou qu'elle ne soit pas dans un état sain et normal. (3) »

(1) 1a, q. LXXVI, a. 5, c.
(2) *De Animâ*, c. 2.
(3) « Nulla potentia deficit a cognitione proprii objecti, nisi propter aliquem defectum vel corruptionem. » (*Cont. Gen.*, l. III, c. 107, ratio 8a).

On s'est plu à relever les défaillances et les erreurs des sens ; si l'on avait relevé de même les défaillances et les erreurs de la raison, on aurait peut-être découvert, au compte de celle-ci, un passif assez lourd.

Quand les sens se trompent, c'est qu'on les applique à des choses placées au-delà de leur portée, ou qui ne sont pas de leur compétence, ou qui n'ont qu'une relation indirecte avec leur objet propre (1).

En pareil cas, la raison n'est pas plus infaillible que les sens, et la faute ne retombe pas sur la faculté mise en jeu, mais sur celui qui l'emploie en dehors des conditions régulières.

Au reste, il n'entre nullement dans notre pensée d'accorder à la connaissance sensible les hautes prérogatives qui appartiennent en propre à la connaissance intellectuelle.

Les sens s'arrêtent aux propriétés matérielles et à la surface des choses, le dedans est pour eux un livre fermé. Ils sont également privés de ce surcroît de lumière et d'assurance que donnent la réflexion et la comparaison de l'acte avec son objet. L'œil voit, mais il ignore qu'il voit ; il reçoit une image fidèle de l'objet qui pose devant lui, mais il ne sait pas que cette image est fidèle, parce qu'il ne peut la comparer à la réalité qu'elle représente. L'animal demeure donc au dernier degré de l'échelle des êtres doués de connaissance : « *Attingit animal ad infimum gradum cognoscentium* (2) ».

<hr>

(1) Sur l'objet propre ou impropre des sens, voir Saint Thomas, 1a, q. LXXVIII, a. 3.

(2) *De sensu et sensato*, lect. 2a.

Il appartient à l'esprit de pénétrer jusqu'à l'essence des choses et de se contrôler lui-même; il connaît et il sait qu'il connaît; il reçoit l'image des choses et il compare cette image à la réalité, et il juge que son idée est exactement conforme à son objet. La vérité étant définie l'équation entre la réalité et la connaissance, connaître cette équation, c'est proprement connaître la vérité. Le sens est donc véritable sans connaître la vérité; la raison qui compare et qui juge saisit la vérité, par le fait même qu'elle saisit l'équation de ses idées avec les choses (1).

Cependant, il faut maintenir hors de conteste qu'il y a deux sortes de connaissance et deux sortes d'évidence : la connaissance et l'évidence sensible, la connaissance et l'évidence intellectuelle. « *Illa videri dicuntur quæ per seipsa movent intellectum nostrum vel sensum ad sui cognitionem* (2). »

Qu'on place la raison dans une sphère plus haute que les sens, rien de plus juste. Mais qu'on accorde à ceux-ci de prendre rang parmi les puissances destinées à l'instruction de l'homme.

(1) « Per conformitatem intellectûs et rei veritas definitur. Unde conformitatem istam cognoscere, est cognoscere veritatem. Hanc autem nullo modo sensus cognoscit. Licet enim visus habeat similitudinem visibilis, non tamen cognoscit comparationem quæ est inter rem visam et id quod apprehendit de eâ. Intellectus autem conformitatem sui ad rem intelligibilem cognoscere potest... quando judicat rem ita se habere sicut est forma quam de re apprehendit... et hoc facit *componendo* et *dividendo*. Et ideo, benè invenitur quòd sensus est verus de aliquâ re.. sed non quòd cognoscat verum. » (1a, q. xvi, a. 2, c.).

(2) 2a 2æ, q. 1, a. 4. c.

§ II. — *La faculté sensitive est une faculté organique.*

L'école positiviste ramène la pensée à la sensation, et la sensation à un groupe de mouvements moléculaires (1).

L'école idéaliste, issue de Platon et de Descartes, n'admet pas non plus de distinction essentielle entre la pensée et la sensation, mais elle attribue l'une et l'autre à l'âme seule et ne voit dans le corps qu'un simple instrument de l'âme. « Par le mot de pensée, j'entends tout ce qui se fait en nous de telle sorte que nous l'apercevons immédiatement et par nous-mêmes : c'est pourquoi non seulement entendre, vouloir, *imaginer*, mais aussi *sentir* est la même chose ici que penser » (2).

Au contraire, dans le sentiment d'Aristote, de saint Thomas et de tous les scolastiques, la sensation et la pensée sont des phénomènes absolument irréductibles, et leur différence essentielle consiste en ce que celle-ci relève de l'âme seule tandis que celle-là s'exerce à l'aide de l'organisme et a pour sujet le composé. « *Solum intelligere sine organo corporeo exercetur* » « *sensus communis est animæ et corpori;*

____

(1) « Il n'y a rien de réel dans le moi, sauf la file des événements ; ces événements, divers d'aspect, se ramènent tous à la sensation ; la sensation elle-même, considérée du dehors et par ce moyen indirect qu'on appelle la perception extérieure, se réduit à un groupe de mouvements moléculaires. » Taine, *L'Intelligence*, préface, p. 0.

(2) *Principes de la Philos.* 1re part. nº 9, et lettre 45º

sentire enim convenit animæ per corpus. » « *Omnis operatio animæ sensitivæ est conjuncti* (1).

L'opinion sensualiste vient se heurter contre le témoignage de la conscience et les propriétés les mieux établies de la matière. La matière est essentiellement composée et divisible, et la conscience nous avertit que la sensation est une et *indivisible*. La sensation peut être plus ou moins nette, ou plus ou moins vive; mais on ne saurait lui assigner des parties, ni la décomposer en éléments constitutifs. Elle n'a ni dimensions, ni figure, ni poids, ni couleur. Quand je vois une rose je vois un objet physique où je distingue des parties, mais je l'embrasse d'un seul regard et la connaissance que j'en ai est absolument simple. Si la perception appartenait à l'organe, elle se décomposerait en autant de parties qu'il y en a dans l'organe lui-même, il y aurait un nombre plus ou moins grand de perceptions et non pas une perception unique, et j'apercevrais séparément les différentes parties de la rose, mais la rose ne m'apparaîtrait pas comme une seule et même rose.

Bien plus, je puis éprouver plusieurs sensations distinctes en même temps, et les réunir toutes dans un seul et même moi. Je me promène sur les bords d'une rivière. La campagne est belle, les fleurs les plus diverses sont répandues dans la prairie, les oiseaux font entendre leur concert, que de sensations j'éprouve dans le même moment! La fraîcheur de l'eau, la lumière et les couleurs, le parfum des fleurs,

____

(1) *De sensu et sensato,* lect. 1a, et 1a, q. LXXV, a. 5. 3.

le chant des oiseaux, je reçois de mille objets différents toutes ces impressions; elles me paraissent séparées dans leur source; mais pendant que je les disperse ainsi au dehors en divers lieux, je les sens toutes réunies en moi, dans un seul et unique moi, où elles s'assemblent sans se mêler et sans se confondre. Or, quoi de plus étranger à l'idée de corps que cette unité indivisible! ou même quoi de plus contradictoire, puisque le corps n'est qu'un amas d'innombrables parties?

M. Taine s'est donc trompé: la sensation ne se réduit pas « à un groupe de mouvements moléculaires. »

Mais Platon et Descartes se sont trompés aussi quand ils l'ont rapportée à l'âme seule. Il est bien manifeste qu'elle s'accomplit dans des organes distincts et appropriés, que tout affaiblissement dans l'organisme entraîne un affaiblissement semblable dans la perception, et qu'une altération trop notable de l'organe supprime la perception du même coup. L'organe est donc la cause *officiente* partielle de la sensation, et l'âme sensitive n'a aucune opération qui lui appartienne en propre (1).

Ne dites pas que l'organe se borne ici au rôle de cause *occasionnelle*, qu'il est une simple condition *sine qua non*. Il joue un rôle immédiat et effectif, c'est *en* lui et *par* lui que l'âme sent, saisit son objet,

____

(1) «Sentire et consequentes operationes animæ sensitivæ manifesto accidunt cum aliquâ corporis immutatione, sicut in videndo immutatur pupilla per speciem coloris; et idem apparet in aliis. Et ideo *manifestum* est quod anima sensitiva non habet aliquam operationem propriam per seipsam, sed omnis operatio sensitivæ animæ est conjuncti. » (1a, q. 75, a. 3.)

et elle le saisit par une image sensible, qui représente l'objet avec ses couleurs et sa forme. « *Qualitates sensibiles movent sensum corporaliter et situaliter* » *oportet igitur quod sensus corporaliter et materi aliter recipiat similitudinem rei quæ sentitur* (1). »

Si la sensation était l'acte propre de l'âme comme la pensée, elle pourrait bien représenter la matière dans sa nature ou dans ses propriétés générales, mais non pas avec son poids et son volume, avec sa couleur, sa forme et ses autres qualités concrètes et physiques. Ces diverses qualités ne peuvent être appréciées que par une faculté organique.

Et ceci nous amène à une autre considération qui n'est pas moins décisive. On juge de la nature d'une faculté par la nature de son objet, car étant faite pour l'atteindre, elle doit lui être exactement adaptée. Si donc un objet immatériel révèle une faculté du même ordre, un objet matériel devra révéler une faculté matérielle. Or, de l'aveu de tout le monde, l'objet de la sensation est toujours et purement matériel : grandeur, poids, figure, couleurs, odeurs, saveurs, etc... Tout cela est physique et seulement physique. Quoi de plus juste et de plus naturel que de rapporter la perception de ces diverses propriétés à une puissance organique? Si l'effet est toujours proportionné à la cause, ne faut-il pas qu'à son tour

____

(1) *In II de anima*, lect. 12 et 13.

« Virtus sensitiva quamdam inimaterialitatem habet, in quantum est susceptiva speciesum sensilium sine maeriâ, infimam, tamen in ordine sensibilium, in quantum hujusmodi species recipere non potest nisi *in* organo corporali. » (In II *de anima*, lect. 2a.)

la cause soit proportionnée à l'effet et du même ordre que lui ?

Vous ne dites pas que c'est l'âme qui tisse, qui joue de la cithare, ou construit les édifices. Ne dites pas davantage que c'est elle qui reçoit la lumière ou les sons, qui s'agite dans la colère ou dans toute passion semblable. « *Si aliquis dicat animam irasci, et secundum hujusmodi operationes (sensitivas) moveri, simile est ac si dicat ipsam animam texere, vel œdificare, vel citharizare* (1). »

Mais prenons l'opinion de nos adversaires et voyons-en les conséquences.

Dans la sensation il est manifeste que les corps agissent sur les organes et produisent sur eux un certain ébranlement. Si l'on dit que c'est l'âme qui sent, il faudra dire aussi que c'est elle qui reçoit l'impression des corps, impression quantitative et physique, comme la cause dont elle provient. Mais alors, que devient la spiritualité de l'âme ? « *Cum sensus patiatur a sensibili, sensibilia autem materialia sint et corporea, necesse est corporeum esse quod a sensibili patitur* (2). »

Prétendra-t-on que les corps n'agissent pas sur l'âme mais bien sur les organes, et que ceux-ci, par l'intermédiaire des nerfs, transmettent à l'âme l'impression qu'ils ont reçue ? La réponse recule la difficulté, mais elle la laisse subsister tout entière, car les nerfs sont matériels, aussi bien que les corps, et l'impression qu'ils transmettront à l'âme sera tout aussi maté-

(1) *De anima, in 1*, lect. 10.
(2) *De sensu et sensat.* lect. 1u.

rielle que si elle venait directement des corps eux-
mêmes. La transmission dont on parle est absolument
impossible, en vertu de cet axiome évident, que la
matière n'a point d'action sur l'esprit. « *Nihil corporeum imprimere potest in rem incorpoream* (1). »

Au contraire, l'action des corps sur le composé ne
soulève aucune difficulté, car si le composé est matériel, il est néanmoins capable de sentir, grâce à l'influence vitale qu'il reçoit de l'âme. « *Non est inconveniens quod sensibilia, quæ sunt extra animam,
causent aliquid in conjunctum* » (2).

On reproche parfois à la philosophie thomiste de
faire à la sensibilité une trop grande part, et de ne
pas dégager assez l'esprit de la matière. Or il se
trouve que dans la théorie de la sensation comme
dans plusieurs théories semblables, c'est cette même
philosophie qui défend le mieux les principes du spiritualisme, et que ce sont les idéalistes qui les compromettent.

Ils les compromettent encore d'une autre manière
qui n'est pas moins fâcheuse. Faisant de l'intelligence
la seule faculté cognitive, ils la chargent de percevoir
directement le monde des corps. Mais, on ne l'a pas
oublié, la perception des corps n'a jamais lieu sans
le secours d'un organe spécial, approprié aux différentes sensations. Voilà donc l'intelligence ravalée à
la condition des facultés organiques, et réduite à en
subir toutes les lois. Encore une fois, que devient la
spiritualité de l'âme humaine ?

L'opinion idéaliste s'accorde-t-elle mieux avec la

(1) 1a, q. 84, a. 6, c.
(2) Ibid.

nature des animaux? En aucune manière. Si la sensation appartient à l'âme seule, ou il faut dire que l'animal ne sent pas, ou il faut lui accorder une âme capable d'agir par elle-même et de survivre au corps. Dans la seconde hypothèse, il n'y a plus qu'une différence de degré entre l'animal et l'homme. « *Plato... intellectum et sensum attribuit principio incorporeo, et ex hoc sequebatur quod etiam animæ brutorum animalium sint subsistentes* » (1).

Dans le premier cas, l'animal n'est plus qu'une machine comme les autres. Conséquent avec ses principes, Descartes n'a pas craint d'aller jusque-là, et de s'inscrire en faux contre le sens commun et les faits les plus avérés. « Je crois fermement que l'âme des brutes n'est rien autre chose que leur sang (2). » « Les mouvements naturels qui témoignent les passions peuvent être imités par des machines aussi bien que par des animaux (3). »

On le voit maintenant, la question du sujet de la sensation n'intéresse pas seulement les amis de la philosophie spéculative, elle entraîne des conséquences pratiques d'une grande portée.

On le voit aussi, la solution de saint Thomas tient le juste milieu entre le sensualisme et l'idéalisme. Elle fait au corps une grande part, mais elle réserve

______

(1) 1 a, q. 75, a. 3, c.
Suarez tire les mêmes conséquences que nous : « Sequitur vel bruta non sentire, vel animas habere spirituales, nam habebunt operationes proprias, non exercitas in corpore. » (*De Animâ*, l. II, c. iii, n. 2.)
(2) Lettre 69* ; voir aussi lettres 24* et 44*.
(3) *La Méth.*, 5* part., n. 9.

à l'âme la première place. Si le corps peut sentir, ce n'est point par sa propre vertu, c'est par la vertu de l'âme qui l'informe et le vivifie.

L'unité du principe de la sensation se trouve donc pleinement sauvegardée. Le sujet de la sensation est composé, mais son *principe* est un, car les puissances organiques, aussi bien que les autres, ont leur source dans l'âme. « *Omnes potentiæ dicuntur esse animæ, non sicut subecti, sed sicut principii; quia per animam conjunctum habet quod tales operationes operari possit* » (1).

Aucun spiritualiste n'élève le moindre doute sur l'unité de la vie. Et cependant, ce n'est ni le corps seul, ni l'âme seule qui est le sujet de la vie, mais bien le composé. La vie est une, parce que le corps tire sa vie de l'âme, et qu'ainsi le principe vital est un.

Appliquez cette réponse à la sensation. La sensation est une, bien que le sujet sentant soit composé, parce que le sujet est animé par un seul et même principe.

Nos adversaires se représentent le corps et l'âme comme deux substances distinctes et complètes qu'une rencontre purement accidentelle rapproche l'une de l'autre. Dans cette hypothèse, il ne saurait être question d'unité de principe. Mais cette hypothèse repose sur une conception de l'homme aussi erronée qu'elle est arbitraire.

Il faut se représenter l'âme et le corps non pas comme deux substances, mais comme deux principes incomplets qui ont besoin de s'unir pour former une

_____

(1) 1 a, q. LXXVII, a. 5, ad 1.

substance complète. La substance humaine est réellement une, parce que l'âme informe et vivifie le corps, et lui communique par là même le principe de son être et de toutes ses énergies.

Nous reviendrons sur ce grave problème dans la seconde partie de cet ouvrage, quand nous aurons à établir l'union substantielle de l'âme et du corps et à montrer les diverses conséquences qui découlent de cette union.

§ III. — *Union de l'objet et du sujet.*

Nous avons décrit l'objet et le sujet de la sensation. Il nous faut maintenant les mettre en rapport l'un avec l'autre et examiner ce qui va résulter de leur contact. Si la sensation était un simple mouvement, le contact extérieur du corps et de l'organe suffirait à la produire, comme il arrive toutes les fois que le moteur agit sur le mobile.

Mais la sensation n'est pas un mouvement, elle est une connaissance, et le propre de la connaissance est d'être représentative. Lorsque je vois un tableau ou que j'entends une symphonie, j'ai en moi-même l'image du tableau et de la symphonie. La symphonie peut cesser de charmer mes oreilles, je puis détourner les yeux du tableau, leur image demeure fixée dans mes sens et dans mon âme.

L'objet connu a donc réussi à pénétrer dans le sujet connaissant. *Cognitum est in cognoscente.*

Ou plutôt il n'y pénètre pas lui-même avec son entité réelle, mais seulement par l'image fidèle qui le représente ; car il est bien clair que mon œil n'a pas en lui le tableau qu'il regarde, mais simplement l'image de ce tableau (1).

Comment l'objet peut-il entrer dans le sens par son image? En agissant sur lui?

Qu'il agisse sur le sens, la conscience elle-même nous en rend témoignage, puisque le sens reçoit toujours une impression plus ou moins forte, suivant la distance, la grandeur, l'éclat et les autres propriétés de l'objet. Il peut même arriver que l'impression soit trop forte et que le sens en soit blessé et affaibli. Le bruit, à force de devenir grand, étourdit et assourdit les oreilles, l'aigre et le doux extrême blessent le goût; il en est de même des odeurs, du froid et du chaud, et généralement de toutes les sensations.

L'action de l'objet ne doit donc être ni trop faible ni trop forte.

Que va produire cette action dans le sujet appelé à la recevoir? Deux effets bien distincts.

Le premier sera une impression physique analogue à sa cause, c'est-à-dire à l'objet. *Agens agit sibi simile.* Et l'organe est naturellement disposé à recevoir cette impression, étant lui-même composé de parties matérielles. C'est ainsi que la main s'échauffe

(1) « Ad visionem tam sensibilem quàm intellectualem duo requiruntur : scilicet virtus visiva, et unio rei visæ cum visu.

Non enim fit visio in actu, nisi per hoc quòd res visa quodammodo est in vidente. Et in rebus quidem corporalibes apparet quod res visa non potest esse in vidente per suam essentiam, sed solùm per suam similitudinem ; sicut similitudo lapidis est in oculo, per quam fit visio in actu, non autem ipsa substantia lapidis. » (1 a, q. xii, a. 2, c.)

sous l'influence de la chaleur, comme fait tout corps soumis aux mêmes influences (1).

Cet état nouveau du sujet paraît tout d'abord consister en une réaction mécanique. Les forces moléculaires et l'organe du tact éprouvent une pression, un choc absolument de même ordre. D'ordinaire, on n'y voit pas cependant une transformation d'énergie, comme il arrive par exemple pour la chaleur agissant sur une pile thermo-électrique, pour l'électricité, se changeant en chaleur ou en force magnétique, dans le mouvement du manipulateur, qui par l'intermédiaire du courant électrique devient pour le récepteur, magnétisme, action chimique, puis enfin signe conventionnel.

Mais l'organe n'est pas une matière brute, il est vivant, il tient même de l'âme la faculté de sentir. Comme tel, il reçoit une impression nouvelle de l'ordre psychique ; suivant l'axiome bien connu, toute impression reçue dans un sujet y est reçue suivant la capacité et les dispositions du sujet, *quidquid recipitur, per modum recipientis recipitur*.

Comparée à la première impression, qui était purement mécanique, la seconde peut être considérée comme immatérielle, car elle ne tend pas à produire dans le sens une entité physique, mais seulement l'image de l'objet. « *Spiritualis immutatio* (*fit*) *secundùm quòd forma immutantis recipitur in immutato*

____

(1) « Est sensus potentia passiva quæ nata est immutari ab exteriori sensibili. Est autem duplex immutatio, *una naturalis*, secundùm quòd forma immutantis recipitur in immutato secundùm esse *naturale*, sicut calor in calefacto. » (1 a, q. lxxviii, a. 3, c.)

secundùm esse spirituale, ut forma coloris in pupillâ, quæ non fit per hoc colorata (1).

Cette image a reçu de l'École le nom d'*espece impresse, species impressa*, parce qu'elle est imprimée dans le sens par l'objet, et qu'ainsi elle est plutôt le fait de celui-ci que de celui-là.

Dans la seconde phase de la sensation, nous assistons à la *réaction* du sujet et au déploiement de l'activité spontanée dont l'a doué la nature. Excité et comme provoqué par l'objet, il passe sans effort de la puissance à l'acte, s'assimile l'espèce impresse, et de cette assimilation résulte l'espèce *expresse*, qui n'est autre chose que l'image représentative de l'objet.

Le sens connaît donc ce qu'il éprouve mécaniquement, et sa connaissance porte tout d'abord sur l'impression reçue, et par conséquent comme venant du corps qui l'a produite.

Le corps est senti, l'organe sent. L'impression est une résistance qui fait connaître une résistance ; l'organe, étendu lui-même, fait apprécier l'étendue extérieure, objet de la connaissance. Sans doute, il se fait au cerveau le transport d'un élément transformé et il pourra se produire dans cet organe central un simple *signe* de la chose connue, qui est au dehors ; ce *signe* produira ensuite les phénomènes de mémoire et d'imagination ; mais, encore une fois, la connaissance s'accomplissant là où l'organe est impressionné, nul besoin d'imaginer une transformation ; la sensation est une image, on pourrait dire une *photographie* de l'objet.

(1) 1 a, q. LXXVIII, a. 3, c.

La même analyse peut être appliquée au son. Le corps sonore, apte à vibrer de telle manière, est ébranlé par choc, frottement, pincement ou même par influence. Un mouvement vibratoire de même rapidité et de même forme se communique à l'air, de l'air à l'oreille, et finalement aux organes innervés.

Tout indique qu'il ne se produit aucune forme nouvelle d'énergie, mais bien une image mécanique dans l'organe animé, doué de la capacité de connaître.

Mais ici ce n'est plus un choc, c'est un mouvement si rapide que les chocs se soudent et que l'esprit seul peut en saisir les divers éléments. L'organe approprié, vibrant à l'unisson, éprouve une sorte de *chatouillement*, il ne peut percevoir les chocs, mais seulement le *son* qui en est la *résultante*. Ce qui est connu par l'ouïe est toutefois connu comme venant du dehors et comme produit par l'instrument d'où vient le son.

Une explication analogue pourrait être donnée pour chacun des sens.

L'analyse minutieuse et peut-être aride à laquelle nous avons dû nous livrer nous était absolument nécessaire pour montrer l'objectivité de la sensation, contestée à tort par l'école critique.

Nous croyons notre thèse établie. Elle tient tout entière dans l'explication suivante que nous empruntons à saint Thomas d'Aquin : Avant la sensation, l'objet possède en acte et non pas seulement en puissance certaines propriétés capables d'agir sur l'organe animé. C'est par ces qualités mêmes qu'il excitera le sens et le fera passer de la puissance à l'acte (1).

En agissant sur lui, il grave en lui son empreinte, comme le cachet grave son empreinte sur la cire. Car toujours l'agent attire à lui le patient et tend à se l'assimiler, dans la mesure de l'action qu'il exerce sur lui. « *Agens enim agendo assimilat sibi patiens*, comme parle saint Thomas (2).

Le sens entre à son tour en activité ; et comme il est doué de la faculté de connaître, l'empreinte psychique reçue et assimilée par lui est une simple image de l'objet, et non pas une marque matérielle comme celle du cachet sur la cire.

Avant d'entrer en relation, l'objet et le sujet diffèrent absolument ; mais dans la sensation ils agissent simultanément et de concert, et confondent leur action propre en une action totale et commune. Le mouvement parti de l'objet et reçu, puis transformé dans le sujet, les unit si étroitement ensemble, que, sous ce rapport, il ne reste plus de l'un et de l'autre

---

(1) « Sensibile enim, dit Aristote, sensum agere facit ; quare necesse est ipsum prius esse quàm potentia. » (*De sensu et sensato*, c. III ; cf. *Categor.*, c. V, *De relatis ad aliud.*)

Le Docteur angélique est plus explicite encore : « Omne sensibile dupliciter dicitur esse in actu. Uno modo, quando actu sentitur ; alio modo, secundùm quòd habet propriam speciem per quam sentiri potest, prout est in objecto ; et sic alia sensibilia fiunt in actu, prout sunt in corporibus sensibilibus, sicut color prout est in corpore colorato, odor et sapor, prout sunt in corpore odorifero et saporoso ; ex percussione corporis sonantis fit sonus in actu. » (*De Animâ*, l. II, lect. 16.)

(2) *De Animâ*, II, lect. 10.

qu'un seul et même être, et que le sens en acte se confond avec le sensible en acte (1).

Dans cette doctrine, l'image que le sens se forme de l'objet, sous l'action de celui-ci, le représente aussi exactement que l'impression du cachet représente la forme matérielle du cachet (2).

ARTICLE III

LES PASSIONS

La sensation est le premier degré de la vie de relation; la passion en est l'indispensable complément.

Dans la première, l'objet vient pour ainsi dire au-devant du sujet, auquel il s'unit très étroitement par sa fidèle image. Dans la seconde, au contraire, le sujet répond aux avances de l'objet; il se porte vers lui par

(1) Saint Thomas, dans son commentaire sur Aristote, a exprimé cette fusion de l'objet et du sujet avec une rare énergie de langage. « Sensus in actu est sensibile in actu, non ita quòd ipsa vis sensitiva sit ipsa similitudo sensibilis quæ est in sensu, sed quia ex utroque fit unum, sicut ex actu et potentiâ. » (1 a, q. LV, a. 1, ad 2.) — « Patitur dissimile; facta verò passione, simile est. » (Aristote, *De Animâ*, l. II, c. v, ç. 3 et 7.)

(2) « Ce qui voit est bien en quelque sorte revêtu de la couleur, car chacun des organes des sens reçoit la chose sensible sous la matière; et voilà pourquoi, même en l'absence des choses sensibles, des sensations et des images restent dans les organes. » (Aristote, *De Animâ*, l. III, c. II, § 3.)

l'amour et le désir, s'il le trouve à sa convenance, et il s'en éloigne avec un mouvement marqué d'aversion s'il lui paraît opposé à ses besoins ou à ses penchants.

Pour nous faire une juste idée des passions, il nous faut en étudier la nature, en examiner les différentes formes ou espèces, en rechercher la source et la genèse, enfin en apprécier la moralité.

§ I. — *Nature et organe des passions.*

Le bien sensible est à peine connu qu'il exerce sur l'animal une vive attraction. La passion n'est pas autre chose que la réponse de l'appétit aux avances du bien.

Ce mouvement naturel, spontané, est le propre d'une puissance *passive* qui n'entre en activité qu'après avoir été ébranlée, et qui cède à l'attraction victorieuse de l'objet de ses complaisances. « *Nomine passionis importatur quod patiens trahatur ad id quod est agentis* » (1).

C'est bien là ce qui caractérise les puissances appé-

(1) « Magis autem trahitur anima ad rem per vim appetitivam quàm per vim apprehensivam. Nam per vim appetitivam anima habet ordinem ad res, prout in seipsis sunt... Vis autem apprehensiva non trahitur ad rem, secundum quòd in seipsâ est, sed cognoscit eam secundùm intentionem rei quam in se habet vel recipit... Unde patet quòd ratio passionis magis invenitur in parte appetitivâ quàm in parte apprehensivâ. » (1 a, 2 æ, q. XXII, a. 2, c.)

titives. Les facultés cognitives reçoivent aussi une impression qui les met en mouvement. Mais dans la connaissance, c'est l'objet qui vient au-devant du sujet et qui pénètre en lui par sa fidèle image ; dans l'amour, au contraire, le sujet se porte vers l'objet qui le captive et s'unit à lui de toutes ses forces. Le second phénomène présente donc, au plus haut degré, le caractère passif qu'exprime si nettement le nom même de la passion.

A l'appui de cette manière de voir, saint Thomas a signalé un autre fait non moins important. La passion fait toujours subir à l'organe qui la reçoit une transmutation physique plus ou moins notable. Celui-ci s'échauffe, se dilate dans l'amour et l'espérance, se refroidit et se resserre dans la crainte et le désespoir, et les autres affections du même ordre. « *Transmutatur organum, quantum ad suam naturalem dispositionem, puta quod calefit, aut infrigidatur, vel alio simili modo transmutatur* (1). La sensation ne produit pas d'ordinaire un effet de ce genre ; les objets extérieurs font bien une impression physique sur l'organe, mais ce n'est là que le prodrome de la sensation proprement dite, car celle-ci consiste essentiellement dans l'image représentative qui s'imprime dans le sens, et qui n'a rien de matériel. « *Transmutatur organum transmutatione spirituali, secundum quod recipit intentionem rei... sicut oculus immutatur a visibili, non ita quòd coloretur, sed ita quòd recipiat intentionem coloris.* » (2).

(1) *Ibid.*
(2) *Ibid.*, ad 3.

Non pas que le sens ne puisse éprouver une impression physique analogue à celle que produit la passion, comme il arrive quand l'action de l'objet est trop forte, ou que la sensation est trop vive ou trop prolongée. Mais ce phénomène est purement accidentel dans la sensation, tandis qu'il exprime une loi de tout mouvement passionnel (1).

Il suit de là que la passion suppose un *défaut*, dans le sujet qui l'éprouve et qui ne passe de la puissance à l'acte que sous l'impression d'un ébranlement physique. « *Passio ad defectum pertinet, quia est alicujus, secundum quòd est in potentiâ* ». Sans doute, elle peut contribuer au bien du sujet, en le mettant en possession de ce qui lui manque; mais elle produit souvent un effet contraire, et c'est alors qu'elle demeure plus fidèle à son rôle, à ses tendances natives. Suivant saint Thomas d'Aquin, il y a plus de véritable passion dans la tristesse que dans la joie. « *Quando hujusmodi transmutatio fit in deterius, magis propriè habet rationem passionis, quàm quandò fit in melius; unde tristitia magis propriè est passio quàm lætitia* (2).

Mais ce qui caractérise la passion et la distingue essentiellement de la connaissance, c'est qu'elle se rapporte exclusivement à l'utile ou au délectable. Sans doute, le plaisir n'est pas le monopole des facultés

---

(1) « Hujusmodi (materialis) transmutatio per accidens se habet ad actum apprehensivæ virtutis sensitivæ, puta cùm oculus fatigatur ex forti intuitu, vel dissolvitur ex vehementia visibilisi Sed ad actum appetitûs sensitivi per se ordinatur hujusmod. transmutatio... (unde) dicitur quòd ira est « accensio sanguinis circa cor. » (1 a, 2 æ, q. xxii, a. 2, ad 2.)

(2) *Ibid.*, a. 1.

appétitives, et saint Thomas a relevé avec force les plaisirs attachés à la connaissance tant sensible qu'intellectuelle. L'œil aime à voir, l'oreille à entendre, l'esprit à comprendre, et surtout à découvrir quelque vérité nouvelle. « *Intellectus naturaliter appetit intelligibile, ut est intelligibile ; appetit enim naturaliter intelligere, et sensus sentire* » (1).

On peut même dire avec Aristote que toute faculté qui atteint aisément son objet éprouve un certain plaisir. « C'est dans l'action que semble consister le bien-être et le bonheur. Le plaisir n'est pas l'acte lui-même de la faculté, ni même une qualité intrinsèque de cet acte, mais c'est un surcroît qui n'y manque jamais ; c'est une dernière perfection qui s'y ajoute, comme à la jeunesse sa fleur. D'ailleurs, chaque action a son plaisir propre » (2).

Toutefois, il s'agit là d'un plaisir en quelque sorte spéculatif et qui résulte du simple exercice de l'activité, abstraction faite de tout résultat. Il en va tout autrement dans les facultés appétitives. Pour elles, la connaissance n'est qu'un moyen ; posséder le bien ou en jouir, voilà le but directement poursuivi. Et comme l'animal ne connaît rien au delà du bien sensible, il borne là ses aspirations et ses désirs. Tel est le terme de la passion.

Considérée en elle-même, elle a un caractère moins élevé que la sensation, puisqu'elle est essentiellement pratique, tandis que la sensation a pour objet la connaissance et non pas le plaisir.

(1) *Qq. dispp.* q. *Unica de Animâ*, a. xiii, ad 11.
(2) *Morale à Nicomaque*, l. X, c. iv, § 8.

Ce qui les rapproche, c'est qu'elles ont également besoin de l'âme et du corps pour se produire. Voyez dans chaque passion la merveilleuse entente de l'âme et du corps, et la part de l'un et de l'autre : du côté de l'âme, la force, la puissance de la force, l'unité de la force, la spontanéité de la force; du côté du corps, l'impression reçue, manifestée, traduite en mille manières. Voyez ce front qui s'illumine ou s'assombrit tout à coup, ces yeux qui se voilent de larmes ou lancent des éclairs, ces lèvres dilatées par le sourire ou contractées par la colère, ce visage pâle ou échauffé, ce bras affermi et prêt à frapper, ces muscles tendus : c'est la passion, c'est l'âme sortant pour ainsi dire d'elle-même et se révélant, se réfléchissant dans tout son corps.

*
* *

La passion a donc un organe comme la sensation, comme toutes les fonctions complexes qui appartiennent au composé. Mais quel organe choisir?

On hésite entre deux organes principaux : les uns se prononcent pour le cœur, les autres donnent au cerveau la préférence.

Saint Thomas, le plus glorieux interprète de l'ancienne philosophie, après avoir fait du cerveau l'organe de la connaissance sensible, place dans le cœur l'organe des passions : *Cor est instrumentum passionum animæ.*

Cette opinion a pour elle le témoignage du sens commun.

Elle a pour elle aussi le témoignage du poète et de l'artiste.

Le philosophe n'a aucune bonne raison à opposer à ces divers témoignages; il peut même alléguer en leur faveur des arguments très plausibles.

Les objets extérieurs, la science elle-même le constate avec certitude, déterminent un certain ébranlement, *transmutatio*, dans l'organe propre à chaque puissance du composé. Ainsi en est-il de l'organe de la vue, de l'audition, du toucher et des autres. Si donc la passion affecte le cœur, ébranle le cœur, de préférence à tout autre organe, nous aurons droit, en vertu même de la définition, de la localiser en lui et non pas dans une autre partie du corps; car il faut dire avec saint Thomas : *Passio propriè invenitur ubi est transmutatio corporalis* (1). Mais c'est précisément ce qu'atteste l'expérience : c'est le cœur que fait battre la passion; c'est le cœur qu'elle émeut, qu'elle agite, qu'elle ébranle, à tel point qu'il suffit de mettre la main sur le cœur pour savoir la nature de la passion, sa rapidité et sa puissance (2).

Ainsi, le cœur est bien le siège, l'organe des diverses passions de l'âme, puisqu'il les éprouve toutes

---

(1) 1 a, 2 æ, q. xxiii, a. 3, c.

(2) « In omni passione animæ, dit saint Thomas, additur vel diminuitur aliquid a naturali motu cordis, in quantum cor intensius vel remissius movetur secundum systolen aut diastolen ; et *secundùm hoc habet passionis rationem.* » (1 a, 2 æ, q. xxiv, a. 2, ad 2.)

sans exception, la colère aussi bien que l'amour, la tristesse aussi bien que la joie, le désespoir comme l'espérance. Et il les éprouve avec leurs degrés et leurs nuances, leur force ou leur faiblesse, leur lenteur ou leur rapidité, leurs soulèvements ou leurs moindres battements. En un mot, les organes des autres puissances ne font rien de plus que ce que fait le cœur par rapport aux passions.

Au contraire, qui s'est jamais senti ému au cerveau ? Sans doute, au moment d'une émotion, la rougeur peut monter au front, les idées devenir plus nettes ; mais c'est que le sang bouillonne au cerveau, et pourquoi, une fois encore, sinon parce que le cœur ému a poussé un flot condensé de sang ? A l'opposé, la pâleur envahit quelquefois le visage, la lumière de l'esprit s'éteint, la défaillance arrête le mouvement et semble préluder à la mort. C'est que l'émotion du cœur s'est manifestée au visage ou au cerveau par l'arrêt du sang. Encore un coup, si ce n'est pas l'âme seule qui est émue, si elle l'est par le corps et dans le corps, c'est au cœur. Au cerveau elle connaît cette émotion, au cœur elle la sent, — à peu près comme au cerveau elle se rend compte que les yeux voient ; mais, en somme, ce n'est pas plus le cerveau qui est ému que ce n'est le cerveau qui voit.

Nous avons attribué les passions à l'appétit sensible ; mais doit-on dire que l'appétit raisonnable leur demeure entièrement étranger, ou qu'il éprouve des émotions analogues, appropriées à sa nature ?

Si l'on tient à employer les mots dans leur sens propre et précis, il n'est pas permis de supposer des passions dans l'appétit supérieur. On ne l'a point oublié, la passion a pour objet le bien sensible et produit toujours dans le *composé* un ébranlement plus ou moins notable; la volonté, au contraire, a pour objet le bien spirituel, et son acte n'implique aucune impression organique. Et pourtant, on parle tous les jours de la passion de la science, de la passion de la charité, de la passion de l'amour divin, etc... Le langage nous tromperait-il, ou ces mots sont-ils susceptibles d'un bon sens? Saint Thomas répond que l'amour, la joie, la colère et les autres sentiments de ce genre peuvent être attribués aux êtres spirituels et à Dieu lui-même, mais dans un sens purement analogique. Ces sentiments expriment certaines tendances de la volonté qui produisent des effets extérieurs assez semblables aux effets de la passion, mais sans ébranlement organique (1).

L'âme a ses amours, dit éloquemment saint Augustin, et le cœur a ses voluptés, infiniment supérieures aux voluptés du corps. Montrez un rameau fleuri à une brebis, vous l'attirez; montrez des fruits à un enfant, vous l'attirez, et c'est l'amour qui l'attire. Montrez à une âme le bien, la vérité, la sainteté, le Christ surtout, vous l'attirerez plus vite et plus fort;

(1) « Amor et gaudium, et alia hujusmodi, cùm attribuuntur Deo, vel angelis, aut hominibus secundùm appetitum intellectualem, significant simplicem actum voluntatis, cum similitudine effectus, abque passione. Unde dicit Augustinus (*De Civ. Dei*, l. IX, c. v) : « Sancti angeli et sine irâ puniunt, et sine miseriæ compassione subveniunt, et tamen istarum nomina passionum, consuetudine locutionis humanæ etiam in eos usurpantur, propter quamdam operum similitudinem, non propter affectionum infirmitatem. » (1 a, 2 æ, q. xxiii, a. 3, ad 3.)

c'est l'amour qui l'attirera sans faire au cœur aucune lésion matérielle (1).

En résumé, la passion tient de la chair; elle a un organe matériel qui est le cœur. Mais le sentiment est fils de la pensée; il faut qu'il partage l'immatérialité avec elle, qu'il soit indépendant de tout organe, même du plus noble des organes. *In actu appetitûs intellectivi non requisitur aliqua transmutatio corporalis, quia hujusmodi appetitus non est virtus alicujus organi* (2).

Toutefois, il y a chez l'homme une alliance si étroite entre le corps et l'âme, que tout sentiment un peu vif a sur le cœur un retentissement inévitable. Pour cette raison, le cœur peut à bon droit être pris comme le *symbole* du sentiment, ainsi que l'enseigne saint Thomas d'Aquin : *Dicitur in Psalmo 83, v. 3 : « Cor meum et caro mea exultaverunt in Deum vivum, ut cor accipiamus pro appetitu intellectivo, carnem autem pro appetitu sensitivo* (3). »

(1) « Est quædam voluptas cordis, cui panis dulcis est ille cœlestis. An verò habent corporis sensus voluptates suas, et animus deseritur a voluptatibus suis ?... Ramum viridem ostendis ovi, et trahis illam. Nuces puero demonstrantur, et trahitur: et quod currit trahitur, amando trahitur, sine lœsione corporis trahitur, cordis vinculo trahitur. Si ergo ista quæ inter delicias et voluptates terrenas, revelantur amantibus, trahunt... non trahit revelatus Christus a Patre? quid enim fortiûs desiderat anima quàm veritatem ? » (*In Joan.*, c. vi.)

(2) 1 a, 2 æ, q. xxiii, a. 3, c.

(3) *Ibid.*

§ II. — *Formes diverses et nombre des passions.*

Le Docteur Angélique compte onze passions irréductibles, qu'il range sous deux groupes, suivant que le bien où elles tendent est facile ou difficile à acquérir, qu'il n'exige aucun effort, ou qu'il demande un grand courage pour triompher des obstacles.

Le premier groupe comprend l'amour et la haine, le désir et l'aversion, la joie et la tristesse. Le second groupe embrasse l'espérance et le désespoir, l'audace et la crainte, et enfin la colère.

L'amour est une inclination qui nous porte à nous unir à un objet agréable, qu'il soit présent ou absent.

La haine est une inclination contraire, qui nous porte à nous éloigner d'un objet reconnu mauvais.

Le désir nous pousse à rechercher un bien absent, et *l'aversion* nous excite à nous éloigner d'un mal qui nous menace.

La joie nous fait reposer dans la possession du bien qui était le terme de nos désirs ; la *tristesse* ou la douleur vient du mal présent qui nous a envahis.

L'espérance nous porte vers un bien difficile à obtenir, mais reconnu possible.

Le désespoir naît en nous à la vue d'un mal impossible à éviter, ou d'un bien impossible à obtenir.

L'audace nous excite à affronter les difficultés et les périls, en vue du bien à acquérir.

La crainte nous abat à la pensée du mal qui nous menace et qu'il nous semble presque impossible d'éviter.

Enfin, la *colère* est un mouvement qui nous porte à

repousser le mal qui nous a envahis, et à nous venger des personnes et même des choses.

La division qu'on vient de rappeler est de tout point irréprochable. Et d'abord, il n'y manque rien, elle est adéquate, comme Bossuet l'a fort bien expliqué. « Outre ces onze *principales* passions, il y a encore la honte, l'envie, l'émulation, l'admiration et l'étonnement, et quelques autres semblables ; *mais elles se rapportent à celles-ci.* La honte est une tristesse ou une crainte d'être exposé à la haine et au mépris pour quelque faute, ou pour quelque défaut naturel, mêlée avec le désir de la couvrir, ou de nous justifier. L'envie est une tristesse que nous avons du bien d'autrui et une crainte qu'en le possédant, il ne nous en prive, ou un désespoir d'acquérir le bien que nous voyons déjà occupé par un autre, avec une forte pente à haïr celui qui semble nous le détenir. L'émulation qui naît en l'homme de cœur, quand il voit faire aux autres de grandes actions, enferme l'espérance de les pouvoir faire, parce que les autres les font, et un sentiment d'audace qui nous porte à les entreprendre avec confiance. L'admiration et l'étonnement comprennent en eux ou la joie d'avoir vu quelque chose d'extraordinaire, et le désir d'en savoir les causes, aussi bien que les suites, ou la crainte que, sous cet objet nouveau, il n'y ait quelque péril caché, et l'inquiétude causée par la difficulté de le connaître ; ce qui nous rend comme immobiles et sans action ; et c'est ce que nous appelons être étonné.

L'inquiétude, les soucis, la peur, l'effroi, l'horreur et l'épouvante, ne sont autre chose que les degrés differents, et les différents effets de la crainte » (1).

En second lieu, notre division est irréductible et parfaitement opposée dans ses membres. Pour le bien entendre, certaines explications sont indispensables.

Nous avons dit que les onze passions se rangent en deux groupes ; celles qui ne demandent aucun effort et qui appartiennent à l'appétit *concupiscible*, et celles qui demandent un effort courageux et qui, pour ce motif, appartiennent à l'appétit *irascible*. Saint Thomas trouve cette opposition si marquée qu'il l'appelle une distinction *générique* et qu'elle lui paraît se rapporter à des puissances différentes. *Prima distinctio est quâ differunt quasi genere, utpote ad diversas animæ potentias pertinentes : sicut distinguntur passiones concupiscibilis a passionibus irascibilis. (2) »*

En effet, il ne suffit pas à un être d'éprouver un secret penchant pour le bien proportionné à sa nature, et une égale aversion pour son contraire, il a encore besoin d'être armé pour résister aux forces ennemies qui s'opposent à son bien, ou qui lui causent des dommages. L'animal devra donc être doué de deux puissances appétitives réellement distinctes : par la première, que nous avons nommée appétit concupiscible, il recherchera ou évitera ce que les sens lui montreront comme agréable ou nuisible ; et grâce à la seconde, que l'on peut appeler appétit irascible, il repoussera avec force tout ce qui s'opposerait à son bien ou l'attaquerait dans son être.

Ces deux appétits ont encore d'autres particularités

(1) *Connais. de Dieu et de soi-même*, ch. i, n. 6.
(2) *Qq. dispp.*, q. xxvi, *d Peassonib. animæ*, a. 4, c.

remarquables. Plus d'une fois ils se trouvent en désaccord, quand par exemple, contrairement aux inclinations de la concupiscence qui ne demande qu'à jouir, l'animal affronte des périls pour satisfaire l'appétit irascible, qui se trouve aux prises avec les obstacles.

De plus, il semble que ce dernier appétit ait pour objet de venir en aide au premier, en luttant contre les agents extérieurs qui cherchent à nuire à l'animal ou du moins à le priver de ce qui lui est agréable et utile. Aussi toutes les passions de l'appétit irascible ont-elles leur point de départ et leur terme dans les mouvements de l'appétit concupiscible ; c'est le plaisir qui les fait naître et qui les repose de leurs combats ; par exemple, la douleur d'avoir été blessé excite la colère, et la vengeance satisfaite procure du plaisir (1).

(1) « In rebus naturalibus corruptibilibus non solùm oportet esse inclinationem ad consequendum convenientia, et refugiendum nociva, sed etiam ad resistendum corrumpentibus et contrariis quæ convenientibus impedimentum præbent, et ingerunt nocumenta... Igitur... necesse est quòd in parte sensitivâ sint duæ potentiæ appetitivæ: una per quam animal *simpliciter* inclinatur ad prosequendum ea quæ sunt convenientia secundùm sensum, et ad refugiendum nociva ; et hæc dicitur *concupiscibilis;* alia verò per quam animal resistit impugnantibus quæ convenientia impugnant, et nocumenta inferunt ; et hæc vis vocatur *irascibilis;* unde dicitur quòd ejus objectum est *arduum,* quia scilicet tendit ad hoc quod superet contraria, et superemineat eis. Hæ autem duæ inclinationes non reducuntur in unum principium, quia interdum anima tristibus se ingerit, contra inclinationem concupiscibilis, ut secundùm inclinationem irascibilis, impugnet contraria ; unde etiam passiones irascibilis videntur repugnare passionibus concupiscibilis. Nam concupiscentia accensa minuit iram, et ira minuit concupiscentiam, ut in

A un autre point de vue, l'appétit irascible accuse une supériorité marquée sur l'appétit concupiscible ; celui-ci en effet n'a pas d'autre objet que le plaisir ; celui-là au contraire affronte les difficultés et les périls, et se rapproche de la volonté qui en vue d'une fin à atteindre, prend des moyens qui n'ont rien d'agréable pour la sensibilité. Aussi la colère qui est un désir de la vengance, ne se trouve-t-elle que chez les animaux supérieurs qui ont quelque ressemblance avec les êtres doués de la connaissance intellectuelle (1). Et parmi les hommes, ceux qu'anime cette passion courageuse nous semblent plus estimables que ceux qui n'ont de goût que pour le plaisir. Voilà pourquoi Platon plaçait l'appétit irascible dans la poitrine, et l'appétit concupiscible dans l'abdomen.

Au dessous de cette distinction générique qui range toutes les passions sous deux groupes absolument différents, se place une distinction moins essentielle qui divise les passions en plusieurs espèces,

pluribus. — Patet etiam ex hoc quòd irascibilis est quasi propugnatrix et defensatrix concupiscibilis, dum insurgit contra ea quæ impediunt convenientia, quæ concupiscibilis appetit, et ingerunt nociva, quæ concupiscibilis refugit. Et propter hoc omnes passiones irascibilis incipiunt a passionibus concupiscibilis, et in eas terminantur ; sicut ira nascitur ex illatâ tristitiâ, et vindictam inferens in lætitiam terminatur. » (1a, q. LXXXI, a. 2, c.)

(1) « Quod animal tendat per appetitum ad aliquod laboriosum, puta ad pugnas, vel aliquid hujusmodi, habet similitudinem cum appetitu rationali, cujus est appetere aliqua propter finem, quæ non secundùm sensum sunt appetibilia. Et ideó, ira, quæ est appetitus vindictæ, pertinet solùm ad animalia perfecta, propter quamdum propinquitatem ad genus rationabilium. » (*De sensu et sensato*, lect. 1a.)

9.

mais dans la même puissance appétitive. Et cette distinction peut se concevoir à deux points de vue bien tranchés : d'abord, au point de vue de l'opposition des objets; et c'est ainsi que la joie qui naît de la possession du bien diffère de la tristesse qui a pour cause la présence du mal; ensuite, si l'objet est le même, au point de vue des divers stades où se trouve arrivée la puissance vis-à-vis de lui: et c'est ainsi que diffèrent le désir et la joie, qui se rapportent également au bien, mais non pas de la même manière, puisqu'on le possède, dans un cas, et que, dans l'autre, on est à sa poursuite.

Enfin, il reste à signaler entre les passions une troisième différence, mais purement accidentelle, et qui se tire soit de leur degré d'intensité, soit de certaines variations matérielles. Par exemple, l'inquiétude, les soucis, la peur, l'effroi, l'horreur et l'épouvante ne sont autre chose que les différents degrés de la crainte. De même, la compassion et l'envie représentent deux aspects opposés de la tristesse, car l'envie est une tristesse qui naît à la pensée de la prospérité d'autrui, comme si celle-ci était un mal pour nous; la compassion, au contraire, est le chagrin que l'on éprouve à la vue du malheur d'autrui et qu'on regarde comme un malheur qui nous est personnel (1).

(1) « *Secunda* distinctio passionum animæ, est quâ distinguuntur quasi species in eadem potentiâ existentes. Quæ quidem distinctio, in passionibus concupiscibilis, secundùm duo attenditur: uno modo, secundum contrarietatem objectorum, et sic distinguitur gaudium, quod est respectu boni, a tristitiâ, quæ est respectu mali; alio modo, secundùm quod ad idem objectum vis concupiscibilis ordinatur secundùm diversos gradus consideratos

A l'opposé, il y a une différence plus marquée entre la délectation et la joie, entre la douleur et la tristesse. La délectation est une passion, la joie est un sentiment ; la délectation est le plaisir de l'appétit concupiscible et on la trouve chez les animaux ; la joie est le plaisir qu'éprouve l'appétit supérieur, en présence de son objet, et que seuls peuvent goûter les êtres doués de raison. Au reste, la délectation sensible peut être approuvée par la raison et devenir ainsi une source de joie, mais la joie demeure toujours au-dessus de la portée des sens. Parfois aussi l'homme éprouve dans sa chair des sensations agréables dont sa raison n'a pas lieu de se réjouir. La délectation a donc un sens plus étendu que la joie (1).

On peut faire les mêmes remarques sur la douleur et la tristesse. Celle-ci appartient à l'âme seule et c'est la pensée d'un mal supra-sensible qui lui donne naissance ; celle-là est engendrée par une sensation péni-

in processu appetitivi motûs ; et sic distinguntur amor, desiderium et gaudium. »

— « *Tertia* verò differentia passionum animæ est quasi *accidentalis*. Uno modo, secundùm *intensionem* et *remissionem*... Alio modo, secundùm *materiales* differentias.., sicut differunt misericordia et invidia, quæ sunt species *tristitiæ ;* nam invidia est tristitia de prosperitate alienâ, in quantum existimatur ut malum proprium ; misericordia vero est tristitia de adversitate alienâ, in quantum existimatur ut proprium malum, et sic est in aliis quibusdam considerare. » (*Qq. dispp.*, q. xxvi *de passion. animæ*, a. 4, c.)

(1) « Nomen *gaudii* non habet locum nisi in delectatione quæ consequitur rationem. Unde gaudium non attribuimus brutis animalibus, sed solùm nomen delectationis. Omne autem quod concupiscimus secundum naturam, possumus etiam cum delectatione rationis concupiscere ; sed non e converso. Unde de om-

ble, et surtout par une lésion dans l'organe du toucher. Mais il arrive souvent que la douleur devient une cause de tristesse, quand la raison, au lieu de réagir, se replie sur elle et la considère dans ce qu'elle a de fâcheux (1).

On a dit que la faculté de rire est le propre de l'homme. On pourrait en dire autant de la tristesse.

§ III. — *Source et genèse des passions.*

La nature est insatiable de variété. Mais l'unité ne lui est pas moins chère. Nous en trouvons un exemple bien remarquable dans la question qui nous occupe.

On se souvient que les diverses passions de l'appétit irascible dérivent des passions de l'appétit concupiscible qui leur fournissent leur point de départ et leur terme (2). Mais la genèse de celles-ci est d'une simplicité merveilleuse. S'agit-il d'un bien à poursuivre? Tel qu'un puissant moteur, ce bien agit sur l'appétit, provoque la passion; d'abord, il se montre comme

nibus de quibus est delectatio, *potest* esse gaudium, in habentibus rationem, quamvis non semper de omnibus sit gaudium; quandoque enim aliquis sentit aliquam delectationem secundùm corpus, de quà tamen non gaudet secundùm rationem. » Et secundùm hoc patet quòd delectatio est in plus quàm gaudium. » (1 a, 2 æ, q. XXXI, a. 3, c.)

(1) « Sicut illa delectatio quæ ex *exteriori* apprehensione causatur, delectatio quidem nominatur, non autem gaudium; ita illo dolor qui ex *exteriori* apprehensione causatur, nominatur quidem dolor, non autem tristitia. Sic igitur tristitia est quædam species doloris, sicut gaudium est species delectationis. » (1 a, q. XXXV, a. 2, c. et ad 3).

(2) *Supra*, p. 152.

proportionné et convenable au sujet, et aussitôt l'amour de naître ; mais l'amour engendre le désir, et le désir la délectation dans le bien une fois possédé.

Le mal produit sur l'appétit des effets tout contraires : la haine ou l'aversion, la fuite, puis la tristesse si l'on n'a pu l'éviter (1).

Mais le bien est avant le mal, puisque le mal n'est que la privation du bien. Les passions qui se rapportent au bien sont donc antérieures à celles qui se rapportent au mal ; ainsi, l'amour est antérieur à la haine, le désir à l'aversion, la délectation à la douleur. A ce point de vue, la haine, l'aversion et la douleur ont leur raison d'être et leur point de départ dans l'amour, le désir et la délectation. Toutes les passions peuvent donc s'expliquer par ces trois passions primitives. Or,

____

(1) « Omne movens trahit quodammodo ad se patiens, vel a se repellit. Trahendo quidem ad se, tria facit in ipso. Nam primo quidem dat ei *inclinationem* vel *aptitudinem* ut in ipsum tendat... Secundò, si corpus est extra proprium locum, dat ei moveri ad locum. Tertiò, dat ei quiescere, in locum cùm pervenerit... Et similiter intelligendum est de causâ repulsionis.

In motibus autem appetitivæ partis, bonum habet quasi virtutem attractivam, malum autem virtutem repulsivam. Bonum ergo primò in potentiâ appetitivâ causat quamdam *inclinationem,* seu *aptitudinem,* seu *connaturalitatem* ad bonum, quod pertinet ad passionem *amoris,* cui per contrarium, respondet *odium,* ex parte mali. — Secundo, (si bonum sit nondum habitum, dat ei motum ad assequendum bonum amatum ; et hoc pertinet ad passionem *desiderii* vel *concupiscentiæ ;* et ex opposito, ex parte mali, est *fuga,* vel *abominatio.* — Tertio, cum adeptum fuerit bonum, dat appetitûs quietationem quamdam in ipso bono adepto ; et hoc pertinet ad *delectationem* vel *gaudium,* cui opponitur, ex parte mali, dolor vel tristitia. »
(1 a 2 æ, q. XXIII, a. 4, c.)

le désir engendre la délectation, et l'amour engendre le désir.

En définitive, tout mouvement passionnel part de l'amour, se ramène à l'amour (1). Bossuet s'est attaché à justifier cette doctrine par de nombreux exemples. « La haine qu'on a pour quelque objet ne vient que de l'amour qu'on a pour un autre. Je ne hais la maladie que parce que j'aime la santé. Je n'ai d'aversion pour quelqu'un que parce qu'il m'est un obstacle à posséder ce que j'aime. Le désir n'est qu'un amour qui s'étend au bien qu'il n'a pas, comme la joie est un amour qui s'attache au bien qu'il a. La fuite et la tristesse sont un amour qui s'éloigne du mal par lequel il est privé de son bien, et qui s'en afflige. L'audace est un amour qui entreprend, pour posséder l'objet aimé, ce qu'il y a de plus difficile ; et la crainte, un amour qui, se voyant menacé de perdre ce qu'il recherche, est troublé de ce péril. L'espérance est un amour qui se flatte qu'il possédera l'objet aimé ; et le désespoir est un amour désolé de ce qu'il s'en voit privé à jamais ; ce qui cause un abattement dont on ne peut se relever. La colère est un amour irrité de ce qu'on lui veut ôter son bien, et s'efforce de le défendre. Enfin, ôtez l'amour, il n'y a plus de passion ; et posez l'amour, vous les faites naître toutes. (2) »

*
* *

(1) « Ex amore causatur et desiderium, et tristitia, et delectatio, et per consequens omnes aliæ passiones ; unde omnis actio quæ procedit ex quacumque passione, procedit etiam ex amore, sicut ex primâ causâ ; unde non superflunt aliæ passiones, quæ sunt causæ proximæ. » (1 a 2æ, q. XXXVIII, a. 6, ad 2.)

(2) *Connaiss. de Dieu et de soi-même*, c. I, § 6.

Allons plus loin, et osons avancer que l'amour est le moteur de tout ce qui se meut et le ressort de toute activité. « Tout être, dit excellemment saint Thomas, agit en vue d'une fin, soit qu'il la connaisse explicitement, soit qu'elle l'attire sans qu'il la connaisse, et parce que l'auteur de la nature le dirige secrètement vers cette fin. Or, pour tout être, la fin est le bien désiré et aimé. *Finis est bonum desideratum et amatum unicuique.* Il est donc manifeste que tout agent, sans exception, fait tout ce qu'il fait par un principe d'amour. *Unde manifestum est quòd omne agens, quodcumque sit, agit quamcumque actionem, ex aliquo amore.* »

Nous donnons ici à l'amour son acception la plus générale, et qui comprend l'amour intellectuel, l'amour raisonnable, l'amour animal et l'amour naturel. *Loquimur nunc de amore communiter accepto, prout comprehendit sub se amorem intellectualem, rationalem, animalem, naturalem* (1). »

Ainsi, la haine n'est qu'à la surface, l'amour est au fond de tout être. C'est par amour que Dieu a créé toutes choses, et dans l'intérieur de chacune de ses créatures, il a déposé un principe d'amour qui la pousse vers le bien qui lui est propre et détermine tous ses mouvements.

Un être est puissant dans la mesure où il aime et dans la mesure de la perfection de l'objet aimé.

(1) 1 a 2 œ, q. xxviii, a. 6. c. et ad 1.

§ IV. — *Moralité des passions.*

Les stoïciens regardèrent les passions comme des faiblesses, comme de véritables maladies mentales qui ne sauraient trouver grâce aux yeux de la droite raison.

Le plaisir et la douleur, la pitié et la miséricorde n'ont aucune prise sur le sage ; son honneur est de demeurer impassible. Sa devise est de ne s'étonner de rien : *Nihil admirari.*

L'opinion vulgaire qui considère la passion comme un mouvement violent et désordonné se rapproche en partie de la conception stoïcienne.

Saint-Simon, Fourier, P. Leroux et J. Reynaud professèrent une doctrine diamétralement opposée. Ils se proposèrent de réhabiliter la chair et la nature, que le christianisme avait, croyaient-ils, frappée d'un injuste anathème. Le monde physique, dit Fourier, s'explique depuis Newton par l'attraction mutuelle de toutes les parties de la matière ; le monde moral doit s'expliquer par ce qu'on peut appeler l'attraction passionnelle, laquelle rapproche et associe les individus doués d'inclinations analogues et harmoniques. Toutes les misères, toutes les fautes sont le résultat de passions contrariées. Le roman et le théâtre moderne se sont donné la tâche facile de populariser cette manière de voir.

Sur ce point comme sur plusieurs autres, Aristote tint un juste milieu. Il enseigna que la passion, considérée en soi, n'est ni bonne ni mauvaise, mais qu'elle peut devenir l'un ou l'autre, suivant qu'elle s'harmonise avec la raison, ou qu'elle entre en conflit avec elle.

Nous l'avons dit, la passion est un simple mouvement de l'appétit sensible, en présence d'un bien du même ordre. Un tel mouvement ne renferme en lui-même aucune bonté morale, puisque celle-ci est chose d'âme, de raison et de liberté. Mais il ne renferme pas non plus de malice, puisque le bien sensible ne présente rien de contraire à la vertu ou à l'ordre.

Il ne deviendrait répréhensible que s'il était excessif au point de jeter le trouble dans l'âme, ou absorbant au point de la détourner de la recherche des biens immatériels. Ces deux hypothèses ne passent que trop souvent dans le domaine des faits.

Mais c'est le cas de rappeler l'axiome bien connu : *Abusus non tollit usum.* Toute passion n'est point essentiellement désordonnée, ni quant à son objet, qui est le bien sensible et non pas la volupté immorale, — ni quant à son expression, qui peut être modérée et de tous points conforme au dictamen de la raison pratique. Contenu dans de justes bornes, l'amour du délectable et de l'utile n'offre rien de blâmable.

Comme l'a observé saint Thomas, l'appétit sensible est plus près de l'intelligence et de la volonté que les organes extérieurs ; or, les actes de ceux-ci sont réputés bons ou mauvais dans la mesure où ils s'accomplissent avec le concours de la volonté. Il en sera de même, à plus juste titre, des passions, dans les mêmes circonstances. Les passions doivent être tenues pour

volontaires toutes les fois que la volonté les excite,
ou qu'elle ne leur oppose aucune résistance (1).

***

Le Docteur angélique va plus loin encore. A ses
yeux, les mouvements passionnels ajoutent souvent à
la perfection de l'acte moral. En effet, le bien moral,
considéré dans l'homme, a sa source dans la raison ;
par suite, il sera d'autant plus parfait qu'il s'étendra
à un plus grand nombre d'actes humains. Aussi, personne ne doute qu'il n'appartienne à la plénitude du
bien moral que les actes des organes extérieurs soient
dirigés d'après les lumières de la raison. Il faut en
dire autant des passions, qui ne sont pas moins susceptibles d'obéir à la direction de l'intelligence.

Et comme il est incontestablement plus parfait de
vouloir et de faire le bien par des actes extérieurs que
de le vouloir seulement, de même il est plus parfait
de se porter au bien par le choix de la volonté et avec
les ardeurs de la passion, que de l'embrasser seulement avec une partie de l'âme, fût-ce la partie la plus
noble (2).

(1) « Propinquior est appetitus sensitivus ipsi rationi et voluntati, quàm membra exteriora ; quorum tamen motus et actus sunt
boni vel mali moraliter, secundùm quòd sunt voluntarii ; unde
multo magis et ipsæ passiones, secundum quòd sunt voluntariæ,
possunt dici bonæ vel malæ moraliter. Dicuntur autem voluntariæ vel ex eo quòd a volúntate imperantur, vel ex eo quòd a
voluntate non prohibentur. » (1 a 2 æ, q. xxiv, a. 1, c.)

(2) « Cùm bonum hominis consistat in ratione, sicut in radice,
tantô istud bonum erit perfectius, quantò ad plura, quæ homini
conveniunt, derivari potest. Unde nullus dubitat quin ad per-

A un autre point de vue, la passion semble être à la volonté ce que l'imagination est à la raison, malgré des nuances appréciables. Otez l'image fournie par les sens, et la raison humaine ne comprend plus rien, ne peut plus rien comprendre ; ôtez la passion, et la volonté tombe dans une sorte de langueur, son courage s'affaiblit, comme si elle n'avait plus de mobile ni de stimulant. — L'image sensible teint de ses couleurs l'objet de la raison et le rend visible à l'œil interne, la passion colore de même l'objet de la volonté et le présente sous un aspect plus humain, plus convenable à notre nature. Aidée de la passion, la volonté s'enflamme, s'élève à des hauteurs sublimes, inaccessibles aux âmes froides et insensibles. Voyez les prodiges qu'opère l'amour dans l'âme ardente de Madeleine, d'Augustin et de Thérèse ; voyez ce que peut faire l'ambition dans un Ignace de Loyola et dans un François Xavier, une fois qu'elle s'est tournée à la plus grande gloire de Dieu.

A la vérité, la passion prévient plus d'une fois la raison ; et pour lors, elle obscurcit la lumière du re-

fectionem moralis boni pertineat quòd actus exteriorum membrorum per rationis regulam dirigantur. Unde cùm appetitus sensitivus possit obedire rationi, ad perfectionem moralis sivo humani boni pertinet quòd etiam ipsæ passiones animæ sint regulatæ per rationem. Sicut igitur melius est quòd homo et velit bonum, et faciat exteriori actu ; ita etiam ad perfectionem boni moralis pertinet quòd homo ad bonum moveatur non solùm secundùm voluntatem, sed etiam secundùm appetitum sensitivum, secundùm illud quod (Psalm. 83, v. 3) dicitur : *Cor meum et caro mea exultaverunt in Deum vivum,* ut cor accipiamus pro appetitu intellectivo, *carnem* autem pro appetitu sensitivo. » (1 a 2 æ, q. **xxiv**, a. 3, c.)

gard et diminue d'autant la moralité de l'acte humain qui dépend avant tout de sa pleine conformité avec la raison. Sous ce rapport, faire des œuvres de charité par jugement réfléchi est beaucoup plus louable que de céder en cela à un simple mouvement de compassion naturelle.

Mais il en va tout autrement quand la passion suit la raison, au lieu de la précéder. Dans ce cas, la passion peut tenir à deux causes également honorables pour la volonté : elle peut tenir d'abord à l'*intensité* de cette dernière puissance, car il est remarquable que la partie supérieure de l'âme ne peut éprouver aucune émotion profonde sans que la partie inférieure en reçoive le contre-coup, par *concomitance*, et nous dirions volontiers par *résonnance*, en empruntant une comparaison au phénomène si connu du corps sonore, qui vibre sympathiquement à l'unisson d'un autre, quand celui-ci donne la note à laquelle le premier est sensible, malgré la différence de nature entre les deux. Lorsqu'elle se produit sous cette influence, la passion atteste plus d'énergie dans la volonté, plus de grandeur dans la force morale.

Elle peut aussi être le résultat d'un *ordre réfléchi* et exprès de la volonté, comme il arrive quand une personne excite en elle certaines passions, afin d'avoir plus d'ardeur dans ses actes, plus de rapidité dans ses mouvements, grâce au concours de l'appétit sensible. Ici encore, la passion ajoute à la valeur et au mérite de l'action (1).

(1) « Passiones animæ dupliciter se possunt habere ad judicium rationis : uno modo, *antecedenter;* et sic, cùm obnubilent judicium rationis, ex quo dependet bonitas moralis actûs

Nous voilà bien loin de Zénon et de Fourier. Le moraliste ne songe nullement à éteindre les passions, pour aboutir à la sérénité de l'indifférence ; il ne songe pas davantage à leur donner libre carrière et à se livrer au courant des instincts, sous prétexte que la nature est droite et que tous ses penchants sont légitimes.

Abandonnée à elle-même, la nature est le torrent qui se précipite et qui entraîne tout ce qu'il rencontre sur son passage. Dirigée par la raison, elle est la vapeur qui donne le mouvement et qui permet de franchir les espaces avec une rapidité merveilleuse.

ARTICLE IV

LE MOUVEMENT

La puissance motrice joue dans la vie animale un rôle moins considérable que la passion et la sensation. Toutefois, elle est le complément naturel, sinon

diminuunt actus bonitatem. Laudabilius enim est quòd ex judicio rationis aliquis facit opus charitatis, quàm ex solâ passione misericordiæ. — Alio modo, se habent *consequenter*, et hoc dupliciter : uno modo, per modum *redundantiæ*, quia scilicet cùm superior pars animæ intense movetur in aliquid, sequitur motum ejus etiam pars inferior ; et sic passio existens consequenter in appetitu sensitivo est signum intensioris voluntatis ; et sic indicat bonitatem moralem majorem ; alio modo, per modum *electionis*, quando scilicet homo ex judicio rationis eligit affici aliquâ passione, ut promptius operetur, cooperante appetitu sensitivo ; et sic passio animæ addit ad bonitatem actionis. » (1 a 2 æ, q. XXIV, a. 3, ad 1.)

absolument obligé de la connaissance et de l'appétit.

La plante trouve à ses côtés les aliments dont elle a besoin pour se nourrir ; l'animal doit chercher les siens à une distance plus ou moins grande et se diriger vers les lieux qui peuvent les lui fournir. *Ad consequendum enim aliquod desideratum et amatum one amnimal movetur.*

Sans doute, la puissance motrice n'a pas été accordée aux animaux inférieurs, dont la vie se rapproche de celle de la plante. *Quædam (sunt) in quibus cum vegelativo est etiam sensitivum, non tamen motivum secundum locum, sicut sunt immobilia animalia, ut conchilia.* Mais les animaux plus parfaits l'ont tous reçue en partage, car elle leur est nécessaire pour satisfaire à leurs multiples besoins. *Quædam verò sunt quæ supra hoc habent motivum secundûm locum, ut perfecta animalia, quæ multis indigent ad suam vitam ; et ideo indigent motu, ut vitæ necessaria procul posita quærere possint.* (1) »

Comme la sensation et la passion, le mouvement local relève d'une faculté organique et appartient au composé (2). Mais c'est une fonction à part, qui a son objet propre et qui par là même réclame une puissance *spéciale*. Il est vrai que l'animal ne se meut qu'en conséquence d'une sensation et d'un désir ; mais si la sensation montre le but et si l'appétit com-

(1) 1 a, q. LXXVIII, a. 1, c.

(2) « L'instrument par lequel l'appétit communique le mouvement étant corporel, c'est dans les fonctions communes du corps et de l'âme qu'il convient de l'étudier. » (Aristote, *De Animâ,* l. III, c. IX*). Jouffroy s'est donc trompé en plaçant la faculté motrice au nombre des facultés spirituelles.

mande le mouvement, c'est à une faculté distincte qu'appartient l'exécution. La raison en est que les animaux inférieurs possèdent la connaissance et la passion, sans être en mesure de se mouvoir d'un lieu à un autre. Une autre preuve également sensible nous est fournie par ce fait que certaines maladies paralysent les membres et rendent le mouvement impossible, sans paralyser la connaissance et les appétits.

Ainsi la faculté motrice n'est ni dans le sens qui perçoit, ni dans l'appétit qui ordonne le mouvement, mais bien dans les diverses parties du corps appelées à l'exécuter et qui doivent avoir la souplesse nécessaire pour obéir aux désirs de l'âme (1).

Il nous reste à chercher dans quelle mesure le mouvement est subordonné à la sensation et aux appétits, et dans quelle mesure il peut s'accomplir sans leur intervention, par le seul jeu de son organe. Dans l'état normal et dans la grande majorité des cas, la vie de relation s'accomplit en trois temps : la connaissance montre le bien à poursuivre ou le mal à éviter ; l'appétit décide en faveur du premier contre le second, et aussitôt la faculté motrice exécute le

(1) « Quamvis sensus et appetitus sint principia moventia, in animalibus perfectis, non tamen sensus et appetitus, in quantum hujusmodi, sufficiunt ad movendum, nisi superadderetur eis aliqua virtus. Nam in immobilibus animalibus est sensus et appetitus ; non tamen habent vim motivam. Hæc autem vis motiva non solùm est in appetitu et sensu, ut imperante motum, sed etiam est in ipsis partibus corporis, ut sint habiles ad obediendum appetitui animæ moventis. Cujus signum est, quòd quando membra removentur a suâ naturali dispositione, non obediunt appetitui ad motum. » (1 a, q. LXXVIII, a. 1, ad 4.)

mouvement qu'on lui commande. La simple connaissance ne suffit pas à déterminer le mouvement de l'animal vers le bien sensible ; il faut encore que l'amour
s'y ajoute et que celui-ci, à son tour, engendre le
désir. La connaissance peut donc être regardée comme
la cause médiate du mouvement ; l'appétit seul en
est le principe immédiat, *immediatum movens*.

Cependant, pour demeurer en complet accord avec
les données de la physiologie et de la psychologie, il
convient de faire une part à l'*automatisme* dans plusieurs actes de la vie de l'animal.

Les phénomènes physiologiques peuvent avoir chez
l'homme et chez les animaux un caractère évident de
finalité, sans être pour cela nécessairement précédés
d'une connaissance. Tels sont les actes *végétatifs*, parfaitement appropriés à leur but, quoique soustraits à
la conscience. Ainsi la présence des aliments dans l'estomac provoque naturellement la secrétion du suc
gastrique. On pourrait citer la plupart des actes de
la digestion.

La vie de relation elle-même n'est pas exempte de
ces faits d'automatisme. Un homme endormi écarte
le membre que l'on touche, tout comme une gre-
nouille récemment décapitée retire la patte sur laquelle on met une goutte d'acide.

Dans tous ces cas, l'impression inconsciente transmise par un nerf *afférent* jusqu'au centre médullaire
ou encéphalique paraît s'y réfléchir à la manière de
l'ébranlement sonore dans l'écho. Alors, plus ou
moins modifié, le mouvement vient retentir par un
nerf *efférent* sur un muscle qui se contracte et détermine l'acte approprié.

En réalité, il existe entre la réaction de l'organe moteur et l'impression reçue, comme une harmonie préétablie que saint Thomas ferait rentrer dans ce qu'il appelle l'appétit *naturel*. La fin procurée n'implique nullement la connaissance du but dans l'agent *immédiat;* mais elle fait éclater la sagesse du souverain ordonnateur. Ainsi l'heure marquée par l'aiguille du cadran suppose l'intelligence de l'horloger.

Outre ces actes aveugles, liés à la constitution même de l'organisme, il en est un grand nombre dont l'*habitude* et l'*exercice* ont lentement établi le rapport, d'abord voulu, finalement devenu automatique, inconscient. Quelle étonnante complexité d'actions très précises supposent la marche, la lecture, le jeu du piano, etc. ? Une fois l'éducation organique achevée, la volonté, l'appétit n'interviennent qu'au point de départ; tout le reste est mécanisme et se continue parfois avec une parfaite exactitude, malgré les distractions et même le sommeil.

Mais en thèse générale, les mouvements de l'animal sont déterminés par la passion, éclairée par la connaissance. Et comme le cœur est l'organe des passions, il peut être tenu pour le principe physique du mouvement (1).

A un point de vue plus élevé, le cœur doit être re-

(1) « Appetitiva (virtus) est immediatum movens. Unde secundùm modum operationis ejus statim disponitur organum corporale, scilicet cor, unde est principium mo'us, tali dispositione quæ competat ad exequendum hoc in quod appetitus sensibilis inclinatur. Unde in irâ fervet, et in timore quodammodo frigescit et constringitur. » (*Qq. dispp.*, q. xxvi, *de passionibus animæ*, a. 3, c.)

gardé comme le principe de tout mouvement, par la chaleur qu'il distribue à tous les organes en chassant le sang dans toutes les parties du corps, car la chaleur est l'instrument nécessaire de tout mouvement vital, *calor est instrumentum quo anima movet;* et les muscles ne peuvent entrer en fonction qu'en transformant en mouvement une partie de la chaleur qu'ils reçoivent du liquide sanguin.

Le cerveau lui-même se trouve atteint par la loi commune, et les paroles de saint Thomas expriment une vérité physiologique et psychologique tout ensemble : *Vis motiva est principaliter in corde, per quod anima in totum corpus motum et alias hujusmodi operationes diffundit* (1).

(1) *Cont. Gent.,* l. II, c. LXXII, in fine.

CHAPITRE IV

Lu vie intellectuelle et morale.

L'âme sensitive se révèle par la sensation et les
passions, l'âme raisonnable par la pensée et les déterminations volontaires. Appliquons-nous à bien comprendre l'intelligence et la volonté, et nous compren-
drons ce qui constitue la personnalité humaine, dans
ce qu'elle a de plus intime et de plus élevé.

ARTICLE PREMIER

L'INTELLIGENCE

De quelque manière qu'on l'envisage, la raison
accuse des propriétés singulières qui font de l'homme
un être absolument à part dans la nature.

Non pas que, suivant nous, la connaissance soit le
privilège de l'esprit. Il y a longtemps que l'opinion
de Descartes et de Malebranche a cessé de trouver

des partisans dans l'école, et personne ne songe plus à représenter l'animal comme un simple automate, dépourvu de perception et de spontanéité.

Avec saint Thomas, nous admettons deux connaissances distinctes et vraiment dignes de ce nom : la connaissance sensible et la connaissance intellectuelle. Mais avec le même docteur, et contrairement à l'opinion positiviste, nous tenons que la connaissance intellectuelle se différencie essentiellement de la connaissance sensible, en ce qu'elle relève d'une faculté immatérielle, affranchie des conditions organiques.

Pour nous convaincre de cette importante vérité, il suffira de voir la raison à l'œuvre, d'examiner son objet et sa manière d'agir. Voilà bien le double critérium scientifique employé par les psychologues dans l'étude et la classification des puissances.

§ I. — *Objet et nature de la raison.*

Trois caractères saillants distinguent l'objet de la connaissance intellectuelle : l'*universalité*, l'*immatérialité*, la *nécessité.*

I

Commençons par l'universalité. Saint Thomas la regarde à bon droit comme la note distinctive de l'esprit. Dans sa pensée, le propre de la raison est de se faire des idées générales, affranchies du temps et de l'espace, tandis que les sens ne s'élèvent jamais au-dessus du particulier. *Differt sensus ab intellectu et ratione, quia intellectus vel ratio est universalium, quæ sunt ubique et semper ; sensus autem est singularium* (1)

La raison est bien, en effet, la faculté universelle par excellence ; tous les problèmes sollicitent tour à tour son insatiable curiosité, elle les aborde tous, dût-elle ne venir à bout que d'un fort petit nombre. Il n'est rien dans la nature qui n'attire son attention ; les individus comme les espèces, les infiniment petits comme les infiniment grands, le dehors et l'intérieur des choses, l'abîme profond et les hautes cimes, le concret et l'abstrait, le réel et le possible, le contingent et le nécessaire, font également l'objet de ses études.

Rien ne limite l'horizon de la pensée ; l'infini lui-même pose devant son regard, non pas sans doute l'infini en acte, objet propre de l'intelligence incréée, mais l'infini en puissance, objet naturel d'une raison imparfaite mais toujours progressive. *In intellectu nostro invenitur infinitum in potentiâ ; in accipendo scilicet unum post aliud, quia nunquam intellectus noster tot cognoscit, quin possit plura intelligere* (2).

Cette étendue infinie, ou si l'on veut indéfinie de la puissance intellectuelle tient à deux causes principales, fort bien expliquées par le docteur Angélique. D'une part, la matière seule est un principe d'individuation et de limitation, et la raison n'est liée à aucun organe matériel ; d'autre part, la raison a pour objet propre l'universel, dégagé de toute attache avec le temps et l'espace, et susceptible de s'appliquer à un nombre infini d'individus. L'humanité, par exemple, ne s'applique pas seulement à tous les individus

(1) *De sensu et sensato*, lect. 1a.
(2) 1 a, q. LXXXVI, a. 2, c.

humains réellement existants, elle pourrait encore s'appliquer à un nombre infini d'individus du même genre, si jamais ils venaient à exister (1).

Voilà pourquoi, suivant une autre belle remarque de saint Thomas, l'animal semble, à l'origine, beaucoup mieux pourvu et armé que l'homme; l'animal, en effet, n'ayant que des connaissances particulières et des appétits limités, la nature a pourvu à tous ses besoins à l'aide de certains organes déterminés et de certains moyens de défense appropriés. Mais l'homme étant fait pour l'universel et l'infini, la nature ne pouvait lui donner aucun instinct ni aucun organe qui lui permît de saisir son objet et de remplir ses aspirations. Pour une fin si élevée, elle lui a donné ce qui vaut mieux que tous les organes, la raison et la main, organe des organes, qui lui permettent de faire toutes sortes d'inventions, de fabriquer toutes sortes d'instruments, et par suite d'aboutir à des résultats admirables en tout genre (2).

(1) « Sicut intellectus noster est infinitus virtute, ita infinitum cognoscit. Est enim virtus ejus infinita, secundùm quod non terminatur per materiam corporalem; et est cognoscitivus universalis, quod est abstractum a materiâ individuali, et per consequens non finitum ad aliquod individuum, sed, quantum est de se, ad infinita individua se extendit. » (1a, q. LXXXVI a. 2 ad 4)

(2) « Anima intellectiva, quia est universalium comprehensiva, habet virtutem ad infinita : et ideo, non potuerunt sibi determinari a natura vel determinatæ existimationes naturales, vel etiam determinata auxilia vel defensionum, vel tegumentorum, sicut aliis animalibus quorum animæ habent apprehensionem et virtutem ad aliqua particularia determinata; sed loco horum omnium homo habet naturaliter rationem et manus, quæ sunt organa organorum, quia per ea homo potest sibi præparare in-

La philosophie sensualiste n'admet que les phénomènes et les choses de l'ordre matériel. Eh bien! saint Thomas n'a pas hésité à se placer sur ce nouveau terrain, si difficile en apparence, et il a su tirer de là un argument aussi décisif qu'inattendu en faveur de la spiritualité de l'intelligence humaine.

Voici le raisonnement du saint docteur : « Il est manifeste que l'homme peut, à l'aide de son intelligence, arriver à connaître les propriétés de tous les corps. Or il ne le pourrait pas, si cette faculté était matérielle, ou simplement dépendante de la matière. Car il est dans la nature d'une faculté organique de ne jamais dépasser la sphère restreinte, assignée à l'organe dont elle dépend ; la vue ne connaît que les couleurs, l'ouïe les sons, l'odorat les odeurs, et ainsi des autres sens. C'est qu'un organe n'est qu'un instrument d'un genre particulier, destiné à une fonction précise et si bien approprié à cette fonction, qu'il n'a aucune espèce d'aptitude pour une fonction différente. Les yeux, par exemple, sont merveilleusement appropriés pour recevoir les rayons lumineux, mais cette appropriation *exclusive* les rend impropres à percevoir les sons, les odeurs, ou toute autre propriété des corps. Si donc la raison était liée à un organe matériel et si elle ne pouvait agir que sous la dépendance de cet organe, elle demeurerait forcément enserrée dans le cercle étroit de certaines propriétés spéciales, sans avoir la moindre échappée sur les autres domaines de la nature. Ainsi, de ce fait

strumenta infinitorum modorum et ad infinitos effectus. » (1a, q. LXXVI, a. 7, ad 4).

certain que la raison humaine peut embrasser du regard l'immense champ du monde matériel, on est en
droit de conclure qu'elle a une opération qui lui est
propre et où l'organisme n'a point de part (1).

Au reste, la connaissance que l'intelligence a de
la matière est une connaissance absolument immatérielle, car elle se porte directement sur ce qu'il y a
d'universel et d'essentiel dans les corps : *Anima
per intellectum cognoscit corpora cognitione immateriali, universali et necessaria* (2).

II

Mais où la raison se révèle tout entière dans la
pureté absolue de sa nature, c'est quand elle s'élève
jusqu'à la connaissance des êtres immatériels. Parmi
les êtres dont nous parlons il en est que seul le travail abstractif de l'intelligence a dépouillés de toute
attache avec la matière pour les présenter sous leur
concept universel et métaphysique. Telles sont, par

(1) « Manifestum est quod homo per intellectum cognoscere
potest naturas omnium corporum. Quod autem potest cognoscere
aliqua, oportet ut nihil eorum habeat in suâ naturâ; quia illud
quod ei inesset naturaliter, impediret cognitionem aliorum ; si
cut videmus quod lingua infirmi, quæ infecta est cholerico et
amaro humore, non potest percipere aliquid dulce sed omnia ei
videntur amara...

Similiter, impossibile est quod intellectus intelligat per organum corporeum, quia natura determinata illius organi prohiberet cognitionem omnium corporum... Ipsum igitur intellectuale
principium... habet operationem per se, cui non communicat
corpus. » (1a, q. LXXV, a. 2. c.).

(2) 1a, q. LXXXIV, a. 1. c.

exemple, les notions générales de quantité, d'espace, de temps, etc., dont tout l'essentiel nous est fourni par la sensibilité pour être transformé ensuite par l'opération de la puissance abstractive.

Mais il en est d'autres qui sont immatériels par un privilège inhérent à leur nature, comme l'âme, Dieu, le devoir, etc.

Or, abstrait ou concret, uni à un corps ou forme pure et séparée, l'immatériel ne peut être saisi que par une faculté inorganique. Tout ce que perçoivent les sens est étendu et divisible, situé dans un point déterminé du temps et de l'espace, soumis à la mesure du poids ou du volume. Les conceptions de l'esprit ne présentent aucun de ces divers caractères : elles ne font point d'impression sur les sens; elles n'ont ni figure ni couleur, ni masse ni volume; elles ne se laissent resserrer ni par les bornes de l'horizon, ni par celles de la durée. *Abstrahunt ab hic et nunc*, a dit saint Thomas dans son énergique langage, *sunt ubique et semper* (1).

Et cependant, ces grandes notions offrent à notre

(1) « Illa quæ nullam gerunt similitudinem corporum, caritas, gaudium, longanimitas, pax... nulla locorum spatia tenent, nulla intercapedine separantur, aut aliqua oculi cordis quò radios suos mittant, intervalla conquirunt. Nonne omnia sunt in uno sine angustiâ, et suis terminis nota sunt sine circuitu regionum ? Aut dic in quo loco videas caritatem, quæ tamen in tantum tibi cognita est, in quantum eam potes mentis acie contueri; quam non ideo magnam nosti, quia ingentem aliquam molem conspiciendo lustrâsti, nec cùm tibi intus loquitur ut secundùm eam vivas, ullis perstrepit sonis, nec ut eam cernas, corporalium exigis lumina oculorum, nec cum tibi venerit in mentem, sentis ejus incessum. » (S. Augustin, *De videndo Deo*, ad Paul. c. xiii, n. 43.)

entendement un sens net et précis, qui permet de les distinguer sans peine de tout ce qui n'est pas elles.

Toutefois, il ne nous en coûte rien de l'avouer, l'immatériel n'est pas ce qui se présente tout d'abord à notre esprit, ni ce qui se laisse le mieux embrasser. Nous n'en avons qu'une connaissance indirecte, médiate et incomplète, et nous ne pouvons l'atteindre que dans ses rapports avec les choses matérielles et nous le représenter sans faire appel à quelque image sensible. *Ab inferioribus ad superiora, a visibilibus ad invisibilia,* telle est la condition de l'âme humaine substantiellement unie à un corps. Ou comme dit saint Thomas, en termes plus explicites : *Anima nostra, quamdiu in hac vita vivimus, habet esse in materia corporali; unde naturaliter non cognoscit aliqua, nisi quæ habent formam in materia, vel quæ per hujusmodi cognosci possunt* (1).

On voit maintenant ce qu'il faut penser de l'opinion sensualiste qui regarde l'idée comme une simple image, comme un simple signe. Une image est la représentation sensible d'une réalité concrète et matérielle, par exemple la représentation d'un paysage avec son encadrement, d'un monument avec sa forme et ses dimensions.

Évidemment, une image de ce genre ne saurait représenter un être immatériel, comme Dieu ou l'âme, non plus qu'une réalité abstraite et générale, comme l'animalité, l'humanité, l'être, la substance, la cause, etc.

____

(1) 1a, q. xii, a. 11, c.

L'idée est bien une image aussi, mais c'est une image intellectuelle, qui n'a rien de commun avec les dimensions et les lignes, qui représente le fond des choses, l'essence invisible et immuable.

Écoutons Bossuet : « La même différence qui se trouve entre ces deux actes (imaginer et entendre) se trouve aussi entre les images que nous avons dans la fantaisie et les idées intellectuelles... Comme celui qui imagine a, dans son âme, l'image de la chose qu'il imagine, ainsi celui qui entend a, dans son âme, l'idée de la vérité qu'il entend. C'est celle que nous appelons intellectuelle ; par exemple, sans imaginer aucun triangle particulier, j'entends, en général, le triangle comme une figure terminée de trois lignes droites. Le triangle ainsi entendu dans mon esprit est une idée intellectuelle (1). »

Une image très vive va rarement avec une idée parfaitement claire. Au contraire, une idée très nette, par exemple l'idée de rondeur, peut correspondre à une image assez vague, comme l'image indécise d'une chose ronde.

Bien plus, il y a des choses matérielles que nous concevons fort distinctement, et que l'imagination n'arrive pas à se représenter. Je conçois très bien un myriagone ou polygone de dix mille côtés, et je ne puis m'en faire aucune représentation sensible.

Après ces explications, la théorie de M. Taine paraît bien étrange. « Ce ne sont pas, à ce qu'il assure, les caractères abstraits des choses que nous pensons mais les noms communs qui leur correspondent..

______

(1) *Logique*, ch. ii.

Lorsque nous pensons, le mot est toute la substance de notre opération... Ce que nous avons en nous, lorsque nous pensons, ce sont des signes et rien que des signes (1) ».

Il est vrai que l'image et l'idée, le signe et la chose signifiée vont toujours ensemble quand nous pensons, quel que soit d'ailleurs l'objet de nos pensées. Mais l'image est chose accessoire et relative ; elle n'est nullement l'objet essentiel qui fixe l'attention de l'esprit. Sous l'image, l'esprit découvre la réalité, derrière le symbole, il aperçoit l'idée immatérielle et c'est l'idée seule qui le captive.

« Il n'y a rien de plus différent que ces deux choses, dirons-nous encore avec Bossuet, et leurs différences sont aisées à remarquer.

L'idée est ce qui représente à l'entendement la vérité de l'objet entendu.

Le terme est la parole qui signifie cette idée.

L'idée représente immédiatement les objets.

Les termes ne signifient que médiatement et en tant qu'ils rappellent les idées.

L'idée précède le terme qui est inventé pour la signifier. Nous parlons pour exprimer nos pensées...

L'idée est naturelle et est la même dans tous les hommes. Les termes sont artificiels, c'est-à-dire inventés par art, et chaque langue a les siens ».

L'école cartésienne a méconnu l'importance du signe et de l'image sensible dans la formation de nos idées.

L'école positiviste est tombée dans une méprise encore plus grave, pour n'avoir pas su distinguer le

_____

(1) *De l'intelligence*, ch. III.

signe de la chose signifiée, le mot de l'idée, l'idée de la réalité objective qu'elle représente.

La philosophie traditionnelle s'est tenue en garde contre ce double écueil. Avec saint Thomas, elle enseigne que la pensée humaine, durant la vie présente, ne peut jamais aller sans une image sensible : « *Impossibile est intellectum nostrum, secundum præsentis vitæ statum quo passibili corpori conjungitur, aliquid intelligere in actu, nisi convertendo se ad phantasmata.* » (1)

Mais elle n'a garde de confondre l'image sensible produite par les sens ou l'imagination et qui tend uniquement à représenter une réalité concrète et matérielle avec l'idée ou image intellectuelle produite par l'esprit et dont l'objet est de représenter la vérité, le fond intime et la nature des choses.

Elle distingue avec un soin égal l'idée elle-même de l'objet qu'elle représente ; c'est l'objet qui est directement perçu par l'intelligence, l'idée n'est que le verbe mental au moyen duquel l'intelligence fait pour son usage personnel la traduction de l'objet, et ce verbe mental, nous ne le connaissons qu'indirectement en revenant par la réflexion sur l'acte intellectuel. « Similitudo rei visibilis est secundum quam visus videt ; et similitudo rei intellectæ, quæ est species intelligibilis, est forma secundùm quam intellectus intelligit. Sed quia intellectus supra seipsum reflectitur, secundum eamdem reflexionem intelligit et suum intelligere, et speciem qua intelligit. Et sic species intellecta secundariò est id quod intelligitur ; sed id

____

(1) 1a, q. 84, a. 7, c.

quod intelligitur primò, est res, cujus species intelligibilis est similitudo » (1).

III

Le troisième caractère de la connaissance rationnelle, c'est qu'elle a toujours pour objet quelque chose de nécessaire et d'absolu. Par là, elle se place une fois encore à une distance infinie de la connaissance sensible, directement tournée vers les phénomènes et les propriétés physiques, choses changeantes et éphémères. La science au contraire ne s'occupe point de ce qui passe, mais de ce qui demeure toujours. *Scientia non est de corruptibilibus, sed de sempiternis.*

Non qu'elle ne puisse tourner ses regards vers des êtres contingents et périssables : la physique, la chimie, la physiologie et les autres sciences de la nature se rapportent à des objets de ce genre.

Mais comme l'a remarqué saint Thomas avec sa pénétration ordinaire, le mouvement lui-même s'appuie toujours sur quelque chose d'immobile, le contingent repose sur le nécessaire et les êtres soumis au changement obéissent à des lois constantes et universelles (2).

Les choses contingentes peuvent donc être envisa-

______

(1) 1ª, q. LXXXV, a. 2. c.

(2) « Omnis motus supponit aliquid immobile. Cùm enim transmutatio fit secundùm qualitatem, remanet substantia immobilis; et cum transmutatur forma substantialis, remanet materia immobilis. Rerum etiam mobilium sunt immobiles habitudines. » (1a, q. LXXXIV, a. 1, ad 3).

gées à deux points de vue bien distincts : en tant que contingentes et mobiles, et en tant que présentant certains éléments nécessaires, certains rapports invariables. Par exemple, il est indifférent que Socrate se mette en mouvement ou demeure en repos ; mais s'il se décide à marcher, il y aura un rapport nécessaire entre le mouvement initial et les mouvements qui le suivront, entre la rapidité de la marche et l'espace à parcourir, entre l'agilité des membres et la vitesse, etc.

Envisagées au premier de vue, les choses contingentes forment l'objet propre et direct de la connaissance sensible. Mais considérées sous leurs aspects généraux et nécessaires, elles relèvent directement de la raison. En ce sens, il est exact de dire que toute science est nécessaire par son objet, celui-ci fût-il compris dans le domaine des choses physiques : *Si attendantur rationes universales sensibilium, omnes scientiæ sunt de necessariis*, car il est permis de soumettre les êtres changeants à des règles immuables : *Et propter hoc nihil prohibet de rebus mobilibus immobilem scientiam habere* (1).

Les nécessités dont on vient de parler sont des né-

(1) 1a, q. LXXXIV, a. 1, ad 3.

« Contingentia dupliciter possunt considerari : uno modo, secundum quod contingentia sunt; alio modo, secundùm quo din eis aliquid necessitatis invenitur. Nihil enim est adeo contingens, quin in se aliquid necessarium habeat; sicut hoc ipsum quod est Socratem currere, in se quidem contingens est, sed habitudo cursûs ad motum est necessaria ; necessarium est enim Socratem currere, si currit... Sic igitur contingentia, prout sunt contingentia, cognoscuntur quidem directe a sensu, indirecte autem ab intellectu ; rationes autem universales et necessariæ contingentium cognoscuntur per intellectum. » (1a, q. LXXXVI, a. 3, c.)

cessités conditionnelles, parce qu'elles supposent, au point de départ, la réalisation d'une hypothèse qui aurait pu tout aussi bien ne pas se réaliser.

Mais l'esprit humain s'élève plus haut et arrive à découvrir des nécessités absolues. Les premiers principes nous en offrent un des plus frappants exemples. Universels, évidents par eux-mêmes, on les comprend dès qu'on les entend énoncer. Ils brillent à tous les yeux et s'imposent à tous les esprits. *Invenitur aliquando verum, in quo nulla falsitatis apparentia admisceri potest, ut patet in dignitatibus (axiomatibus); unde intellectus non potest subterfugere quin illis assentiat* (1).

La même chose ne peut pas être et n'être pas en même temps, tout ce qui est a une raison d'être, tout ce qui commence a une cause, le tout est plus grand que les parties, rien ne vient de rien, le plus ne saurait sortir du moins, etc. Voilà autant de principes si simples et si saisissants que personne ne songe sérieusement à les révoquer en doute. Dans ces cas et dans tous les cas semblables, l'attribut est contenu dans l'idée même du sujet, et le sujet présente une idée claire pour tout homme de bon sens, fût-il absolument étranger aux diverses branches du savoir humain (2).

---

(1) In lib. *II sent.* dist. 25, q. 1, a. 2, c.

(2) « Quælibet propositio, cujus prædicatum est in ratione subjecti est immediata et per se nota, quantum est de se. Sed quarumdam propositionum termini sunt tales quod sunt in notitiâ omnium, sicut ens, et unum, et alia.., Unde oportet quod tales propositiones non solùm in se, sed etiam quoad nos, quasi per se notæ habeantur; sicut quod non contingit idem esse et non esse,

Au-dessous des premiers principes, qui forment le patrimoine de la reine des sciences, nous voulons dire la métaphysique (1), se placent, en grand nombre, les principes *dérivés*, qui se démontrent à l'aide des axiomes, et qui, à leur tour, permettent d'étendre singulièrement le champ des connaissances humaines, par une suite de déductions bien conduites et bien enchaînées. C'est ainsi que se forment les sciences qui s'appuient sur le syllogisme, comme la philosophie, les mathématiques, la partie générale de la morale et du droit.

On sait aussi que, de nos jours, la physique et les autres sciences de la nature, ont été, en bien des points, ramenées à des principes supérieurs, empruntés aux mathématiques.

Ainsi, bien qu'il parte du mouvement et de la contingence, l'esprit humain s'élève progressivement et sûrement dans les hautes régions de l'immuable et de l'absolu.

Dira-t-on avec les positivistes que les vérités nécessaires ne sont pas autre chose que des notions empiriques, portées à un plus haut degré d'abstraction ? Cette hypothèse ne repose sur rien, n'explique rien. L'expérience généralisée donne les lois de la nature ; les lois de la nature nous apprennent comment se comportent les agents physiques dans des circonstances déterminées ; elles nous disent ce qui *est*, mais non pas ce qui *doit* être, ou ce qui *pourrait*

et quod totum sit majus suâ parte, et similia. » (*In Poster. analyt.*, l. I, lect. 1a).

(1) « Hujusmodi principia omnes scientiæ accipiunt a metaphysica. » (*Ibid.*, lect. 4a).

être. Les corps sont posants, le pain renferme des principes nutritifs, la digitale possède des propriétés vénéneuses, l'eau élevée à une certaine température entre en ébullition, pour se transformer en glace, si on la fait descendre au-dessous de zéro degré ; voilà des lois de la nature, ou, si l'on aime mieux, des notions empiriques généralisées.

Mais entre ces notions empiriques et les vérités nécessaires il existe une ligne de démarcation nettement tranchée. L'eau entre en ébullition ou se transforme en glace suivant qu'on l'élève ou qu'on l'abaisse à une température déterminée, des expériences innombrables en fournissent la preuve, mais ces expériences ne disent pas que le phénomène produit soit nécessaire, et que le phénomène contraire soit impossible ou absurde : elles constatent ce qui se passe, rien de plus.

Aussi, quand je veux me renseigner sur les lois de la nature, je n'interroge pas la raison, je n'analyse pas des idées comme le métaphysicien ou le mathématicien, je consulte l'expérience, je groupe des faits et je traduis en quelques formules générales le résultat de mes observations.

Au contraire, quand j'énonce une vérité nécessaire ou que je mets en tête de mes raisonnements quelques-uns de ces grands principes qui soutiennent le monde des sciences : une chose ne peut pas être et n'être pas en même temps, ce qui arrive est produit, ce qui est produit a une cause, le plus ne découle pas du moins, etc., j'exprime un jugement *inconditionnel* et si *absolu*, que l'hypothèse contraire me paraît parfaitement absurde et inintelligible.

Pour découvrir le bien fondé de ces jugements, je ne songe pas à interroger l'expérience, je n'ai nul besoin de lui demander la confirmation de la théorie et je ne crains pas qu'elle ne lui inflige jamais le plus léger démenti.

C'est que la raison pénètre jusqu'à la nature des choses et c'est là, dans une vue intime, qu'elle découvre non pas seulement ce qui *est*, mais ce qui *doit* être, ce qui *peut* être et ce qui constitue une impossibilité absolue. Les sens, au contraire, s'arrêtent à la surface et ne saisissent que les qualités extérieures, chose contingente, relative et mobile.

Voilà, d'après saint Thomas, ce qui établit une différence radicale entre la connaissance sensible et la connaissance intellectuelle. « *Nomen intellectus quamdam intimam cognitionem importat; dicitur enim intelligere, quasi intus legere. Et hoc manifeste patet considerantibus differentiam intellectûs et sensûs; nam cognitio sensitiva occupatur circa qualitates exteriores sensibiles; cognitio autem intellectiva penetrat usque ad essentiam rei. Objectum enim intellectûs est quod quid est* » (1).

Herbert Spencer et Stuart Mill prétendent qu'on peut expliquer l'idée de nécessité qui s'attache aux premiers principes par la double loi de l'*association* et de l'*hérédité*. L'association de certaines idées passée en habitude, surtout lorsqu'elle s'est prolongée à travers les siècles et fixée par l'hérédité, revêtirait, à nos yeux, le caractère d'une nécessité absolue.

Ce n'est pas le lieu de discuter ici l'influence de

____

(1) 2a 2æ, q. vIII, a. 1, c.; cf. 1a 2æ, q. xxxI, a. 5, c.

l'association, de l'habitude et de l'hérédité. Cette influence est incontestable et considérable, nous le reconnaissons très volontiers. Mais l'expérience prouve qu'elle a des bornes, et la raison démontre qu'on ne saurait tirer le plus du moins, celui-là n'étant point contenu dans celui-ci.

Quel est le rôle de l'association? Unir certaines images ou certaines idées de telle façon que les unes évoquent naturellement les autres. Or, on sait que la théorie associationniste n'admet dans l'homme que des sensations et des combinaisons de sensations. Mais de quelque manière qu'elles se combinent et s'associent, dussent-elles revêtir une forme générale et abstraite — ce qui d'ailleurs est parfaitement impossible — les sensations et les images sensibles demeurent ce qu'elles sont en elles-mêmes, c'est-à-dire des éléments contingents, comme les faits qu'elles représentent.

D'un autre côté, l'habitude et l'hérédité peuvent bien assurer la constance de l'association, mais non pas en changer la nature, ni lui ajouter de nouveaux éléments. Quand bien même, par suite d'habitudes accumulées et transmises, certaines images, certaines pensées se présenteraient toujours à nous sous une même forme, il ne s'ensuivrait nullement que cette forme revêtirait à nos yeux le caractère d'une nécessité métaphysique.

La conscience nous atteste qu'il se forme en nous des associations habituelles d'idées qui n'ont aucune analogie avec les vérités nécessaires. Lorsque je dis: tout corps est pesant, tout corps est impénétrable; la plante se nourrit, l'animal comme la plante se reproduit par la génération, j'exprime une association aussi habituelle que lorsque je dis : l'animal est doué de sensibilité, l'homme est un animal raisonnable, ce qui commence a une cause, 2 et 2 font 4. Et pourtant les jugements du premier ordre n'ont à mes yeux que la valeur d'une loi empirique, qui ne renferme aucun concept de nécessité, tandis que les autres m'apparaissent comme tellement absolus, que l'hypothèse contraire implique une impossibilité, une contradiction dans les termes.

On le voit, même renforcé par l'habitude et l'hérédité, l'associationnisme est un système purement empirique, incapable, à ce titre, de rendre compte d'une seule idée nécessaire.

§ 2. — *Diverses fonctions de l'intelligence.*

Jusqu'ici nous nous sommes bornés à étudier l'objet de la connaissance intellectuelle. Il nous a suffi pour établir que la raison est une faculté immatérielle, transcendante, absolument irréductible aux diverses formes de la sensibilité. Le mode d'agir de cette noble puissance est également caractéristique, également propre à nous révéler sa nature.

Parmi les diverses modalités de l'acte intellectuel, nous en retenons trois comme particulièrement dignes d'arrêter l'attention du psychologue : l'*abstraction*, la *réflexion* et le *raisonnement*.

11.

I

La puissance abstractive mérite d'occuper la première place, car elle est le point de départ de la connaissance rationnelle.

On se souvient que l'objet propre de l'intelligence est l'universel. Mais l'universel n'existe pas en acte dans la nature, il n'y est qu'à l'état de puissance. La nature ne nous présente de toute part que des individus, et l'individu, à son tour, n'est qu'une entité particulière, contingente et mobile. Comment, du particulier dégager l'universel, des phénomènes la substance, du réel l'idéal ?

C'est ici que la raison tranche avec la sensibilité d'une façon éclatante et se révèle dans la transcendance de sa nature. Les propriétés sensibles existent en acte dans le monde des corps, elles préexistent aux sens qui doivent les percevoir ; ceux-ci n'ont qu'à constater et à enregistrer.

Devant moi s'étend une verte prairie, dans la prairie coule un ruisseau, sur les bords du ruisseau s'élèvent des peupliers, sur les peupliers chantent des oiseaux ; tout cela est en acte ; il n'y a qu'à voir, à écouter et à jouir ; un sens actif serait donc inutile : « *Sensibilia inveniuntur in actu extra animam ; et ideo non oportuit ponere sensum agentem* » (1).

Pendant qu'il en coûte si peu aux sens pour trouver leur objet, la raison doit travailler et peiner pour découvrir le sien, car avant de le saisir et d'en jouir, elle doit le dégager et le faire. L'idée générale de

____

(1) 1a, q. LXXIX, a. 3, ad 1.

prairie, de ruisseau, d'arbre et d'oiseau, et les idées
plus élevées et par la même moins accessibles de vérité et de beauté, de cause et d'effet, d'accident et de
substance, voilà l'objet propre de la raison, objet dont
la nature n'offre que des ébauches grossières sur lesquelles il faut travailler, pour dégager les bons éléments, éliminer les autres et faire resplendir l'idéal
caché sous la rude écorce de la matière. Il est donc
bien nécessaire de recourir à une puissance active qui
fasse passer à l'acte l'intelligible qui n'est qu'en puissance dans les données sensibles (1).

Que les choses se passent ainsi dans la réalité, c'est
ce que chacun peut constater au-dedans de lui-même,
s'il veut bien faire appel au témoignage de sa conscience. Nous avons conscience, dit expressément saint
Thomas, de tirer l'universel du particulier, en faisant
subir à celui-ci l'élaboration de la puissance abstractive « *et hoc experimento cognoscimus, dum perci-*
pimus nos abstrahere formas universales a condi-
tionibus particularibus, quod est facere actu intelli-
gibilia » (2).

Et nous avons conscience de l'effort que nous demande le travail abstractif, tandis que la sensibilité
s'exerce en nous spontanément, sans aucune peine,
par le simple jeu des puissances, mises en présence

(1) « Necessitas ponendi intellectum agentem fuit quia naturæ
rerum materialium, quas nos intelligimus, non subsistunt extra
animam immateriales et intelligibiles in actu, sed soluum
intelligibiles in potentiâ, extra animam existentes. Et ideo, oportuit esse aliquam virtutem, quæ faceret illas naturas intelligibiles
in actu : et hæc virtus dicitur intellectus agens in nobis. »
(*Qq. dispp., de Anima,* a. 4, ad. 8.)

(2) 1a, q. LXXIX, a. 4, c.

de leur objet. Plus nous nous dégageons de la matière, plus l'abstraction s'élève et se généralise, plus le travail de la pensée devient laborieux et fatigant.

Mais d'un autre côté, n'est-ce pas un grand honneur à l'homme d'être la cause de son savoir et l'artiste de ses idées ! *Intellectus agens... se habet... ut faciens objecta in actu* (1).

Et n'est-ce pas la preuve éclatante que la puissance qui est capable de telles œuvres ne saurait être qu'une puissance immatérielle, puisqu'elle transforme la matière, au point d'en tirer l'idéal ? Il faut le dire avec l'Angélique Docteur, l'agent est plus noble que le patient, et l'ouvrier vaut mieux que son œuvre. Si donc l'intelligence humaine peut, avec de la matière, faire des œuvres immatérielles et impérissables, on ne peut lui refuser des propriétés du même ordre. « *Faciens est honorabilius facto. Sed intellectus agens facit actu intelligibilia, ut ex præmissis patet. Quum igitur intelligibilia in actu, in quantum hujusmodi, sint incorruptibilia, multò fortiûs intellectus agens erit incorruptibilis. Ergo et anima humana, cujus lumen est intellectus agens* (2). »

Il convient d'expliquer maintenant le *processus* de l'abstraction intellectuelle.

La sensibilité nous offre à cet égard des indications bien imparfaites sans doute, mais cependant bien propres à jeter quelque lumière sur notre sujet.

La vue perçoit la couleur d'un fruit sans en percevoir la saveur, l'odorat perçoit la saveur du même fruit et non sa couleur, et pourtant la couleur et la

(1) *Ibid.*, ad 3.

(2) 1. *Cont. Gent.*, l. II, c. LXXIX.

saveur se trouvent dans le même objet. Mais la vue, en vertu même de sa conformation, ne peut que recevoir l'image de la couleur, et il en est ainsi de l'odorat par rapport à la saveur (1).

L'imagination s'élève plus haut que les sens extérieurs et se dégage davantage de la matière, car elle n'atteint plus l'être dans son entité réelle et physique, mais seulement dans son image.

Toutefois, l'imagination s'arrête aux dimensions et à la forme extérieure des choses ; ce n'est point encore l'abstraction parfaite que nous cherchons. Nous la trouverons enfin dans l'intelligence qui seule écarte toutes les notes individuantes, aussi bien la figure que les propriétés matérielles, et ne retient que l'*idée pure*, avec les caractères généraux qui appartiennent à l'espèce. « *Concreta est species*, dit saint Bonaventure, *prout apprehenditur a sensu exteriori, licèt sit ibi aliqua abstractio; simpliciter abstracta, prout apprehenditur ab intellectu ; medio modo, prout apprehenditur ab imaginativâ* » (2).

Or, il est aussi aisé à l'intelligence, immatérielle par nature et faite pour l'universel, de s'arrêter uniquement à l'essence des choses, à l'exclusion de toutes les propriétés individuelles, qu'il est naturel à la vue de percevoir la couleur d'un fruit, à l'exclu-

---

(1) « Hoc possumus videre per simile in sensu. Visus enim videt colorem poml sine ejus odore. Si ergo quæratur ubi sit color qui videtur sine odore, manifestum est quòd color qui videtur, non est nisi in pomo. Sed quòd sit sine odore perceptus, hoc accidit et ex parte visûs, in quantum in visu est similitudo coloris et non odoris. » (1a, q. LXXXV, a. 2, ad 2.)

(2) *In lib. II Sent.*, dist. 23, dub. 4.

sion de sa saveur et de ses autres qualités (1).

Le P. Liberatore propose une comparaison qui rend assez bien compte de la nature de l'action abstractive, et qui montre comment celle-ci transmet à l'intellect passif l'essence actualisée et isolée de toutes les notes individuantes : « Prenons une lame de verre et supposons qu'elle ne laisse passer qu'un seul rayon d'un faisceau lumineux, le rayon vert, par exemple, en arrêtant tous les autres. Dès lors, cette lame possédera un double pouvoir : le pouvoir de résoudre le faisceau lumineux en ses éléments, et de séparer pour ainsi dire le rayon vert de la compagnie des autres ; et, de plus, le pouvoir de transmettre ce rayon vert ainsi rendu libre et isolé. Nous avons là l'image de l'intellect actif et de l'intellect passif. Le premier prépare, en quelque sorte, le passage de l'essence, en l'isolant des caractères individuels qui la retenaient enchaînée dans l'existence concrète ; et, en vertu de la transmission de l'intellect actif, l'intellect passif reçoit cette essence ainsi purifiée et abstraite : *Actus intellectûs possibilis est recipere intelligibilia, actio intellectûs agentis est abstrahere intelligibilia* (2).

L'exemple du faisceau lumineux rappelle naturelle-

____

(1) « Similiter, humanitas quæ intelligitur non est nisi in hoc vel illo homine; sed quòd humanitas apprehendatur sine individualibus conditionibus, ad quod sequitur intentio universalitatis, accidit humanitati, secundùm quod percipitur ab intellectu, in quo est similitudo naturæ speciei, et non individualium principiorum. » (1a, q. LXXXV, a. 2, ad 2.)

(2) *Traité de la connaiss. intellectuelle*, ch. v, art. 3; *Qq. dispp. Quæst. De Animâ*, a. 4, ad 7.

ment le rôle illuminatif attribué à l'intellect actif par Aristote et saint Thomas.

« Le nom de lumière a été primitivement employé pour désigner ce qui rend les objets visibles au sens de la vue ; par extension, on l'a plus tard employé pour désigner tout ce qui concourt directement à mettre un objet en évidence, quelle que soit d'ailleurs la faculté cognitive appelée à entrer en exercice (1). A ce point de vue général, rien ne peut se manifester sans recevoir quelques rayons de lumière (2).

Or, s'il y a une lumière matérielle, il y a aussi une lumière spirituelle. La première éclaire les objets qui tombent sous les sens, la seconde éclaire ceux qui doivent se manifester aux yeux de l'âme.

Mais, sous ce rapport, l'intelligence est bien mieux partagée que les sens. Ceux-ci n'éclairent pas réellement leur objet ; ils sont passifs à son égard, puisque c'est lui qui les excite et les fait passer de la puissance à l'acte.

L'intellect actif a un rôle plus noble. En vertu de son énergie native, il agit sur son objet, et dégage l'essence des notes individuantes qui l'enveloppent, comme le soleil dissipe les ombres de la nuit qui cachaient le visage de la nature. Et comme la nature tout entière se découvre et s'anime sous l'action du soleil, ainsi, sous l'influence de l'intellect actif, la vé-

(1) « Nomen lucis primò est institutum ad significandum id quod manifestationem facit in sensu visûs; postmodum autem extensum est ad significandum omne illud quod facit manifes. tationem, secundùm quamcumque cognitionem. » (Ia, q. LXVII, a. 1. c.)

(2) « Omne quod manifestatur, sub lumine quodam manifes. tatur. » (*Qq. dispp. de Prophetiâ*, a. 1).

rité se découvre environnée de la lumière immatérielle qui lui permet d'agir sur l'intellect passif.
« *Lux in quâ contemplamur veritatem est intellectus
agens* (1) » — « *Intellectûs agentis est illuminare intelligibilia in potentiâ, in quantum per abstractionem
facit ea intelligibilia in actu* (2).

Sans doute, la puissance illuminative qui est en
nous n'a qu'une vertu d'emprunt, puisqu'elle a été
allumée au flambeau de l'intelligence divine, mais
elle nous appartient en propre et elle découle de
l'essence même de notre âme, aussi bien que les
autres puissances. « *Cùm essentia animæ sit immate-
rialis, a supremo intellectu creata, nihil prohibet
virtutem quæ a supremo intellectu participatur, per
quam abstrahit a materiâ, ab essentiâ ipsius procedere, sicut et alias ejus potentias* » (3).

On comprend maintenant ce que la raison emprunte à la nature et ce qu'elle met de son fond dans
la formation des idées générales. « La nature, dit
Bossuet, ne nous donne que des êtres particuliers,
mais elle nous les donne semblables. L'esprit venant
là-dessus et les trouvant tellement semblables qu'il
ne les distingue plus dans la raison dans laquelle ils
sont semblables, ne se fait de tous qu'un seul objet et
n'en a qu'une seule idée ; ce qui a fait dire au commun
de l'École qu'il n'y a point d'universel dans les choses
mêmes, et encore, que la nature donne bien, indépendamment de l'esprit, quelque fondement à l'universel,
en tant qu'elle fournit des choses semblables, mais

(1) *Qq. dispp. de Spiritualib. creaturis*, a. 10.
(2) 1a, q. LIV, a. 4, ad 2.
(3) 1a, q. LXXIX, a. 4, ad 5.

qu'elle ne donne pas l'universalité aux choses mêmes, puisqu'elle les fait toutes individuelles ; et enfin, que l'universel se commence par la nature et s'achève par l'esprit : *Universale inchoatur a naturâ, perficitur ab intellectu* (1).

II

L'intelligence n'a pas seulement le privilège d'abstraire et de généraliser, elle a encore celui de se connaître elle-même et de discuter ses propres actes, à la double lumière de la conscience et de la loi morale. Et cette seconde prérogative fournit un nouvel argument en faveur de son immatérialité.

Se porter vers le monde extérieur, envisagé d'une façon abstraite, voilà le premier pas de la raison humaine, dont l'objet propre est l'essence des choses sensibles. Cette démarche est toute spontanée, car la spontanéité est le premier mouvement de la nature, la réflexion ne vient qu'ensuite et suppose un certain art.

Mais après s'être portée au dehors, l'intelligence rentre peu à peu en elle-même ; de son objet elle se replie sur son acte, de son acte sur ses puissances, de ses puissances sur sa nature. « *Primò actus ab ipsâ exiens terminatur ad objectum ; et deinde reflectitur super actum suum, et deinde super potentiam, et essentiam* » (2).

Dans le mouvement de la pensée vers l'objet exté-

<hr>

(1) *Logique*, l. I, ch. xxx, 31.

(2) *Qq. dispp. de Verit.*, q. 11, a. 2, ad. 2; et 1a, q. lxxxvii, a. 3, c.

rieur, l'âme sort pour ainsi dire d'elle-même, suivant le mot de saint Thomas : *In hoc enim quòd cognoscunt aliquid extra se positum* (entia superiora) *quodammodo extra se procedunt.*

Mais quand elle se prend à considérer son acte, elle commence à rentrer en elle-même, car l'acte tient le milieu entre l'objet et le sujet : *secundùm verò quòd cognoscunt se cognoscere, jam ad se redire incipiunt, quia actus cognitionis est medius inter cognoscentem et cognitum.* — Enfin, le mouvement de retour s'achève par la connaissance que l'âme prend d'elle-même et de sa nature : *reditus completur, secundùm quòd et cognoscunt essentias proprias.* Quiconque connaît son essence rentre jusqu'au fond de lui-même et se pénètre lui-même en tout sens : *Omnis sciens essentiam suam est rediens ad essentiam reditione completâ* (1).

Dans cette voie régressive, ce que la conscience saisit en premier lieu, ce sont les opérations intellectuelles qui appartiennent à la même faculté que la conscience elle-même.

Ce qu'elle atteint ensuite, ce sont les actes de la volonté, immatériels et par suite intelligibles comme ceux de l'esprit.

Au reste, saint Thomas l'a remarqué dans une analyse qui fait le plus grand honneur à la pénétration du psychologue, l'intelligence et la volonté vont toujours ensemble et se pénètrent mutuellement comme elles pénètrent l'être humain tout entier : *Potentiis animæ superioribus, ex hoc quòd immate-*

___

(1) *Qq. disp. de Verit.,* q. 1, a. 9, c. et q. x, a. 9, c.

*riales sunt, competit quòd reflectantur super seipsas ;
unde tam voluntas quàm intellectus reflectuntur
super se, et unum super alterum, et super essentiam
animæ, et super omnes ejus vires* (1).

Aussi l'intelligence se connaît elle-même, et elle
connaît la volonté, et l'essence, et toutes les puissances de l'âme. *Intellectus enim intelligit se, et
voluntatem, et essentiam animæ, et omnes animæ
vires.* A son tour, la volonté veut son acte, et elle
veut l'acte de l'intelligence, comme elle veut l'essence
de l'âme et toutes ses puissances. *Et similiter voluntas vult se velle, et intellectum intelligere, et vult
essentiam animæ, et sic de aliis* (2).

Manifestement, il ne peut appartenir qu'aux substances les plus parfaites, c'est-à-dire aux substances
intellectuelles de se replier ainsi sur elles-mêmes par
une réflexion si intime qu'elle ne fait plus qu'une
seule et même chose du connu et du connaissant.
« *Illa quæ sunt perfectissima in entibus, ut substan-
tiæ intellectuales, redeunt ad essentiam suam reditione completâ* » (3).

Les facultés organiques sont incapables d'un retour
qui va jusqu'à la compénétration ; en effet, tout organe
se compose de plusieurs parties réellement distinctes
et naturellement impénétrables. Or ces diverses parties ne pourraient se replier sur elles-mêmes, conformément aux lois de la réflexion psychologique, qu'en
rentrant les unes dans les autres, et en se confondant
jusqu'à s'identifier.

(1) *Qq. dispp. de Verit.*, q. xxii, a. 12, c. et q. x, a. 9, ad 3.
(2) *Qq. dispp. de Verit.*, *Ibid.* et ad 3.
(3) *Qq. dispp de Verit.*, q. i, a. 9, c.

Tout acte de réflexion proprement dite accuse donc une puissance immatérielle.

« Il n'est donné qu'à l'intelligence de s'étudier elle-même, a dit Balmès ; la pierre tombe et n'a point conscience de sa chute ; la foudre calcine et pulvérise, elle ignore son redoutable pouvoir ; la fleur ne sait rien de sa grâce et de sa beauté ; l'animal suit ses instincts et ne les interroge pas ; seul, l'homme, organisation fragile, bientôt rendue à la poussière, porte en lui un esprit qui, non content d'embrasser le monde, s'inquiète de se comprendre, se replie au-dedans de lui-même, comme dans un sanctuaire dont il est à la fois le prêtre et l'oracle (1). »

Si la conscience psychologique est admirable, la conscience *morale* est bien plus merveilleuse encore. Ici, l'âme ne se considère pas à un point de vue spéculatif, pour le simple plaisir de connaître sa manière d'être et d'agir, mais pour soumettre ses actes à un juge et voir si elle est digne d'éloge ou de blâme. Pour savoir si elle a bien ou mal agi, elle ne se demande pas si elle a éprouvé du plaisir ou de la peine, si elle a fait des gains ou des pertes, mais si elle a agi conformément ou contrairement au devoir et à l'honneur, car elle distingue très nettement l'utile ou le délectable de l'honnête ; et l'honnête seul est désirable pour lui-même, et beau d'une immatérielle beauté ; le délectable et l'utile n'ont de valeur que par les plaisirs ou les avantages qu'ils procurent. « *Honestum dicitur, secundùm quòd aliquid habet quamdam excellentiam dignam honore, propter spiritualem pulchri-*

_____

(1) *Philos. fondamentale*, t. I, l. I, ch. I.

ludinem; delectabile autem, in quantum quietat appe-
titum; utile autem, in quantum refertur ad aliud.
— Honestum dicitur quod per se desideratur » (1).

Voilà donc une puissance qui dédaigne l'utile et qui juge les passions ; une puissance qui s'attache au bien en soi, indépendamment de toute considération subjective et relative, qui découvre et proclame une morale universelle, éternelle et absolue. Une telle puissance ne saurait être ramenée à la sensibilité, puisque ce qui caractérise la sensibilité, sous quelque forme qu'elle se présente, c'est l'attrait exclusif et invincible pour le délectable et l'utile.

Wallace, écrivain bien connu pour ses opinions transformistes et pour l'indépendance de ses juge-ments, n'a pu s'empêcher de convenir que toute explication évolutionniste et utilitaire du *sens moral* implique des faits contradictoires. Cet aveu est trop important et d'ailleurs trop fortement motivé pour que nous résistions au plaisir de reproduire les pro-pres paroles de l'auteur.

1° Les actions bonnes revêtent à nos yeux le carac-tère de la sainteté. Or « quoique la pratique de la bienveillance, de l'honnêteté ou de la vérité puisse avoir été utile à la tribu possédant ces vertus, cela n'explique pas du tout la sainteté particulière attri-buée aux actions que chaque tribu envisage comme bonnes et morales, en opposition avec les sentiments tout *différents* avec lesquels on regarde ce qui est purement utile (2). »

2° « Chez l'animal, les instincts, précisément parce

(1) 2a, 2æ. q. cxlv, a. 3, c. et 1a, q. v, a. 6, c.
(2) Wallace, *Contributions*, p. 332.

qu'ils ne sont que des instincts, *commandent impé-
rieusement* et assurent parfaitement l'avantage (ou
l'utilité) de la communauté ; témoin les castors, les
abeilles et les fourmis.

La transformation des instincts sociaux (c'est le
fond de la théorie évolutionniste) en cette loi morale
qui s'*offre* au *libre choix* de la volonté humaine, est
donc *inutile* pour assurer la survivance des commu-
nautés animales les plus aptes dans la concurrence
vitale. Par conséquent, la sélection naturelle n'aurait
pu créer que des instincts utiles de plus en plus impé-
rieux, des habitudes sociales de plus en plus accentuées.

A plus forte raison, en se maintenant toujours sur
le terrain de la sélection naturelle, on ne comprend
pas comment la transformation des instincts de l'animal aurait pu produire l'amour ardent du bien pour
lui-même, l'horreur du mal, des maximes telles que
celle-ci : *Fiat justitia, ruat cœlum.* La sélection naturelle, en effet, *ne peut produire que ce qui est strictement nécessaire* pour assurer la victoire dans le combat de la vie. Pour cela, il suffit de l'accomplissement des actes utiles à la communauté ou *matérielle-
ment bons*, ne fût-ce que sous la seule impulsion de
l'instinct. Un extrême amour du bien *pour lui-même*,
une vive horreur du mal *parce qu'il est le mal*, ne
sont pas nécessaires à cette fin. Ce sont là des *sentiments de luxe*, au point de vue de la morale darwi-
nienne ; dans la théorie de la sélection, *ils seraient
des effets sans cause.*

3º « Non seulement le changement d'instincts *fatalement obéis* en une loi morale proposée au libre

choix de la volonté humaine est une opération impossible à la sélection naturelle, parce que cette transformation est *inutile*, mais nous dirons même qu'une
modification dans ce sens est *contradictoire* avec le
rôle de la dite sélection. Celle-ci, en effet, d'après la
théorie, tend seulement à assurer la survivance du
plus apte, quelle que soit d'ailleurs la nature des
procédés employés. Or, du moment où l'on n'a en vue
que le résultat matériel, des instincts sociaux toujours
obéis conduisent plus sûrement au but qu'une loi morale parfois transgressée (1). »

*
* *

La dernière prérogative de l'intelligence humaine,
c'est la faculté du *raisonnement*. S'il faut en croire
Joseph de Maistre, « on ne l'aura jamais assez répété,
le syllogisme est l'homme » (2).

Sous une forme hyperbolique, la parole du célèbre
écrivain cache une vérité profonde et fait penser à la
vieille définition : L'homme est un animal raisonnable.

C'est parce qu'il est un esprit, que l'homme peut
s'élever à la connaissance de la vérité ; et c'est parce
qu'il est substantiellement uni à un corps et le dernier dans l'échelle des substances intellectuelles qu'il
doit raisonner pour s'élever jusque là. Son savoir repose
essentiellement sur la démonstration. « *Homo consequitur certum judicium de veritate per discursum*

(1) *Ibid.*
(2) *Examen de la philosophie de Bacon*, t. I, ch. I.

rationis, et ideo scientia humana ex ratione demons-
trativa acquiritur (1). »

L'ange, pur esprit, n'a point recours aux procédés syllogistiques, parce qu'il contemple la vérité dans la pleine lumière de l'évidence. Mais il appartient à une intelligence inférieure de s'avancer vers son but à pas lents et mesurés, de franchir successivement tous les points de l'espace et de pénétrer dans le domaine de l'inconnu à la lumière de principes connus. « *Ex imperfectione intellectualis naturæ provenit ratiocinativa cognitio, nam quod per aliud cognoscitur, minus notum est eo quod per se cognoscitur* (2). »

Le syllogisme part de l'évidence des premiers principes, comme le mouvement part d'un point immobile et, comme lui, il se termine au repos, après avoir rattaché les conclusions à quelque principe évident et immuable (3).

Si l'homme a besoin de raisonner pour découvrir la vérité inconnue, l'animal en est incapable, car le lien des choses lui échappe. Il sait, par l'expérience, que certaines choses viennent à la suite de certaines autres choses ; il peut même le savoir antérieurement à toute expérience, grâce à ce sens appréciatif et inné qui le renseigne avec une éton-

_____

(1) 2a 2æ, q. ix, a. 1, ad 1.

(2) *Cont. gent.*, l. I, ch. lvii, n. 8.

(3) « Quia motus semper ab immobili procedit, et ad aliquid quietum terminatur, inde est quod ratiocinatio humana, secundùm viam inquisitionis, procedit a quibusdam simpliciter notisquæ sunt prima principia ; et rursus, in viâ judicii, resolvendo redit ad prima principia, ad quæ inventa examinat. » (1a, q. lxxix, a. 8, c).

nante précision sur tout ce qui est nécessaire à la conservation de l'individu ou de l'espèce. Voilà pourquoi certaines images déterminent chez lui certains mouvements qui semblent provenir de quelque raisonnement élaboré en secret. Mais tout se passe en lui d'une façon automatique et c'est l'imagination qui décide de tout. Il se porte vers le bien délectable comme la flamme monte au lieu de descendre, par la seule pente de sa nature. (1)

Il en va tout autrement dans le syllogisme : la conclusion ne *suit* pas seulement les prémisses, elle en *découle*, et c'est pour ce motif seulement qu'elle s'impose à l'esprit. Il y a, dit saint Thomas, deux sortes de mouvement discursif : le premier est caractérisé par la simple succession, comme lorsque nous passons d'une étude à une autre ; le second est déterminé par la perception d'un rapport de causalité entre une chose et une autre, comme il arrive quand la connaissance du principe nous conduit à la connaissance de la conclusion. Le raisonnement est un mouvement par lequel la pensée va de la cause à l'effet. « *Ratiocinatio est cursus causæ in causatum* (1). »

---

(1) « Brutum animal accipit unum præ alio, quia appetitus ejus est naturaliter determinatus ad ipsum ; unde statim quando per sensum vel imaginationem repræsentatur ei aliquid ad quod naturaliter inclinatur ejus appetitus, absque electione movetur ad ipsum, sicut etiam absque electione ignis movetur sursum, et non deorsum. » (1a 2æ , q. xiii, a. 2, ad 2.)

(2) *Qq. dispp.* q. *unica de Animâ*, a. 7, ad 8.

« In scientiâ nostrâ duplex est discursus : unus secundùm successionem tantum ; sicut cùm, postquam intelligimus aliquid in actu, convertimus nos ad intelligendum aliud. Alius discursus est secundùm *causalitatem* ; sicut cùm per principia pervenimus

Seule, une faculté spirituelle est capable d'exécuter un mouvement aussi complexe.

Voyons en effet ce qu'il suppose. Soit l'exemple suivant :

La vertu est aimable ; la prudence est une vertu ; la prudence est aimable.

La vertu est aimable, voilà une proposition générale, une proposition nécessaire, qui n'admet aucune exception. Si elle en admettait une seule, la conclusion ne serait pas rigoureuse, car elle pourrait se trouver dans l'exception.

La conclusion serait encore nécessaire, alors même que la majeure et la mineure exprimeraient des vérités contingentes, comme dans l'exemple suivant :

Les hommes sont mortels ; Socrate est un homme ; Socrate est mortel.

Considérées en elles-mêmes, les prémisses énoncent des vérités contingentes, et cependant on en tire une conclusion nécessaire, de nécessité hypothétique, car il est nécessaire que Socrate meure s'il est un homme et que tous les hommes soient mortels (1).

C'est que, suivant une belle pensée d'Aristote rappelée par saint Thomas, les principes soutiennent à l'égard de la conclusion des rapports de cause à effet, ils la contiennent et la produisent. « *Principia se ha-*

in cognitionem conclusionum. » (*Qq. dispp. de Verit.*, q. xv, a. 1, c.)

(1) « Licet ex præmissis contingentibus non sequatur conclusio necessaria necessitate absoluta, sequitur tamen secundùm quod est ibi necessitas consequentiæ, secundum quod conclusio sequitur ex præmissis. » (*In 1 Paster analyt.*, lect. 4a.)

bent ad conclusiones sicut causæ activæ, in naturalibus, ad suos effectus (1). »

Mais ils ne la produisent que dans l'esprit qui les comprend, qui saisit le lien des choses et qui sait ramener la variété à l'unité.

Le raisonnement suppose donc la connaissance de l'universel, la connaissance de l'absolu, la connaissance du principe de raison suffisante et de causalité.

Par là même, il suppose une puissance très complexe et très parfaite. Sous ce rapport, les psychologues admettent le critérium des naturalistes, car, à vrai dire, la psychologie n'est que l'histoire naturelle élevée jusqu'à l'homme. Les naturalistes mettent au bas de l'échelle les facultés les plus rudimentaires, et au sommet celles qui atteignent le plus haut degré de complexité.

A ce point de vue, la faculté de raisonner surpasse infiniment les facultés sensibles.

Si l'on veut s'en convaincre par les faits, il suffit de voir à l'œuvre l'animal et l'homme. L'animal est comme emmuré dans son expérience ; il tourne toujours dans ce cercle étroit, comme dans une cage ; il n'y a point de perspective dans son imagination. Aussi demeure-t-il asservi à la routine, incapable de profiter du passé et de changer quoi que ce soit à sa manière d'être et d'agir. « *Omnis aranea similiter*

______

(1) *In Poster analyt.*, lect. 3a.

α In omni scientiâ discursivâ, oportet aliquid esse causatum, nam principia sunt quodammodo causa efficiens conclusionis ; unde et demonstratio dicitur syllogismus faciens scire. » (*Cont. Gent.*, l. I, c. LVII, n. 4, et 1a, q. XIV, a. 7, c.)

facit telam, quod non esset si, ex seipsis per artem operantes, sua opera disponerent, et propter hoc non est in eis liberum arbitrium (1). »

L'homme, au contraire, comprend la signification de la nature et de l'expérience. Il interprète les faits, associe diversement les données des sens, imagine de nouvelles combinaisons, suppose ce qui pourrait être, conclut ce qui doit être, et dans ce monde où, comme dit Lucrèce, tout est toujours la même chose, il s'offre à lui-même un spectacle toujours divers et toujours nouveau.

Uniformité et immobilité, d'une part, changement et progrès de l'autre, voilà, suivant la remarque de Bossuet, la vraie pierre de touche pour distinguer les sens de la raison, l'animal de l'homme.

« Qui verra seulement que les animaux n'ont rien inventé de nouveau depuis l'origine du monde, et qui considérera d'ailleurs tant d'inventions, tant d'arts et tant de machines par lesquels la nature humaine a changé la face de la terre, verra aisément par là combien il y a de grossièreté d'un côté, et combien de génie de l'autre.

No doit-on pas être étonné que ces animaux, à qui on veut attribuer tant de ruses, n'aient encore rien inventé ; pas une arme pour se défendre, pas un signal pour se rallier et s'entendre contre les hommes, qui les font tomber dans tant de pièges ? S'ils pensent, s'ils raisonnent, s'ils réfléchissent, comment ne sont-ils pas encore convenus entre eux du moindre signe ? Les sourds et les muets trouvent l'invention de se

____

(1) S. Thomas, *II Sent.*, dist. 25, q. 1, a. 2, ad 7.

parler par leurs doigts. Les plus stupides le font parmi les hommes ; et si on voit que les animaux en sont incapables, on peut voir combien ils sont au-dessous du dernier degré de stupidité, et que ce n'est pas connaître la raison, que de leur en donner la moindre étincelle ?...

« Jamais nous n'inventerons rien par les sensations, qui vont toujours à la suite des mouvements corporels, et ne sortent jamais de cette ligne.

Et ce qu'on dit des sensations se doit dire des imaginations, qui ne sont que des sensations continuées.

Ainsi, quand on attribue les inventions à l'imagination, c'est en tant qu'il s'y mêle des *réflexions* et du *raisonnement*...

Une réflexion en attire une autre... et c'est ainsi que d'observation en observation les inventions humaines se sont perfectionnées...

Après six mille ans d'observations, l'esprit humain n'est pas épuisé ; il cherche, et il trouve encore, afin qu'il connaisse qu'il peut trouver jusques à l'infini, et que la seule paresse peut donner des bornes à ses connaissances et à ses inventions (1). »

III

De tout ce qui précède, il résulte que la spiritualité de l'intelligence humaine est une vérité scientifiquement établie.

Mais notre thèse soulève une objection qu'il importe de résoudre. Nous avons prouvé que l'intelligence

---

(1) *Connaiss. e Dieu et de soi-même*, ch. v, 5, 6 et 7.

12.

porte son regard au delà des réalités physiques,
qu'elle pénètre dans le domaine de l'universel, de
l'immatériel et de l'absolu. Mais nous n'avons pas
encore gain de cause; il faudrait prouver qu'elle ne
plonge pas ses racines dans la matière, qu'elle peut
être et agir sans l'appui de l'organisme et de la sensibilité. Or, des faits nombreux portent à croire
qu'entre l'âme et le corps il existe des rapports de
dépendance absolue. La pensée ne s'exerce jamais
sans le secours de quelque image sensible; la lésion
de certaines parties du cerveau paralyse ou supprime
l'activité mentale; enfin, il semble qu'il y ait une sorte
de parallélisme entre le développement et la décroissance des puissances inférieures et le développement
et la décroissance des facultés supérieures.

Les faits sur lesquels s'appuie l'objection sont certains. Mais on peut les expliquer de deux manières;
ou bien, en supposant que l'âme se trouve sous la
dépendance absolue de la matière; c'est l'hypothèse
sensualiste; ou bien, en admettant qu'elle est substantiellement unie au corps, que durant la vie présente
elle se sert de la sensibilité dans tous ses actes, mais
que la sensibilité ne concourt pas directement à la
pensée et à la volition, et que, par suite, l'âme peut
continuer à penser et à vouloir après avoir été séparée
de son corps; c'est la doctrine de saint Thomas et de
l'école.

Il est clair que ces deux solutions rendent également compte des faits allégués.

Quelle est celle que nous devons regarder comme
véritable ? C'est à l'expérience de nous mettre sur la
voie et à la raison de conclure. Or, nous avons lon-

guement interrogé l'expérience, et par des faits nombreux, précis, indiscutables, elle nous a répondu que la pensée plane dans les hautes régions de l'universel, de l'immatériel, de l'absolu, tandis que les puissances organiques demeurent forcément enfermées dans le cercle étroit des réalités particulières, matérielles et changeantes.

Il suit de là que la pensée est une activité spirituelle. Mais alors, l'intelligence, principe de la pensée, est spirituelle aussi, en vertu de l'axiome : *Nihil est in effectu quod non inveniatur in causâ; qualis effectus, talis et causa.* Mais si l'intelligence est spirituelle, l'âme l'est aussi, puisque l'âme est tout ensemble le sujet et le principe de l'intelligence.

Ainsi le sensualisme explique certains faits, mais il est en contradiction absolue avec plusieurs autres faits des mieux établis. Il doit donc être rejeté, non pas seulement au nom de la raison, mais encore et premièrement au nom de l'expérience.

Le spiritualisme thomiste explique tous les faits, et ceux qui prouvent que la raison humaine est une puissance inorganique, et ceux qui montrent qu'elle est étroitement et substantiellement unie à un corps.

Puissance inorganique, elle peut s'élever au-dessus des réalités matérielles, elle peut agir et exister sans être unie à un corps, elle est donc immortelle.

Mais il est dans les conditions ordinaires et normales de sa nature d'être unie à la matière ; et aussi longtemps que dure cette union, elle s'appuie sur l'organisme et emploie la sensibilité à son service.

Par suite, toute lésion profonde atteignant le cerveau, organe de la plupart des sens, et *condition sine quà non* de toute sensation, entrave ou supprime du même coup l'exercice de la pensée qui s'appuie sur l'imagination et la mémoire.

On conçoit dès lors que le développement ou le déclin des facultés sensibles soit suivi d'un mouvement analogue dans la partie supérieure de l'âme.

Au reste, il s'en faut bien que le parallélisme qui sert de base à l'argumentation des philosophes sensualistes soit universel et rigoureux. La jeunesse n'est-elle pas l'âge où la mémoire, l'imagination et les autres puissances sensibles brillent du plus vif éclat? Et pourtant, est-elle l'âge où l'intelligence atteint son apogée, où la volonté se révèle par la virilité du caractère, par la solidité des convictions et l'entière possession d'elle-même?

D'un autre côté, chez plusieurs, la raison n'est pas en proportion exacte avec la mémoire et l'imagina. tion. Tantôt elle leur cède le pas, et tantôt elle les dépasse.

On a gravé sur la tombe de certain personnage fameux : *Homme d'heureuse mémoire, en attendant le jugement.* L'épitaphe d'Hardouin pourrait servir à d'autres morts plus obscurs.

De même, le splendide talent, et si on l'exige (car il ne faut pas prodiguer ce mot) le génie de Chateaubriand et de Lamennais nous inspire une juste admiration. Et pourtant, nous ne croyons pas manquer au respect dû à la mémoire de ces deux grands hommes, en disant que, chez eux, la raison a brillé d'une moins vive lumière que l'imagination. Par contre, on trouverait bien des hommes, bien des génies glorieux (Aristote et saint Thomas ne pourraient-ils être cités en exemple?) dont la raison sublime a laissé l'imagination à l'arrière-plan, peut-être à une assez grande distance.

Il demeure donc établi que la raison humaine, si étroitement unie aux sens qu'on la suppose, dépasse complètement la sphère du corps, et que le cerveau ne saurait lui être donné pour organe.

ARTICLE II

LA VOLONTÉ

La connaissance sensible engendre des appétits sensibles, et la connaissance intellectuelle suscite des appétits du même ordre.

En effet, les facultés cognitives jouent le rôle de moteur à l'égard des facultés appétitives, en leur présentant l'objet qui les attire et qu'elles doivent saisir. Or, la force motrice doit être proportionnée au mobile, comme la cause est proportionnée à l'effet. Il suit de là que toute différence dans l'objet connu introduira une différence correspondante dans l'objet aimé et qu'il faudra distinguer les puissances appétitives d'après les différences des objets qui leur sont présentés par les puissances cognitives. *Differentiæ apprehensi sunt per se differentiæ appetibilis. Unde potentiæ appetitivæ distinguuntur secundum differentiam apprehensorum, sicut per propria objecta* (1).

(1) 1a, q. LXVX, a. 2, ad 1.

Si donc il y a une distinction essentielle entre la connaissance sensible et la connaissance intellectuelle, il doit y avoir une distinction semblable entre l'appétit sensible et l'appétit rationnel (1).

Nous pourrions nous en tenir là et conclure dès maintenant que la volonté est un appétit supérieur, immatériel comme l'intelligence, et comme elle absolument irréductible à la sensibilité.

Au besoin, il nous suffirait de rappeler que la volonté atteint le bien universel, le bien immatériel, le bien en soi, et qu'elle a le pouvoir de se replier sur elle-même. On se souvient que ce sont là les caractères distinctifs des facultés spirituelles ou inorganiques.

Mais il est un nouveau caractère qui appartient en propre à la volonté, et qui, à lui seul, fournit à l'appui de notre thèse une preuve éclatante et décisive : nous voulons parler de la liberté.

La liberté tient à l'intelligence par des liens très étroits ; elle a sur toutes les puissances de l'âme une influence considérable et sur elle repose la responsabilité humaine avec les destinées de la morale. *Ibi incipit genus moris, ubi primo dominium voluntatis invenitur* (2).

(1) « Potentia appetitiva est potentia passiva, quæ nata est moveri ab apprehenso... Passiva autem et mobilia distinguntur secundùm distinctionem activorum et motivorum, quia oportet motivum esse proportionatum mobili, et activum passivo ; et ipsa potentia passiva propriam rationem habet ex ordine ad suum activum. Quia igitur est alterius generis apprehensum per intellectum, et apprehensum per sensum, consequens est quod appetitus intellectivus sit alia potentia a sensitivo. » (*Ibid.*, a. 2, c.)

(2) S. Thomas, in II *Sent.*, dist. 24, q. III, a. 2, sol.

Ainsi tout nous fait un devoir d'en éclaircir la notion, d'en établir la réalité, d'en *expliquer* les origines et d'en *justifier* les titres contre les objections de ses bruyants adversaires.

§ I. — *Notion et existence de la liberté.*

La liberté, a dit justement Condillac, consiste à pouvoir faire ce qu'on ne fait pas, et ne pas faire ce qu'on fait. Etre libre, est donc être maître de ses actes, et *choisir* le parti que l'on prend, préférablement à celui qu'on écarte. Car dès qu'il y a choix il y a liberté, c'est-à-dire possession de soi-même et de ses actes. « *Ex hoc enim liberi esse dicimur, quod possumus unum recipere, alio recusato, quod est eligere* » (1).

Au point de vue qui nous occupe, la nature des objets entre lesquels on choisit n'a que peu ou point d'importance. Ils peuvent être opposés, comme le bien et le mal, ou simplement différents, comme deux biens d'inégale valeur, ou même de semblable mérite. Dans un cas aussi bien que dans l'autre, il y a choix, et la liberté ne demande rien de plus.

Un esprit supérieur comme Dieu et l'ange saisit du premier regard le pour et le contre des partis en présence ; il ne raisonne ni ne délibère. Son choix est aussi prompt que sa pensée. Mais chez l'homme, esprit lent et borné, la volonté a souvent des hésitations, et ne se prononce qu'après avoir délibéré (2).

(1) 1a, q. LXXXIII, a. 3.
(2) « Ex hoc contingit quòd homo est dominus sui actûs quòd habet deliberationem de suis actibus ; ex hoc enim quòd

La liberté est donc une perfection dans l'être libre : perfection de l'intelligence, qui apprécie en connaissance de cause ; perfection de la volonté, qui, en présence de plusieurs partis, maintient son indépendance et ne se laisse entraîner par aucun.

Mais il n'est pas nécessaire que cette indépendance aille jusqu'à l'indifférence absolue. Un objet peut avoir, à mes yeux, plus de charmes qu'un autre ; des agents extérieurs peuvent aussi peser, jusqu'à un certain point, sur ma détermination, soit par l'appât des promesses, soit par la menace de maux redoutables. Sollicité ou non, je demeure libre tant que je réfléchis et que je délibère ; car je conserve le pouvoir de choisir et de me déterminer par moi-même.

.·.

La nature humaine a-t-elle réellement reçu en partage la faculté de choisir sa voie et de se diriger elle-même, à ses risques et périls ?

Certainement, répond Bossuet dans son ferme langage, et « un homme qui n'a pas l'esprit gâté n'a pas besoin qu'on lui prouve son franc arbitre, car il le *sent ;* et il ne sent pas plus clairement qu'il voit, ou qu'il reçoit les sons, ou qu'il raisonne, qu'il se sent capable de délibérer et de choisir (1). »

Avant de chercher la part de la liberté, faisons d'abord, avec saint Thomas, celle de la nécessité, et montrons que celle-ci, bien loin de rien enlever à

ratio deliberans se habet ad opposita, voluntas in utrumque potest. » (in 2æ, q. vi, a. 2, ad 2.)

(1) *Connaiss. de Dieu et de soi-même,* ch. 1, § 18.

celle-là, lui sert au contraire de point de départ et d'appui.

Dans les êtres placés au-dessous de l'homme, la nécessité assujettit à ses lois non seulement les phénomènes de la matière inorganique, mais encore, bien qu'avec des nuances appréciables, les diverses fonctions de la vie végétative et sensitive. Si les mêmes fonctions se retrouvent chez l'homme, il n'y a pas de raison pour qu'elles échappent à la condition générale de leur nature. Souvent elles s'accomplissent en dehors du regard de la conscience, et, alors même que la conscience les remarque, la volonté n'a que peu ou point de prise sur elles.

Dans la partie supérieure de l'âme, la nécessité se retrouve encore à la base des opérations de l'intelligence et de la volonté, et ce phénomène ne doit nous causer ni émotion ni surprise. L'intelligence est faite pour le vrai, la volonté pour le bien; n'est-il pas naturel que le vrai évident et le bien parfait s'imposent aux facultés avec lesquelles ils entrent en rapport? La raison adhère naturellement et nécessairement aux premiers principes, et la volonté fait de même à l'égard du bonheur ou de la fin dernière : « *Sicut intellectus naturaliter et ex necessitate inhæret primis principiis, ita voluntas ultimo fini* » (1). Nous ne mettons pas en question si le tout est plus grand que sa partie, et nous ne délibérons pas si nous voulons être heureux.

Dans l'un et l'autre cas, c'est la nature qui parle, et elle parle en maîtresse. La nature, dit saint Thomas,

(1) 1a, q. LXXXII, a. 2, c.

occupe la première place en chaque chose : *Natura est primum in unoquoque ;* elle est le fondement immuable et le principe fécond de toutes les propriétés de l'être : *Oportet enim quod illud quod naturaliter alicui convenit, et immobiliter, sit fundamentum et principium omnium aliorum* (1).

Nous en avons une preuve manifeste dans la raison et la volonté. Ce qui rend le mouvement possible, c'est un point d'appui immobile : *Omnis motus procedit ab aliquo immobili* (2).

Or, le raisonnement et les résolutions délibérées sont des mouvements de l'âme qui doivent pareillement s'appuyer sur un point fixe. Toute discussion devient impossible si l'on n'admet l'évidence, si l'on ne part des premiers principes comme d'un point lumineux par lui-même, et qui projette sa lumière de loin en loin sur la série entière des déductions. De même, on ne songera pas à délibérer, on ne se mettra pas en quête des moyens les mieux adaptés en vue de la fin dernière ou du bonheur, si le bonheur n'est pas aimé, et aimé d'un amour nécessaire. Car la fin joue dans l'action le même rôle que les principes dans la spéculation. C'est elle qui met la volonté en mouvement et qui dirige le mouvement vers le terme auquel il doit naturellement aboutir (3).

(1) 1a, q. LXXXII, a. 1, c. et 1a 2æ, q. x, a. 1, c.

(2) *Ibid.*

(3) « Necessitas naturalis non repugnat voluntati, quinimo necesse est quod sicut intellectus ex necessitate inhæret primis principiis, ita voluntas ex necessitate inhæreat ultimo fini, qui est beatitudo. Finis enim se habet in operativis, sicut principium in speculativis. » (1a, q. LXXXII, a. 1, c. et 1a 2æ, q. x, a. 1, c.)

Otez l'évidence éblouissante des premiers principes, ôtez l'amour inné du bonheur, la raison et la volonté n'ont plus rien qui les attire et qui les fasse passer de la puissance à l'acte.

.·.

On ne nous reprochera pas d'avoir dissimulé ou amoindri la part de la nécessité dans la nature humaine. Nous sommes donc parfaitement à l'aise pour chercher celle de la liberté et la reconnaître dans toute son étendue.

Suivant nous, la liberté est avant toutes choses, et indépendamment de toute explication, un fait des plus certains et des mieux attestés par la conscience. Voilà le point de départ qu'il convient de bien préciser, pour redire avec Bossuet : « Un homme qui n'a pas l'esprit gâté n'a pas besoin qu'on lui prouve son franc arbitre, car il le sent, et il ne sent pas plus clairement qu'il voit, ou qu'il reçoit les sons, ou qu'il raisonne, qu'il se sent capable de délibérer et de choisir. »

Il est bien vrai que l'homme *sent* sa liberté. Il la sent avant d'agir, il la sent au milieu de l'action, il la sent encore après avoir consommé son entreprise.

Avant d'agir, il se pose à lui-même la question du bien et du mal, des avantages et des inconvénients. Il distingue fort nettement entre le délectable et l'honnête, entre l'utile et le devoir : le premier lui présente bien des charmes ou bien des fruits; le second se montre avec son idéale beauté, mais aussi avec ses inflexibles exigences.

Vivement sollicité par les deux partis en présence,

l'homme se recueille au dedans de lui-même; il examine de très près, une à une, toutes les raisons qui militent dans l'un et l'autre sens; il délibère longuement, parce qu'il a conscience que la décision à prendre dépend de lui et de lui seul. Si l'honnête ou l'utile avait une force irrésistible, la délibération serait sans objet, la pensée même de délibérer ne se présenterait pas à l'esprit.

Après avoir mûrement délibéré, on se détermine à agir et l'on prend un parti. Or, à ce moment même, on sent qu'on est libre, que rien ne s'impose, qu'on pourrait s'arrêter, revenir en arrière et prendre un chemin différent. Chez les personnes hésitantes, le moment de l'action est souvent rempli de perplexités et de tâtonnements; chez toutes, il peut amener de nouveaux doutes et changer les plus fermes résolutions.

L'acte une fois posé, ses conséquences naturelles se déroulent, sa portée se précise de plus en plus. Le problème de la moralité se présente alors sous une nouvelle forme. A-t-on sacrifié le plaisir au devoir, l'intérêt au dévouement? On se félicite, on s'applaudit, car on s'est grandi à ses propres yeux. Dans le cas contraire, la conscience fait entendre un douloureux gémissement et pousse un cri accusateur que rien ne peut faire taire. Vainement j'ai réussi au gré de mes désirs et au delà de mes espérances; vainement les personnes qui m'entourent, trompées par les apparences, ou désireuses de me flatter, me prodiguent les applaudissements et les approbations, dans mon for intérieur je me condamne moi-même et je sens bien que j'ai mérité le mépris.

Ces divers sentiments n'auraient aucun sens si l'homme n'était responsable de ses actes et père de ses œuvres; on ne se trouve pas meilleur pour avoir été habile, ni moins bon pour s'être trompé de bonne foi.

Savants et ignorants, bons et mauvais, intéressés et désintéressés, tous les hommes, en pratique, admettent également le fait de la liberté. « Le philosophe même, qui nie la liberté en théorie, l'admet dans la pratique. Dites-lui que son domestique le vole, que sa femme le trahit, il s'emportera comme un autre ; essayez de le calmer, en lui rappelant que ces malheureux ne sont pas libres et n'ont pu faire autrement, vous verrez comment vos consolations seront accueillies : il vous prendra sans doute pour un mauvais plaisant qui insulte à son infortune. — Le criminel lui-même, qui a tout intérêt à contester l'existence de la liberté, ne s'en avise pas. Est-il traduit devant un tribunal, il niera l'acte qu'on lui impute, ou bien il tâchera d'en atténuer la gravité; mais jamais il ne lui viendra à l'esprit de dire à ses juges : « Vous savez » très bien que nous ne sommes pas libres et » que j'ai fait cela malgré moi ; par conséquent, vous » n'avez rien à me reprocher. » S'il ne parle pas ainsi, c'est qu'il lui paraît aussi impossible de nier la liberté que de nier la lumière du jour, tant il la connaît bien et tant il est sûr que les autres la connaissent (1). »

(1) Ferraz, *Philosophie du devoir*, liv. II, ch. II.

§ II. — *Principe de la liberté.*

La liberté humaine est un fait qu'on ne peut nier sans nier l'évidence et aboutir au scepticisme.

Un fait ne se démontre pas; il suffit de le constater. Alors même qu'on n'en connait pas la cause, on l'admet encore, parce qu'il n'est jamais permis, en bonne logique, de rejeter une chose certaine sous prétexte qu'on n'en pénètre pas la nature, ou qu'on se heurte à des difficultés dont on ignore la solution. *Non sunt neganda clara propter obscura.*

Mais le psychologue ne peut-il fournir aucune explication raisonnable de la liberté, et doit-il renoncer à en découvrir la cause? C'est l'opinion de plusieurs écrivains de ce temps, mais c'est là une opinion absolument erronée.

Saint Thomas assigne deux causes à la liberté : une cause intérieure et psychologique, une cause extérieure et métaphysique. L'homme est libre parce qu'il est doué de raison et que les biens qui sollicitent sa volonté n'ont rien de nécessitant.

Tâchons de mettre ces explications dans une pleine lumière.

Si l'on veut avoir la raison interne du libre arbitre, il faut observer que certains êtres agissent sans aucun discernement, comme fait la pierre qui tombe, comme fait toute créature privée de connaissance.

Il en est d'autres que la nature a mieux partagés : ils peuvent porter quelques jugements, mais des jugements purement instinctifs. Tel est le sort de l'animal privé de raison. La brebis a-t-elle aperçu le loup? elle juge aussitôt qu'il faut le fuir, mais c'est la nature qui lui dicte ce jugement, la réflexion et la comparaison des termes n'y sont pour rien.

Par un heureux privilège, l'homme a le pouvoir de juger en connaissance de cause, c'est-à-dire après un examen qui lui découvre le pour et le contre et qui lui permet de choisir entre divers partis. Ainsi, par le fait même qu'il est raisonnable, l'homme se trouve naturellement affranchi de la nécessité qui pèse sur les autres créatures (1).

Mais quel est exactement le motif qui affranchit le jugement de l'homme, tandis que celui de l'animal demeure soumis au déterminisme? C'est que l'animal n'a que des sensations ou des connaissances particulières, et, par suite, il ne peut comparer les biens particuliers à une idée supérieure qui leur serve de commune mesure. Il désire fatalement les jouissances, et, comme il ne connaît rien au delà et qu'il n'a que ce seul critère pour se décider, il cède fatalement à

(1) « Dicendum quòd homo est liberi arbitrii. Ad cujus evidentiam considerandum est quòd quædam agunt absque judicio, sicut lapis movetur deorsum, et similiter omnia cognitione carentia. — Quædam autem agunt judicio, sed non libero, sicut animalia bruta. Judicat enim ovis videns lupum, cum esse fugiendum, sed naturali judicio et non libero, quia non ex collatione, sed ex naturali instinctu judicat; et simile est de quolibet judicio brutorum animalium. — Sed homo agit judicio, quia per vim cognoscitivam judicat aliquid esse fugiendum, vel prosequendum. Sed quia judicium istud non est ex naturali instinctu, in particulari operabili, sed ex collatione quadam rationis, ideo agit libero judicio, potens in diversa ferri... Et pro tanto, *necesse* est quòd homo sit liberi arbitrii, ex hoc ipso quòd rationalis est. » (1a, q. LXXXIII, a. 1, c.)

l'appât de la plus grande jouissance. « *Vis sensitiva non est collativa diversorum, sicut ratio, sed simpliciter aliquid unum apprehendit; et ideo, secundùm illud unum determinatè movet appetitum sensitivum.* »

Mais l'homme a l'idée du bien en général, du bien parfait et absolu; il apprécie, à la lumière de ce critère transcendant, tous les biens particuliers qui sollicitent son amour, et se porte ensuite vers celui qui obtient ses préférences, sans y être attiré par un désir exclusif et nécessitant. « *Ratio est collativa plurium; et ideo, ex pluribus moveri potest appetitus intellectivus, scilicet voluntas, et non ex uno ex necessitate* (1). »

C'est donc la raison qui affranchit la volonté humaine et lui assure l'indépendance à l'égard des biens particuliers. Mais elle ne l'affranchit que parce qu'elle lui montre les imperfections et les lacunes de ces divers biens, et c'est ici que se présente l'explication objective et métaphysique de la liberté.

Le bien est l'objet propre de la volonté; comme tel, il l'excite et la met en mouvement. Si donc le bien universel était à notre portée et que nous en eussions la claire vue, il exercerait sur notre amour une action irrésistible et nous l'embrasserions de toutes nos forces. C'est ainsi que les bienheureux aiment Dieu nécessairement, comme nécessairement nous aimons le bonheur.

Mais la connaissance que nous avons de Dieu, dans la vie présente, est une connaissance abstractive,

____

(1) 1a, q. LXXXII, a. 2, ad 3.

discursive et incomplète; elle est trop laborieuse et trop bornée pour séduire et enlever notre cœur.

Le vrai bonheur est en Dieu seul; l'accomplissement du devoir est une condition indispensable pour arriver un jour à la possession de Dieu. Voilà deux vérités que la raison démontre à tous ceux qui, étant bien disposés d'ailleurs, apportent à la démonstration une attention convenable. Mais, encore une fois, la démonstration ne nous met point face à face avec Dieu, et elle nous laisse en présence des austérités du devoir et des charmes du plaisir. Entre les deux la volonté hésite, parce que, de chaque côté, des ombres voilent plus ou moins le tableau du bonheur (1).

Le plaisir, les richesses, les honneurs, la vertu, autant de routes qui se présentent à nous pour nous conduire au but suprême, c'est-à-dire au bonheur. Mais, de ces routes, les trois premières conduisent à un bonheur plus apparent que réel; elles aboutissent à la jouissance, et non pas à la félicité véritable. Que la quatrième conduise effectivement à la fin dernière, la raison bien interrogée suffit à l'établir; mais, nous l'avons dit, la raison ne donne pas l'évidence intuitive, et les exigences de la vertu, mises en présence

______

(1) « Sunt quædam habentia necessariam connexionem ad beatitudinem, quibus scilicet homo Deo inhæret, in quo solo vera beatitudo consistit. Sed tamen, antequam per certitudinem divinæ *visionis necessitas* hujusmodi connexionis demonstretur, voluntas non ex necessitate Deo inhæret, nec his quæ Dei sunt. Sed voluntas videntis Deum per essentiam de necessitate inhæret Deo, sicut nunc ex necessitate volumus esse beati. Patet ergo quòd non ex necessitate voluntas vult quæcumque vult. » (1a, q. LXXXII, a. 2, c.)

des avantages immédiats et faciles du délectable et de l'utile, ôtent à la démonstration une grande partie de sa force, au moins de sa force subjective.

La fin a beau être nécessaire, si les moyens sont contingents ou nous paraissent tels, nous demeurons libres de les prendre ou de les écarter. Impossible de ne pas aimer la fin dernière, puisqu'elle est le bien parfait et sans mélange ; impossible de ne pas prendre les moyens reconnus évidemment nécessaires à l'obtention de la fin, mais là s'arrête la nécessité : tout le reste est chose contingente et facultative.

Je ne puis me dérober à la lumière des premiers principes, non plus qu'à celle des conclusions qui en découlent par voie de conséquence nécessaire et immédiate, et qu'on ne saurait nier sans nier les principes. Mais grand est le nombre des propositions purement contingentes, et dont la négation n'entraîne nullement celle des principes qui s'imposent à l'intelligence. De même, grand est le nombre des conclusions qui, à la vérité, s'enchaînent rigoureusement aux principes, mais qui n'ont avec eux qu'une liaison si éloignée et si peu apparente qu'elle demeure cachée pour la majorité des esprits. Dans l'un et l'autre cas, il demeure libre de donner ou de refuser son adhésion.

Il n'en va pas autrement dans le vaste domaine de la volonté. Le bonheur la captive comme les principes captivent l'esprit ; certains moyens, mais en bien petit nombre, sont absolument indispensables pour être heureux : par exemple, on ne saurait être heureux sans posséder l'être et la vie. Mais les autres moyens ne présentent point ce caractère, ou du moins ne le présentent pas évidemment : on peut vouloir la fin sans être obligé de les prendre (1).

Nous emprunterons au Docteur angélique deux autres comparaisons également propres à montrer comment la volonté humaine garde son indépendance à l'égard de tous les biens particuliers sans exception.

Présentez à la vue un objet éclairé de toutes parts d'une vive lumière : elle ne peut manquer d'être saisie et de voir, à moins qu'elle ne se détourne de l'objet.

Présentez-lui, au contraire, un objet dont certaines parties seulement sont éclairées : elle pourra se porter sur la partie obscure et ne pas voir, faute de lumière.

(1) « Sunt quædam intelligibilia quæ non habent necessariam connexionem ad prima principia, sicut contingentes propositiones, ad quarum remotionem non sequitur remotio primorum principiorum; et talibus non ex necessitate assentit intellectus. Quædam autem propositiones sunt necessariæ, quæ habent connexionem necessariam cum primis principiis, sicut conclusiones demonstrabiles, ad quarum remotionem sequitur remotio primorum principiorum; et his intellectus ex necessitate assentit, cognitâ connexione necessariâ conclusionum ad principia, per demonstrationis deductionem. Non autem ex necessitate assentit, antequam hujusmodi necessitatem connexionis per demonstrationem cognoscat. Similiter etiam ex parte voluntatis. » (1a, q. LXXXII, a. 2, c.)

« Finis ultimus ex necessitate movet voluntatem, quia est bonum perfectum; et similiter illa quæ ordinantur ad hunc finem, sine quibus finis haberi non potest; sicut esse et vivere, et hujusmodi. Alia verò sine quibus finis haberi potest, non ex necessitate vult qui vult finem; sicut conclusiones, sine quibus principia possunt esse vera, non ex necessitate credit qui principia credit. » (1a, 2æ, q. X, a. 2, ad 3.)

Or, le bien est à la volonté ce que la couleur est à la vue. Si l'on montre à la volonté un bien parfait et sans ombres d'aucune sorte, elle se sent irrésistiblement attirée vers lui, car le contraire d'un tel bien ne saurait être l'objet d'un désir. Mais si on lui montre un bien particulier et imparfait, elle est libre de lui donner ou de lui refuser son amour. En effet, le défaut d'un bien quelconque peut être regardé comme un non-bien, et seul, le bien parfait, auquel rien ne manque, est de nature à exercer sur la volonté une action nécessitante.

Quant aux biens particuliers, ils ont tous des bornes ou des lacunes; à ce point de vue, ils peuvent être envisagés comme des non-biens, et, par suite, la volonté les embrasse ou les rejette à son gré, suivant l'aspect sous lequel la raison les lui présente (1).

(1) « Visibile movet visum sub ratione coloris, actu visibilis; unde si color proponatur visui, ex necessitate movet ipsum, nisi aliquis visum avertat... Si autem proponeretur aliquid visui quod non omnibus modis esset coloratum in actu, sed secundum aliquid esset tale, secundum aliquid autem non tale, non ex necessitate visus tale objectum videret; posset enim intendere in ipsum ex eâ parte quâ non esset coloratum in actu, et sic ipsum non videret.

Sicut autem coloratum in actu est objectum visûs, ita bonum est objectum voluntatis. Unde si proponatur aliquod objectum voluntati quod sit universaliter bonum, et secundum omnem considerationem, ex necessitate voluntas in illud tendit, si aliquid velit; non enim poterit velle oppositum. — Si autem proponatur ei aliquod objectum quod non secundùm quamlibet considerationem sit bonum, non ex necessitate voluntas fertur in illud. Et quia defectus cujuscumque boni habet rationem non boni, ideo illud solum bonum quod est perfectum, et cui nihil deficit, est tale bonum quod voluntas non potest non velle, quod est beatitudo. Alia autem quaelibet particularia bona, inquantum defi-

La seconde comparaison donnée par saint Thomas a le grand avantage de faire jaillir une nouvelle lumière du point le plus obscur en apparence. Prenons un moteur et un mobile; que faut-il pour que le moteur imprime au mobile un mouvement irrésistible? qu'il possède une force supérieure à la masse qu'il s'agit d'ébranler. « *Movens tunc ex necessitate causat motum in mobili, quando potestas moventis excedit mobile, ita quòd tota ejus possibilitas moventi subdatur* ».

Dans notre cas, le bien est le moteur et la volonté le mobile, puisque c'est le bien qui, en agissant sur la volonté, la fait passer de la puissance à l'acte.

Si la volonté avait une capacité bornée, comme l'appétit de l'animal, les biens particuliers suffiraient à la remplir. Mais, éclairée par l'intelligence, elle se sent faite pour le bien universel et parfait. Les biens particuliers, honneurs, fortune, plaisirs, ne réalisent pas son idéal, ne remplissent pas sa capacité, et par là même n'ont pas assez de force pour lui imprimer un mouvement irrésistible. « *Cùm autem possibilitas voluntatis sit respectu boni universalis et perfecti, non subjicitur ejus possibilitas tota alicui particulari bono; et ideo, non ex necessitate movetur in illud* » (1).

Nous possédons maintenant la clef de la liberté humaine. La volonté aspire au bien sans mélange et sans lacunes; la raison ne lui montre de toutes parts

cunt ab aliquo bono, possunt accipi ut non bona; et secundùm hanc considerationem, possunt repudiari vel approbari a voluntate, quœ potest in idem ferri secundùm diversas considerationes. » (1a 2æ, q. x, a. 2, c.)

(1) 1a, q. LXXXII, a. 2, ad 2.

que des biens partiels ou limités, rien qui la satisfasse pleinement, rien qui la captive et l'entraîne. Ainsi, en l'éclairant sur la réalité, la raison l'élève au-dessus de la nature et lui assure la liberté de ses mouvements.

La liberté n'est pas un fait empirique dont la philosophie ignore la cause. Elle est le fait scientifique et rationnel par excellence. Il ne faut pas dire que l'homme peut être libre, il faut dire qu'il ne peut pas ne pas l'être, du moment qu'il est intelligent et réfléchi. « Et pro tanto, necesse est quòd homo sit liberi arbitrii, ex hoc ipso quòd rationalis est. »

Et c'est par là qu'il se distingue essentiellement des créatures privées de raison, et par là même incapables de régler leurs mouvements : « *Differt homo ab aliis irrationalibus creaturis, in hoc quòd est suorum actuum dominus* (1) ».

§ III. — *Justification de la liberté.*

En dépit des faits et des raisons, l'esprit de système a soulevé de tout temps, mais de nos jours surtout, un assez grand nombre d'objections tendant à affaiblir le sentiment de la liberté. On peut ramener toutes ces objections à trois chefs principaux : l'objection *cosmologique*, l'objection *psychologique* et l'objection *métaphysique* ou *théologique*. Examinons-les une à une et voyons si elles ont réellement la force que leur prêtent nos adversaires.

***

(1) 1a, q. LXXXIII, a. 1, c.

En premier lieu, on nous oppose le déterminisme universel de la nature. Tout s'y produit et s'y développe selon la loi rigide de la nécessité; comment l'homme ferait-il exception, et s'échapperait-il de l'engrenage qui l'enserre de toutes parts?

Nous le reconnaissons sans peine, le déterminisme règne en souverain sur le domaine de la matière inanimée; là rien ne se meut sans avoir été mu, et toujours la réaction est égale à l'impression reçue.

Mais dans le champ de la vie le lien de la nécessité se relâche, une force nouvelle fait son apparition, la force de la *spontanéité*, et cette force, tout en subissant les conditions générales de la matière, assujettit à son autorité et emploie à son service les diverses énergies physiques de cette même matière.

La plante ne connaît pas le but qui l'attire non plus que la marche à suivre pour arriver à ce but; et cependant elle se porte vers lui en vertu d'une énergie intime, immanente et sûre d'elle-même. Grâce à cette énergie secrète, elle puise dans le monde extérieur les aliments qui lui sont nécessaires, les attire à elle et les transforme en sa propre substance; elle se développe progressivement suivant un plan déterminé, éclairée par une sorte d'*idée directrice* ; et suivant les circonstances, elle résiste ou s'adapte au milieu (1).

L'animal déploie une spontanéité plus visible et plus féconde en ses résultats. La connaissance sensible lui montre l'objet utile ou nuisible qu'il doit poursuivre ou éviter; il s'en approche ou s'en éloigne avec un instinct infaillible ; il a des inclinations et des pas-

____

(1) 1a, 2æ, q. 1, a 1, c.

sions, des désirs et des aversions, des amours et des haines qui *simulent* les déterminations volontaires.

Ainsi, la nature exclut si peu la liberté que, manifestement, elle y tend et s'y achemine par degrés.

Arrivée à l'homme, elle prend conscience d'elle-même et s'affranchit tout à fait. Faute d'un critère supérieur à l'aide duquel il puisse apprécier les biens particuliers, l'animal court fatalement au plaisir et au plus grand plaisir sensible. Mais l'homme possède ce critère, à savoir l'idée du bien en général ; à cette lumière, il examine, analyse, discute les biens particuliers qui sollicitent son amour, et ne trouvant dans tous ces biens aucun objet qui réalise son idéal et remplisse ses aspirations, il demeure le maître de ses déterminations. En somme, partout où se trouve l'intelligence, se trouve aussi la liberté : « *Solum id quod habet intellectum potest agere judicio libero, in quantum cognoscit universalem rationem boni, ex quâ potest judicare hoc vel illud esse bonum. Unde ubicumque est intellectus, est liberum arbitrium* » (1).

Mais, dira-t-on, vous oubliez une conquête de la science moderne, la grande loi de la conservation de l'énergie.

Nous n'oublions pas la grande loi, et nous ne songeons nullement à restreindre son domaine. Mais il ne faut pas non plus l'étendre au delà de ses limites naturelles.

La conservation de l'énergie est manifeste dans tous les phénomènes observés par le physicien et le chimiste. « Mais la transporter dans la mystérieuse

_____

(1) 1a, q. LIX, a. 3, c.

région où s'échangent les relations de l'esprit au corps, c'est affirmer gratuitement que l'esprit est régi par les mêmes lois que les corps.

» Oui, les corps se meuvent par transmission et transformation de forces. Mais l'esprit, qui est d'essence supérieure, ne peut-il pas produire des effets qui retentissent dans la matière sans ressortir à ses lois ? Tout phénomène physique est un passage de la puissance à l'acte. Le charbon, c'est de la chaleur en puissance ; la combustion, la nutrition, donneront de la chaleur en acte, de la force musculaire en acte. L'actualisation de la puissance suppose l'intervention d'une force excitatrice. Pourquoi cette force ne serait-elle pas, dans certains cas, une force spirituelle ? La matière alors entrerait en activité suivant les lois qui lui sont propres ; mais une cause d'ordre supérieur interviendrait dans le circuit des énergies physiques et en modifierait le cours. Prouvez que cela ne peut pas être ! Je vous en défie (1) ! »

Ainsi, quand bien même on accorderait que la volonté ne peut rien créer ni détruire, en fait d'énergie physique, il ne s'ensuivrait nullement qu'elle ne peut lui imprimer telle direction qu'il lui plaît. Cette seule remarque suffit à renverser l'objection.

*
* *

Battus sur le terrain de la cosmologie, nos adversaires se retranchent sur le domaine de la psycholo-

______

(1) Mgr d'Hulst, confér. de Notre-Dame, carême de 1891, 3ᵉ conf. *La morale et la liberté*.

gio, qu'ils jugent plus favorable aux évolutions déterministes.

Tout se tient, disent-ils, dans les facultés et les actes de l'homme : la pensée est soudée à la sensation, la volition à la passion ; la sensation, à son tour, dépend des fonctions végétatives, et celles-ci dépendent de la matière. Si donc la loi de la nécessité régit toute la partie inférieure de l'être humain, elle doit aussi, par voie de conséquence, étendre son empire sur la partie supérieure.

La plupart des faits sur lesquels s'appuie l'objection sont certains et incontestables ; mais la conclusion qu'on en tire est mal déduite.

Nous avons déjà reconnu que les dispositions de l'organisme ont une influence prépondérante sur la sensation, l'imagination et les appétits, et nous avons accordé que la sensibilité influe sur la raison, et les passions sur la volonté.

Mais si les deux maîtresses puissances de l'âme peuvent recevoir des sollicitations, elles ne reçoivent pas d'ordres ; elles en donnent au contraire aux facultés inférieures qu'elles retiennent dans de justes limites : *Dirigunt et imperant*. Chez les animaux privés de raison, remarque saint Thomas, le mouvement suit aussitôt l'inclination de l'appétit soit concupiscible, soit irascible, comme la brebis fuit aussitôt qu'elle aperçoit le loup ; chez ces animaux, en effet, ne se trouve aucun appétit supérieur qui puisse résister aux sensations et aux penchants.

Mais observez l'attitude de l'homme sollicité par la passion ; il ne se meut pas immédiatement, au gré de l'appétit concupiscible ou irascible, car l'appétit doit attendre le commandement de la volonté, qui est un appétit supérieur. Dans toutes les puissances motrices bien ordonnées, le second moteur ne peut imprimer de mouvement qu'en vertu du premier moteur. De même, qu'un homme sous l'empire de la passion fasse appel à la pensée et tourne son esprit vers quelque principe supérieur, la colère, la crainte, les divers troubles de l'âme se calment peu à peu et la tranquillité ne tarde pas à se rétablir.

Bien loin de subir le joug de la sensibilité et de l'organisme, la raison lui impose son contrôle et lui dicte des ordres.

Je soumets mon corps à des exercices pénibles pour le rendre plus souple, plus apte à seconder les opérations intellectuelles et morales ; mon imagination, si capricieuse et si volage de sa nature, j'en détourne le cours et je l'applique aux objets qui me plaisent ; si la passion devance quelquefois ma volonté, je lui donne ou lui refuse mon consentement, suivant mon bon plaisir ; et même, il est en mon pouvoir de l'empêcher de naître, en m'éloignant des objets qui l'allument, en évitant les occasions qui la font naître, en me livrant à quelque occupation absorbante, toutes choses qui me donnent enfin beaucoup d'empire sur moi-même (1).

(1) « Hoc etiam quilibet in seipso experiri potest ; applicando enim aliquas universales considerationes, mitigatur ira, aut timor, aut aliquid hujusmodi...

Voluntati etiam subjacet appetitus sensitivus, quantùm ad *executionem* quæ est per vim motivam. In aliis enim animalibus, statim ad appetitum concupiscibilis et irascibilis sequitui motus ; sicut ovis videns lupum, statim fugit ; quia non est in eis superior appetitus qui repugnet — Sed homo non statim

Sans doute, la volonté peut se lasser de la lutte ; elle peut tolérer d'abord, encourager ensuite les hardiesses de la passion ; elle peut même, de défaillances en défaillances, en arriver à se faire un tempérament de péché. « Qu'est devenue la liberté de cet homme esclave? Elle n'est pas détruite, elle est atrophiée. Ah! j'ai bien peur que plus d'un déterministe n'ait été chercher là l'échantillon humain sur lequel il devait étudier le problème du libre arbitre ! On prend un alcoolique, un débauché, un névropathe ; on les regarde agir, et l'on dit : Ces gens-là ne sont pas libres. — C'est vrai, ils ont cessé de l'être ; non pas que la liberté leur ait manqué, mais parce qu'ils l'ont trahie.

« En regard de ces types dégradés, placez le saint. Et pour rendre le contraste plus saisissant, ne choisissez pas un de ces miracles d'innocence qui semblent étrangers aux faiblesses de la nature. Prenez de préférence un converti. Voilà un homme qui a connu tous les entraînements du plaisir coupable ; il est donc

movetur ad appetitum irascibilem et concupiscibilem ; sed expectatur adhuc imperium voluntatis, quæ est appetitus superior. In omnibus enim potentiis ordinatis, secundum movens non movet, nisi virtute primi moventis ; unde appetitus inferior non sufficit movere, nisi appetitus superior consentiat. Et hoc est quod Philosophus dicit « quod appetitus superior movet appetitum inferiorem, sicut sphæra superior inferiorem. » (1a, q. LXXXI, a. 3, c.)

« Etsi voluntas non possit facere quin motus concupiscentiæ insurgat, de quo Apostolus dicit (*Rom.* VII, 19) : Quod odi malum, illud facio, id est concupisco, tamen potest voluntas non velle concupiscere, aut concupiscientiæ non consentire ; et sic non ex necessitate sequitur concupiscentiæ motum. » (1a 2æ, q. X, a. 3, ad 1.)

bien de la race de ceux qui tombent; mais il est aussi de ceux qui se relèvent. Comme il avait roulé de vices en vices, le voici qui s'élève de vertus en vertus; chaque degré qu'il monte est un progrès de sa liberté. Au sommet il trouve l'affranchissement total ; s'il ressent encore les sollicitations de la volupté, les éblouissements de l'orgueil, les frémissements de la colère, ce n'est plus dans sa chair soumise, dans son esprit discipliné qu'un frisson fugitif; dès que la conscience a senti la passion tressaillir, la volonté a resserré son étreinte; il n'y a pas eu de combat et la victoire est acquise. C'est la perfection du libre arbitre.

» Entre ces deux extrêmes, voici l'armée humaine qui s'échelonne ; chacun est libre dans la mesure où il s'est volontairement affranchi, et dans cette même mesure, il est homme (1). »

On insiste. Pour combattre les sollicitations de la sensibilité nous cherchons l'appui des idées rationnelles ; mais les idées elles-mêmes sont fatales, si bien qu'en les suivant, la volonté retombe sous la loi du déterminisme.

(1) Mgr d'Hulst, conf. de N.-D., carême de 1891, 3ᵉ conf.
« Cum in homine sint duæ naturæ, intellectiva scilicet et sensitiva, quandoquidem est homo aliqualis uniformiter secundùm totam animam, quia scilicet vel pars sensitiva totaliter subjicitur rationi, sicut contingit in virtuosis; vel, e converso, ratio totaliter absorbetur a passione, sicut accidit in amentibus. Sed aliquando, etsi ratio obnubiletur a passione, remanet tamen aliquid rationis liberum; et secundùm hoc, potest aliquis vel totaliter passionem repellere, vel saltem se tenere, ne passionem sequatur. In tali enim dispositione, quia homo secundùm diversas partes animæ diversimodè disponitur, aliud ei videtur secundùm rationem, aliud secundùm passionem. » (Ia 2æ, q. X, a. 3, ad 2.)

Il est exact de dire que la volonté, puissance rationnelle, n'agit jamais sans quelques motifs, et que ces motifs lui sont naturellement offerts par la raison.

Seulement, il est un grand nombre de cas où les motifs n'ont point un caractère nécessitant, parce qu'ils sont combattus par des motifs contraires et ne s'imposent pas au nom de l'évidence. L'esprit peut alors donner ou refuser son assentiment, sans que rien le détermine à se prononcer pour un parti à l'exclusion du parti contraire; il peut aussi, si quelque raison particulière l'y engage, réserver son jugement jusqu'à plus ample examen de la cause.

Voilà déjà une part assez notable accordée au libre arbitre (1).

Ensuite, c'est la volonté qui *applique* la raison à tel objet, de préférence à tel autre, qui la porte à considérer les choses sous un aspect particulier, et non sous tel autre aspect qui lui plaît moins, ou qui même pourrait contrarier ses inclinations secrètes.

Il est reconnu que nous faisons des diverses puissances de l'âme l'usage qu'il nous plaît d'en faire, et la raison n'échappe nullement à cet empire universel de la volonté. L'acte de la raison peut être impéré, aussi bien que l'acte des facultés inférieures (2).

(1) « Sunt quædam apprehensa quæ non adeo convincunt intellectum, quin possit assentire vel dissentire, vel saltem ascensum vel dissensum suspendere, propter aliquam causam; et in talibus, assensus vel dissensus in nostrâ potestate est, et sub imperio cadit. » (1a 2æ, q. XVII, a. 6, c.)

(2) « Bonum in communi... est objectum voluntatis; et ideo ex hac parte, voluntas movet alias potentias animæ ad suos actus. Utimur enim aliis potentiis cùm volumus. » — « Voluntas movet intellectum ad exercitium actûs... Actus rationis semper

L'intelligence est une lumière indispensable pour la volonté, et nullement une entrave. Voilà pourquoi la liberté se perfectionne et s'élève en même temps que l'intelligence. Plus il y a de réflexion et de délibération, moins il y a d'ignorance et d'entraînement, et plus les biens particuliers sont examinés sous leurs divers aspects, plus ils révèlent d'imperfections et de lacunes. Que nous produisions une action soudaine, sans y avoir pensé le moment d'auparavant, sans avoir considéré les raisons que nous pouvions avoir de la faire ou de ne pas la faire, une telle action nous paraît instinctive et fatale plutôt que volontaire et libre. Que nous fassions au contraire une action après y avoir mûrement réfléchi, après avoir analysé, compté un à un tous les motifs que nous avions de la faire ou de ne pas la faire, cette action nous semble atteindre le *summum* de la liberté.

Il est donc absolument faux que l'action des motifs supprime ou même diminue la liberté, puisqu'au contraire, d'après le témoignage de la conscience et de l'aveu de tous, la liberté augmente avec la raison, avec l'attention et l'examen des motifs.

Il est également faux que la volonté cesse d'être libre parce qu'elle suit toujours le dernier jugement pratique formulé par la raison. Car, il faut le dire une fois encore, c'est la volonté qui, pour l'ordinaire, choisit l'objet à étudier, qui dirige et soutient l'intelligence dans son étude et dans la manière dont elle considère les choses. Si donc elle suit l'intelligence dans son dernier jugement, c'est elle qui a influencé,

imperari potest, sicut cùm indicitur alicui quòd attendat et ratione utatur. » (1a 2æ, q. ix, a. 1, c. et ad 3; q. xvii, a. 6, c.)

préparé et amené ce jugement, et le mot de Pascal vient bien ici : « les choses sont vraies ou fausses selon les faces par où on les regarde ».

Saint Bonaventure l'a remarqué avec beaucoup de justesse et de finesse. « Bien loin, dit-il, de se laisser entraîner par les autres puissances de l'âme et notamment par la raison, la volonté les tire plutôt à elle et les fait servir à ses desseins. « *Ex hoc non sequitur quòd voluntas sequatur principaliter actum alienum, imò potiùs actum alienum trahit ad proprium* (1) ».

Pour bien comprendre toute la portée de cette dernière observation, il importe de se faire une idée très exacte de l'objet de la volonté humaine.

Ce n'est pas, à proprement parler, le bien absolu, le bien en soi, indépendamment de tout rapport avec l'appétit, mais plutôt le bien *convenable*, le bien proportionné au sujet, à ses dispositions, à ses besoins, et de nature à contribuer à son bonheur. Nous aimons les choses, a dit saint Thomas avec son grand sens de la nature humaine, dans la mesure où elles nous semblent être nôtres. « *Diligimus aliquid, in quantum reputamus illud nostrum* (2) ».

(1) *In lib. II Sent.*, dist. 25, pars 1a, a. 1.

« Parmi l'innumérable multitude et variété d'actions, mouvements, sentiments, inclinations, habitudes, passions, facultés et puissances qui sont en l'homme, Dieu a établi une naturelle monarchie en la volonté qui commande et domine sur tout ce qui se trouve en ce petit monde, et semble que Dieu ait dit à la volonté ce que Pharaon dit à Joseph : « Tu seras sur ma maison, tout le peuple obéira au commandement de ta bouche ; sans ton commandement, nul ne remuera. » (Saint François de Sales, *L'Amour de Dieu*, l. I, ch. i.)

(2) *In Psalm.* 17.

« Id quod apprehenditur sub ratione boni et convenientis mo-

Mais la convenance est chose relative ; elle exprime une harmonie intime entre deux termes plus ou moins distants, et qu'il faut rapprocher pour les adapter l'un à l'autre. Examinez les appréciations et la conduite des hommes : que de divergences de goût par rapport aux mêmes objets ! C'est que la même chose paraît convenable, désirable à celui-ci, et nullement à celui-là. — Il y a plus encore : changez la manière d'être de quelqu'un, prenez-le en des états psychologiques différents, modifiez seulement en lui la partie inférieure de l'âme, les affections de l'appétit sensible ; considérez-le en proie aux amertumes de la colère, ou doucement ému par quelque bienveillante passion, ce n'est plus ni le même jugement, ni le même vouloir.

Aristote a donc formulé une loi mentale d'une haute portée, quand il a dit que le bien est apprécié par chacun suivant ses dispositions actuelles : « *Qualis est unusquisque, talis finis videtur ei* ».

Mais alors, qui ne voit combien les mobiles de nos actes dépendent de la volonté, et combien il serait absurde de se représenter l'homme comme un automate intelligent ?

vet voluntatem per modum objecti. Quod autem aliquid videatur bonum et conveniens, ex duobus contingit, scilicet ex conditione ejus quod proponitur, et ejus cui proponitur. Et inde est quòd gustus diversimode dispositus, non eodem modo accipit aliquid ut conveniens, et ut non conveniens. Unde Philosophus dicit (Ethic., l. III, c. v) : *qualis unusquisque est, talis finis videtur ei.* Unde secundùm quod homo est in passione aliquâ, videtur ipsi aliquid conveniens quod non videtur ei, extra passionem existenti ; sicut irato videtur bonum quod non videtur quieto. » (1a 2æ, q. ix, a. 2, c.)

Les modernes déterministes s'appuient encore sur l'*hérédité* pour battre en brèche la personnalité et le libre arbitre. Mais cette objection a pris de nos jours une telle importance qu'une réponse sommaire ne saurait suffire ; nous lui consacrerons un chapitre entier dans la seconde partie de cet ouvrage.

***

L'objection *théologique* préoccupe beaucoup moins la pensée moderne. Nous nous bornerons donc à formuler nettement la réponse, sans entrer dans les développements que demanderait un aussi grave problème.

La première difficulté qui se présente naturellement à l'esprit est de comprendre comment la liberté concédée à l'homme s'accordera avec l'ensemble des choses et avec l'ordre que la cause première veut faire régner dans l'univers.

Pour que la difficulté fût sérieuse, il faudrait que la volonté de la créature pût faire échec à la toute-puissance du Créateur. Elle est trop faible, trop chétive pour cela. Dieu la laisse s'agiter à son gré, mais au fond il la mène ; il lui permet de faire des combinaisons, d'arrêter des plans, de choisir sa voie, mais il ne lui permet pas d'aller à l'encontre des lois générales qu'il a établies. Il l'attend à toutes les avenues, et si elle parvient à lui échapper sur un point, elle le rencontre soudainement à l'autre bout, où elle ne croyait pas le trouver. « Nous sommes tous attachés au trône de l'Être suprême par une chaîne *souple* qui nous retient sans nous asservir. Ce qu'il y a de plus admirable dans l'ordre universel des choses, c'est l'action des êtres libres sous la main divine... Ils font réellement ce qu'ils veulent, mais sans pouvoir déranger les plans généraux. Chacun de ces êtres occupe le centre d'une sphère d'activité dont le diamètre varie au gré de l'éternel géomètre, qui sait étendre, restreindre, arrêter ou diriger la volonté, sans altérer sa nature (1). »

Mais cette réponse fait naître une difficulté nouvelle, plus grave que la première et qui nous touche de plus près. Si Dieu a tout prévu et tout arrêté à l'avance, si de toute éternité il connaît avec certitude tout ce que nous ferons dans le temps, si, en un mot, tout ce qu'il a prévu doit arriver, peut-on encore soutenir que nous avons réellement le choix de nos actes ?

Non seulement on le peut, mais on le doit. Car Dieu ne voit pas seulement les choses dans leur substance, il les voit encore dans toutes leurs modalités. Il prévoit ce que je ferai, mais il prévoit en même temps la manière dont je le ferai ; et parce que je suis un agent doué de liberté, il prévoit que j'agirai librement.

De toute éternité, il sait ce que peuvent faire et ce que feront en effet toutes les causes secondes, mais sa prescience ne change rien à leur nature ni à leur manière d'agir. Les actions de l'homme ont été prévues, aussi bien que celles de l'animal, mais la prescience ne s'arrête pas au fait, elle s'étend à toutes les circonstances qui le distinguent. Or ce qui caracté-

(1) Joseph de Maistre, *Considérations sur la France.*

rise les actions de l'animal, c'est la nécessité, et ce qui appartient en propre à celles de l'homme, c'est la liberté. La prescience divine saisit les unes et les autres avec leur caractère distinctif.

Eh quoi ! dirons-nous avec saint Augustin, faudra-t-il soutenir qu'il n'y a rien dans notre volonté parce que Dieu a prévu tout ce qu'il y aurait dans notre volonté ? Mais celui qui a prévu cela, a sans doute prévu quelque chose. Si donc celui qui a prévu tout ce qu'il devait y avoir un jour dans notre volonté, a prévu quelque chose d'effectif et non pas un pur néant, on doit reconnaître, nonobstant sa prescience, ou plutôt à cause de cette prescience même, qu'il y a quelque chose dans notre volonté (1).

Mais, répondent les auteurs de l'objection, Dieu ne se borne pas à prévoir les mouvements de la volonté, il agit sur elle et influence ses déterminations.

Il est vrai. La cause première est une cause universelle, elle agit dans tout ce qui agit, et il n'est aucune créature, si parfaite qu'on la suppose, qui puisse passer de la puissance à l'acte, sans être mue par le moteur suprême. « *Quantumcumque natura aliqua corporalis, vel spiritualis, ponatur perfecta, non potest in actum suum procedere, nisi moveatur a Deo* (2). »

Bien mieux, si nous en croyons le Docteur angé-

(1) « Non propterea nihil est in nostrâ voluntate, quia Deus præscivit quid futurum esset in nostrâ voluntate. Non enim qui hoc præscivit, nihil præscivit. Porrò, si ille qui præscivit quid futurum esset in nostrâ voluntate, non utique nihil, sed aliquid præscivit ; profecto, et illo præsciente, est aliquid in nostrâ voluntate. » (*De Civit. Dei*, l. v, c. x.)

(2) 1a 2æ, q. c111, a. 1, c.)

lique, l'action divine s'exerce avec plus d'efficacité sur les êtres intelligents que sur les êtres privés de raison. « *Efficacior est impressio divinæ motionis in substantiis intellectualibus quàm in substantiis aliis naturalibus* (1). »

Cependant, il ne suit pas de là que l'homme cesse d'agir, ni qu'il cesse d'agir librement. Un agent ne peut être libre s'il ne se meut lui-même, en vertu de sa propre énergie ; mais il n'est pas de l'essence de la liberté que l'agent porte en lui-même la raison de son existence, et il n'est pas davantage dans l'essence de la cause d'être la cause *première* des effets qu'elle produit. La créature dépend du Créateur dans son être même et dans son fond, et les causes secondes dépendent de la Cause première, dans tout ce qu'elles ont de causalité (2).

La volonté humaine subit, sans rien perdre de sa liberté, l'influence du bien, de la raison, et de l'appétit sensible ; elle peut subir aussi l'influence de la Cause première sans recevoir aucune atteinte dans ses prérogatives. Car il faut le redire, la puissance divine ne s'arrête pas à la surface des effets qu'elle produit, elle pénètre jusqu'à la substance ; elle ne borne pas son concours à la production des actes, elle fait qu'ils se produisent conformément à la nature et au caractère de leurs auteurs. Par suite, il ne

(1) *Cont. Gent.*, l. III, c. xcv.

(2) « Liberum arbitrium est causa sui motûs, quia homo per liberum arbitrium movet se agendum. Non tamen hoc est de necessitate libertatis quòd sit prima causa sui id quod liberum est ; sicut nec ad hoc quod aliquid sit causa alterius, requiritur quòd sit prima causa ejus. (1a, q. LXXXIII, a. 1, ad 3.)

14.

répugne pas que l'action du premier moteur laisse subsister la liberté de la volonté humaine, il répugnerait au contraire qu'elle lui portât atteinte, puisque alors elle irait contre sa nature (1).

Nous sommes donc en présence d'un problème *général*, et qui consiste à concilier l'activité des causes secondes avec le concours de la cause première. Car Dieu agit dans tout être créé, et, sous ce rapport, il n'y a point de distinction à établir entre les créatures. Moteur universel, il meut tout ce qui se meut : la matière qui obéit à la loi fatale de l'attraction, comme la plante qui jouit du privilège de la spontanéité, l'animal qui suit aveuglément ses instincts, comme l'homme, l'être intelligent qui a le choix de ses déterminations.

Comment se fait-il que, mues par la cause première, les causes secondes gardent et exercent l'activité qui leur est propre? Encore une fois, la question se pose en termes généraux et la difficulté est sensiblement la même pour tous les cas particuliers. S'il importe de sauvegarder les droits de l'activité humaine, il importe aussi de sauvegarder les droits des activités inférieures, et le concours de Dieu doit également respecter les uns et les autres.

Voilà pourquoi le Docteur angélique fait une seule et même réponse pour toutes les créatures, qu'elles

(1) « Voluntas divina non solum se extendit ad hoc ut aliquid fiat per rem quam movet, sed ut etiam eo modo fiat quod congruit naturæ ipsius ; et ideo magis repugnaret divinæ motioni, si voluntas ex necessitate moveretur, quod suæ naturæ non competit, quam si moveatur liberé, prout competit suæ naturæ. » (1 a 2 æ, q. x, a 4, ad 1.)

possèdent l'intelligence et la liberté, ou qu'elles soient privées de l'une et de l'autre.

La cause première meut également les agents naturels et les agents doués de liberté. Et de même qu'en donnant le mouvement aux premiers, elle ne fait pas que leurs actes cessent de leur appartenir et d'être des actes naturels, ainsi, en donnant le mouvement aux seconds, elle ne fait pas qu'ils cessent d'agir librement. Bien mieux, c'est elle qui fait que ces divers agents agissent avec les propriétés spéciales qui conviennent à la nature de chacun, car elle opère en chacun suivant sa nature et sa manière d'être (1).

Quoi d'étonnant que Celui qui a fait toutes choses ait le secret d'agir en chacune de la manière qui lui convient le mieux, et que l'auteur de la liberté humaine sache remuer, sans le rompre, ce ressort délicat! En Dieu, la douceur s'allie toujours à la force, et le mouvement qu'il imprime à la volonté n'a pas d'autre objet que de l'aider à se déterminer elle-même.

(1) « Deus est prima causa movens et naturales causas, et voluntarias. Et sicut naturalibus causis, movendo eas, non aufert quin actus earum sint naturales, ita movendo causas voluntarias, non aufert quin actiones earum sint voluntariæ, sed potius hoc in eis facit : operatur enim in unoquoque secundum ejus proportionem. » (1 a, q. LXXXIII, a. 1, ad 3).

DEUXIÈME PARTIE

L'HÉRÉDITÉ

Nous connaissons la vie et les différentes formes qu'elle peut revêtir. Il nous faut maintenant remonter à sa source et aborder le grave problème de l'hérédité.

Envisagée sous ses aspects les plus généraux et les plus élevés, l'hérédité soulève six grandes questions :

1° Est-elle une loi ?

2° Quelle est la complexité et quelles sont les singularités de cette loi ?

3° Quelle est l'étendue de cette loi ?

4° Quel en est le fondement ?

5° Comment se comporte-t-elle dans ses rapports avec deux autres grandes lois de la nature dont l'action coïncide avec son action propre, à savoir la loi des milieux et celle de l'éducation ?

6° Quels sont ses effets et ses conséquences ?

CHAPITRE PREMIER

Existence de la loi héréditaire.

Un simple fait peut n'être qu'un phénomène accidentel, parfois même un phénomène anormal. La loi, au contraire, revêt toujours un caractère de régularité et de constance. Elle établit un lien entre les phénomènes et les événements du même ordre, et fait qu'ils se déroulent de la même manière, les circonstances étant les mêmes.

Son domaine peut être plus ou moins vaste, des causes extérieures peuvent occasionner un certain nombre de déviations du cours ordinaire, mais les déviations mêmes supposent la loi en plein exercice, et celle-ci maintient invariablement son application dans la grande majorité des cas.

Tel est bien le caractère que l'hérédité présente aux yeux du physiologiste et du psychologue.

Nous la définirons, dans sa conception la plus générale, *un lien secret qui rattache les descendants à leurs ascendants, et fait que ceux-là reproduisent les traits de ceux-ci, dans le degré de fidélité que permet la complexité des circonstances.*

La nature vivante tout entière, avec ses trois règnes végétal, animal et humain, est soumise à cette grande loi. Quelques exemples, empruntés de préférence au règne humain, qui contient les deux autres et qui semblerait devoir faire exception, rendront sensible le fait que nous enons d'avancer.

ARTICLE PREMIER

L'HÉRÉDITÉ PHYSIOLOGIQUE

L'influence héréditaire est sensible dans les diverses propriétés de l'ordre physiologique. La structure *externe* en fournit le premier témoignage. De combien d'enfants ne dit-on pas qu'ils sont « le portrait de leur père, de leur mère, de leurs grands-parents », et combien font penser au mot du poète : *Sic oculos, sic ille manus, sic ora ferebat!*

La même influence peut se révéler dans les membres, le tronc, la tête, etc., mais surtout dans le visage, l'expression ou les traits de la physionomie. Qui n'a entendu parler du nez des Bourbons et de la lèvre des Habsbourg? Chez les Romains, rien de plus connu que les *Buccones*, les *Capitones*, les *Labeones*, les

Nasones et autres noms dérivés d'une propriété héréditaire.

L'hérédité s'accuse pareillement en ce qui touche la taille, le volume du corps, la couleur de la peau.

Elle agit sur la *conformation interne* aussi bien que sur la structure externe. On la constate dans le volume et la forme du système osseux ; dans les proportions du crâne, du thorax, du bassin, de la colonne vertébrale ; dans le système circulatoire, système digestif, système musculaire ; dans le calibre des principaux vaisseaux, dans les proportions du système nerveux, dans les dimensions générales du cerveau, etc.

La puissance de reproduction et la durée de la vie suggèrent des réflexions analogues.

« Une mère a eu 24 enfants, dont 5 filles, qui à elles cinq mirent au jour 46 enfants... Les fils, filles et petits-fils d'un père et d'une mère de 15 enfants participèrent presque tous, dit Lucas, de cette puissance prolifique.

» Dans la vieille noblesse française, plusieurs familles ont joui d'une grande vigueur de propagation. Anne de Montmorency, qui, âgé de plus de 75 ans, put encore, à la bataille de Saint-Denis, briser de son épée les dents du soldat écossais qui lui porta le dernier coup, était père de 12 enfants. Trois de ses aïeux, Mathieu Iᵉʳ, Mathieu II, Mathieu III, en avaient ensemble 18, dont 15 garçons. Le fils et le petit-fils du grand Condé en comptaient 19 à eux deux ; et leur arrière-grand-père, tué à Jarnac, 10. — Les quatre premiers Guise avaient ensemble 43 enfants, dont 30 garçons... Dans certaines familles, cette fécondité a duré pendant cinq ou six générations (1). »

Quant à la durée de la vie, elle est relativement considérable dans certaines familles, et au-dessous de la moyenne chez quelques autres. « Dans la famille de Turgot, on ne dépassait guère l'âge de 59 ans ; et l'homme qui en a fait la célébrité, voyant approcher cette époque fatale, malgré toute l'apparence d'une bonne santé et d'une grande vigueur de tempérament, fit observer un jour qu'il était temps pour lui de mettre ordre à ses affaires et d'achever un travail qu'il avait commencé, parce que, dans sa famille, on finissait à cet âge. Il mourut, en effet, à 53 ans » (2).

Inutile de rapporter des exemples semblables au sujet de la transmission de la force musculaire, de la souplesse, de l'agilité, ou bien encore des caractères individuels de la voix, comme le bégayement, le nasillement, le grasseyement.

ARTICLE II

L'HÉRÉDITÉ PSYCHOLOGIQUE

Si des propriétés physiologiques nous passons aux aptitudes psychologiques, nous y trouverons l'influence héréditaire en plein exercice.

---

(1) Ribot, *L'hérédité psychologique*, Introd. ; cf. Benoiston de Châteauneuf, *Mémoire sur la durée des familles nobles en France*, 1846.

(2) Ribot, *ibid.*

Elle est particulièrement frappante dans le domaine de la sensibilité, facultés perceptives et tendances passionnelles.

Parlons d'abord des sens *extérieurs*. Le *toucher* est le sens primitif et fondamental, dont tous les autres ne sont que des modifications particulières, suivant le mot de saint Thomas: *Omnes alii sensus fundantur supra tactum* (1). Or, l'organe tactile par excellence, c'est-à-dire la main, doit à l'hérédité de nombreuses modifications. « C'est une opinion établie que les hommes et les femmes dont les ancêtres ont mené une vie laborieuse, ont de grandes mains, et qu'au contraire ceux dont les ascendants ont été pendant plusieurs générations déshabitués du travail manuel ont communément la main petite (2) ».

On sait qu'il y a une très grande différence entre la sensibilité tactile des peuples du Nord et celle des races du Midi. Chez les premiers, elle est assez imparfaite, chez les seconds elle est exquise et raffinée.

« Il est d'observation, dit P. Lucas, que les parents transmettent à leurs enfants les perfections et les imperfections les plus singulières du toucher. La peau n'a point de modes d'hyperesthésie ou d'anesthésie qui semblent devoir faire exception à cette règle (3) ».

La vue et le toucher sont, d'après saint Thomas, les plus intellectuels des sens extérieurs, car ils ont la plus décisive influence sur la sagesse humaine : « Præcipuè deserviunt humanæ sapientiæ ; visus

(1) 1a, q. LXXVI, a, 5, c.
(2) Herbert Spencer, *Principles of Biology*, § 82.
(3) Lucas, *op. cit.*, I, p. 481.

quidem, quantùm ad *inventionem*, eo quod plures rerum differentias ostendit; auditus autem, quantùm ad *disciplinam*, quæ fit per sermonem (1) ».

Eh bien, en ce qui concerne la *vue*, toutes les variétés individuelles tendent à se transmettre des parents aux enfants, le strabisme, la myopie, la presbytie, etc.

« Un des cas les plus frappants de l'influence héréditaire sur la vision, c'est le nombre toujours croissant des myopes chez les peuples livrés aux travaux intellectuels. Ce qui amène la myopie, dit M. Giraud-Teulon, c'est le travail assidu de près. Douders, en parcourant des relevés statistiques, remarqua avec étonnement que la myopie est une maladie des classes riches ; que les habitants des villes lui payaient un gros tribut; que la campagne en était presque exempte. — En France, les conseils de revision ont fait la même remarque. — En Angleterre, à l'Ecole militaire de Chelséa, sur 1,300 enfants, 3 seulement étaient myopes. Mais, dans les collèges d'Oxford et de Cambridge, le nombre des myopes est considérable : à Oxford seulement, 32 sur 127. — En Allemagne, les résultats sont encore plus décisifs. Le docteur Cohn, de Breslau, s'est imposé la tâche d'examiner dans les écoles de son pays les yeux de 10,000 écoliers ou étudiants : sur ce nombre, il a trouvé 1,004 myopes, soit un dixième. Dans les écoles de village, ils sont peu nombreux. Dans les écoles urbaines, le nombre des myopes s'élève en proportion du degré des écoles : écoles primaires, 6.7 ;

____

(1) *In epist. 1 S. Pauli ad Cor.*, c. xii, lect. 13, v. 16, 17.

écoles moyennes, 10.3 ; écoles normales, 19.7 ; gymnase et universités, 26.2 pour 100...

» La lecture assidue créant la myopie et l'hérédité la perpétuant le plus souvent, le nombre des myopes doit nécessairement s'accroître chez une nation livrée aux travaux intellectuels (1) ».

Certaines races et certaines familles ont une puissance de vision remarquable ; tandis que chez d'autres la faiblesse est le caractère dominant. Sous ce rapport, les sauvages l'emportent de beaucoup sur les Européens. Darwin a observé que les Fuégiens (habitants de la Terre de Feu), quand ils étaient à bord de son navire, pouvaient voir des objets éloignés beaucoup plus distinctement que les matelots anglais, malgré leur longue pratique.

L'étude de l'*ouïe* conduit à des résultats sensiblement identiques. Ce sens peut avoir, comme la vue, son hyperesthésie, son anesthésie partielle et son anesthésie totale, la surdité. La transmission de la surdi-mutité congénitale a été contestée, au moins pour les cas où l'un des parents est sain.

« Lorsqu'un sourd-muet de l'un ou de l'autre sexe se marie avec une personne saine, il est rare, observe Darwin, que les enfants présentent l'infirmité (2). » Mais plusieurs auteurs admettent que la surdi-mutité est sept fois plus fréquente quand le père et la mère sont tous les deux sourds-muets que lorsqu'un seul parent est atteint de cette affection.

Nous parlerons plus loin de l'hérédité des apti-

<hr>

(1) Ribot, *op. cit.*, 1re partie, ch. II, II, 2.
(2, *Variations*, II, 23.

tudes musicales. Or, si large que soit la part faite à l'imagination et à l'esprit dans la musique, on ne saurait douter que ce talent ne suppose une heureuse conformation de l'organe auditif.

La transmission des aptitudes perceptives des sens extérieurs peut donc être considérée comme un fait absolument acquis à la science. Les faits cités au sujet du toucher, de la vue et l'ouïe nous permettent de conclure par analogie au goût et à l'odorat (1).

*
* *

Les sens *intérieurs*, bien qu'ils aient un organe spécial, dépendent en grande partie des sens extérieurs dont ils emmagasinent les données. Sur l'influence de l'action héréditaire dans la *mémoire*, les faits recueillis sont moins abondants que pour l'imagination. On pourrait toutefois en citer un assez grand nombre. « Les deux Sénèque sont renommés pour leur excellente mémoire : le père, Marcus Annéus, pouvait répéter deux mille mots dans l'ordre où il les avait entendus; le fils, Lucius Annéus, était très bien doué à cet égard, quoique à un moindre degré. — D'après Galton, dans la famille de Richard Porson, l'un des plus célèbres hellénistes d'Angleterre, la mémoire était si remarquable qu'elle était passée en proverbe. Le même auteur « a des raisons de croire qu'une mémoire puissante, exacte pour toutes les questions de détail, caractérise la race juive (2). »

(1) Voir, pour ces deux sens, Lucas, *op. cit.*, I, 383 et ss.
(2) Ribot, *op. cit.* 1re partie, ch. III, n. 2.

La mémoire de Clément VI, de Pic de la Mirandole, de Scaliger et de Mezzofanti tient du prodige ; mais l'histoire ne nous a rien transmis sur celle de leurs divers ascendants.

De la mémoire à l'*imagination*, la transition est d'autant plus facile que celle-ci, en général, ne saurait guère aller sans celle-là. Par exemple, on ne peut être un bon peintre sans avoir la mémoire des formes et des couleurs, ni un bon compositeur sans avoir celle des sons. Or, le talent de la musique et celui de la peinture se transmettent avec une fréquence très remarquable et sur laquelle nous devrons revenir plus loin.

Loin de nous la pensée de contester ou seulement d'atténuer la part prépondérante qui revient à l'intelligence dans les beaux arts. C'est à elle et nullement à l'imagination qu'appartient l'idéal, en tous genres ; car l'idéal, c'est l'immatériel, c'est l'absolu et le parfait, qui ne sauraient relever d'une faculté attachée à l'organisme. Mais dans les arts, l'intelligence doit emprunter à la faculté inférieure les couleurs et les formes qui donnent à l'idéal abstrait le mouvement et la vie.

Ces deux puissances s'allient encore, et de la façon la plus heureuse, pour inventer ces combinaisons merveilleuses où la vertu créatrice de l'âme, travaillant sur les données de la sensibilité, transforme tout ce qu'elle touche et produit des êtres qui n'existent nulle part dans la réalité, une montagne d'or, des terres où coulent le lait et le miel, des héros supérieurs à la nature. Ces créations, l'animal ne les soupçonne pas et l'homme les fait en se jouant, sous l'inspiration de sa double nature imaginative et idéale. « Ex formâ imaginatâ auri et formâ imaginatâ montis, componimus unam formam montis aurei, quem nunquam vidimus. Sed ista operatio non apparet in aliis animalibus ab homine (1) ».

Tant que ces multiples combinaisons ne font qu'associer sous des formes diverses les éléments fournis par la sensibilité, l'imaginative de l'homme suffit à la tâche : « In quo ad hoc sufficit virtus imaginativa ». Mais si la vertu créatrice s'élève plus haut et enfante des produits dont l'image n'a pas été fournie par les sens, il devient nécessaire d'en appeler à l'âme et à l'esprit. « Posset dici quod quamvis prima immutatio virtutis imaginativæ sit per motum sensibilium, quia phantasia est motus factus secundùm sensum, tamen est quædam operatio animæ, in homine, quæ componendo et dividendo, format diversas rerum imagines, etiam quæ non sunt a sensibus acceptæ (2) ».

Or, l'histoire des artistes nous enseigne que l'imagination prend très aisément la nuance et la teinte des milieux, et surtout du climat, et que ces variations infinies, transmises par l'hérédité, donnent à l'art une couleur locale nettement accusée, comme en témoignent assez l'art italien, l'art français, l'art espagnol, l'art allemand, etc...

*
* *

La connaissance sensible engendre l'*appétit* sen-

_____

(1) 1a, q. LXXVIII, a. 4, c.
(2) 1a, q. LXXXIV, a. 6, ad 2.

sible, c'est-à-dire la passion, mouvement des organes et de l'âme, tantôt paisible et tantôt violent, mais qui toujours a pour terme le bien ou le mal de l'ordre matériel.

C'est ici que se montre dans sa plus grande évidence le jeu des influences héréditaires. « Un cheval naturellement hargneux, ombrageux, rétif, produit des poulains qui ont le même naturel » (Buffon).

Saint Thomas a dit de l'homme : *Iracundus generat iracundum* (1).

La tendance à la transmission est tout à fait manifeste dans les penchants inférieurs où domine la matière, par exemple dans la passion pour les liqueurs, pour le manger, pour les rapprochements sexuels. Rien de commun et d'effrayant, sous ce rapport, comme les effets de l'alcoolisme, sous quelque forme qu'ils se présentent. « Un des effets les plus fréquents de l'alcoolisme, dit Magnus Huss, c'est l'atrophie partielle ou générale du cerveau : cet organe est diminué au point de ne plus remplir la boîte osseuse. De là une dégénérescence mentale qui, chez les enfants, produit des fous ou des idiots. »

Il faut dire la même chose du caractère transmissible des passions plus complexes et où l'âme a plus de part, comme le jeu, l'égoïsme, l'avarice, le vol, etc....

Les conclusions du docteur Mandsley n'expriment peut-être pas une loi absolument générale, mais elles s'appliquent sans nul doute à un assez grand nombre de cas : « J'ai remarqué que quand un homme a

____

(1) Ia 2œ, q. LXXXI, a, 2, c.

beaucoup travaillé pour arriver de la pauvreté à la richesse et pour établir solidement sa famille, il en résulte chez les descendants une dégénérescence physique et mentale, qui amène quelquefois l'extinction de la famille, à la troisième ou à la quatrième génération. Quand cela n'a pas lieu, il reste toujours une fourberie et une duplicité instinctives, un extrême égoïsme, une absence de vraies idées morales. Quelque opinion que puissent avoir d'autres observateurs expérimentés, je n'en soutiens pas moins que l'extrême passion pour la richesse, absorbant toutes les forces de la vie, prédispose à une décadence morale, ou intellectuelle et morale tout à la fois (1) ».

⁂

Jusqu'ici nous n'avons parlé que de la partie inférieure de l'âme. La théorie s'applique-t-elle pareillement, au moins dans une certaine mesure, à la partie *supérieure ?* Saint Thomas ne suppose pas que la question puisse être controversée. « *Si natura fuerit fortis*, accidentia etiam individualia propagantur in filios, pertinentia ad dispositionem naturæ, sicut velocitas corporis *et bonitas ingenii*, et alia hujusmodi (2) ».

Les faits donnent raison au Docteur angélique.

Si l'on étudie les formes complexes de l'intelligence, comme l'esprit pratique, l'esprit de réflexion, l'esprit critique, caustique, l'esprit rabelaisien, on

(1) *Pathology of Mind*, p. 234.
(2) 1a, 2æ, q. LXXXI, a. 1.

les trouve très sensibles à l'influence héréditaire.

Nous avons constaté déjà (1) la même influence dans les aptitudes artistiques et poétiques. Et, bien que ces aptitudes relèvent en grande partie de l'imagination, nous avons montré que la raison les revendique à bon droit dans ce qu'elles ont de plus pur et de plus élevé.

On verra plus loin que la proportion décroît, quand on applique la théorie aux facultés les plus hautes, comme la puissance d'abstraction, de généralisation, l'esprit philosophique. Mais on verra aussi que, loin d'être en désaccord avec la théorie, cette décroissance, qui d'ailleurs ne va jamais jusqu'à l'effacement, en est au contraire une éclatante confirmation.

Pour des raisons du même ordre, l'action héréditaire se fait moins remarquer dans les *sentiments* proprement dits que dans les passions, mais il est toujours possible de l'apercevoir. *Bon sang ne peut mentir*, dit le proverbe bien connu. Horace avait exprimé la même vérité dans ce beau vers: « *Fortes creantur fortibus et bonis.* »

L'ancienne noblesse française s'était fait une notoriété bien méritée par sa générosité chevaleresque, sa bravoure sur les champs de bataille, sa fidélité à Dieu et au roi, son dévouement à toutes les grandes causes.

Il est aussi des familles obscures où les enfants héritent d'un sang généreux qui ne demande qu'à se donner ; et c'est de ces familles plus connues de Dieu que des hommes que sortent d'ordinaire le mission-

(1) Supra, p. 259, 260.

naire au cœur vaillant et la sœur de charité à l'âme
saintement avide de sacrifice. « *Ut quantum generi
demas, tantum virtutibus addas.* »

Il y a plus : les nations aussi bien que les familles
ont leur caractère propre et distinctif, et le caractère
national accuse une ténacité capable de résister à
l'action du temps. Sur les bancs de l'école, les enfants
de différente nationalité révèlent des dissemblances
frappantes qui ne font que se développer avec l'âge.
Le Français du dix-neuvième siècle diffère assez peu
du Gaulois de César. « *Virtutem bellicam et argute
loqui.* » Le Juif a planté sa tente sous toutes les lati-
tudes, il s'est mêlé à tous les peuples, sans jamais
laisser entamer cette originalité puissante qui en fait
une race à part.

*
* *

L'hérédité *morbide* est peut-être, hélas ! le
triomphe de la grande loi. Et ici encore, la loi révèle
sa puissance dans le double domaine de la physiologie et de la psychologie.

« *Corporis defectus,* observe saint Thomas, *traducuntur a parente in prolem... Et exinde videmus
quòd filii similantur parentibus, non solùm in defectibus corporalibus, sicut leprosus generat leprosum, et
podagricus podagricum, sed etiam in defectibus animœ, sicut iracundus iracundum, et amentes ex
amentibus nascuntur* (1). » Les statistiques du dix-

_____

(1) 1a 2æ q. LXXXI, a. 1 ; cf. *Comment. in epist. ad Rom.,*
c. x, lect. 3a.

neuvième siècle ont ajouté aux paroles du saint docteur un commentaire d'une douloureuse éloquence, et l'on ne compte plus les victimes que la tuberculose, la phtisie, la névrose, et d'autres maladies plus tristes encore et qu'il est inutile de nommer, font dans les rangs d'une certaine jeunesse viciée à sa source.

« *Sincerum est nisi vas, quodcumque infundis ascessit.*
Sperne voluptatem; nocet empta dolore voluptas.
. . . .
Quo semel est imbuta recens, servabit odorem testa diu! » (1).

*
* *

Toutefois, la thèse de l'hérédité soulève des *objections* de plus d'une sorte.

Ne voit-on pas des frères et des sœurs révéler dans les qualités extérieures, ou dans les dispositions mentales, si peu de ressemblance et même des différences si tranchées, que rien ne fait soupçonner une communauté de sang ?

N'arrive-t-il pas aussi, en plus d'une rencontre, que les enfants manifestent au physique et surtout au moral des dispositions contraires à celles de leurs parents ? Que des enfants droits naissent de parents bossus, et réciproquement ? Que des parents d'une culture rudimentaire donnent le jour à des hommes de grand talent, sinon de génie ? Que des parents

(1) Horace, *Epîtres*, ép. II, v. 54, 55, 69.

sensuels ont une descendance chaste ? — « Les plus grands hommes, a dit Burdach, appartenaient à des familles vulgaires, pauvres ou inconnues. » — « J'ai observé plusieurs fois, ajoute un médecin, que des enfants très peu sensuels sont issus de parents très débauchés. »

Au contraire, un père très distingué par les dons intellectuels peut avoir des enfants médiocres, et un fils sceptique se rencontre parfois dans une famille fort religieuse.

Ces objections, que nous avons voulu présenter dans toute leur force, semblent, au premier abord, faire échec à la doctrine des influences héréditaires.

Nous croyons pourtant que la très grande majorité des exceptions se réduit à des apparences, et que, examinés de plus près, les faits réputés les plus surprenants finissent sans trop d'effort par rentrer dans la loi.

La plupart des objections soulevées plus haut trouveront leur solution dans la suite de cette étude. Pour le moment, nous nous bornerons à une réponse sommaire et nous terminerons par une réflexion générale de nature à prévenir ou à dissiper les malentendus.

On argumente sur ce que plus d'une fois les enfants ne ressemblent en aucune manière aux auteurs de leurs jours. Supposons le fait établi, quoique sa constatation paraisse à tout le moins fort difficile, on n'en pourra tirer aucune conclusion légitime si, au lieu de ressembler à leurs parents immédiats, les enfants ressemblent à leurs aïeux, car dans l'un et dans l'autre cas la loi obtient également gain de cause.

« Les plus grands hommes, reprend Burdach,

appartenaient à des familles vulgaires, pauvres ou inconnues. » Mais qui nous dit que ces familles étaient déshéritées des dons de l'âme comme de ceux de la fortune ? qu'elles ne contenaient aucun germe de génie ou de vertu ? L'organisme sain, robuste, transmis par un père illettré, mais judicieux, n'est-il pas mieux fait que tout autre pour soutenir une saine raison et une vaillante volonté ?

Parfois, un fils sceptique fait la désolation de parents très religieux, et des parents débauchés donnent le jour à des enfants très peu sensuels.

Mais les vertus morales et religieuses sont des fruits de l'âme, et celle-ci est fille de Dieu et non pas des parents.

Ajoutez l'influence de l'éducation qui se mêle aux influences originelles et leur fait subir des modifications souvent bien profondes.

Quant aux différences que l'on remarque parfois entre les enfants d'une même famille, on peut en rendre compte, d'abord par le phénomène de l'atavisme, dont nous parlerons bientôt, ensuite par l'hypothèse, si souvent réalisée, que les parents se sont trouvés dans des conditions ou dispositions différentes, au moment de la procréation, ou qu'une modification s'est produite dans l'état de la mère, pendant le temps qui s'est écoulé entre la conception et la naissance de l'enfant.

Au reste, il faut attacher une importance considérable à une observation générale qui recevra plus tard les développements nécessaires, c'est que la *complexité* de la loi de l'hérédité ne permet pas d'en attendre à l'avance et dans chaque cas particulier des effets précis, absolus et identiques. « Il ne s'agit pas ici, observe M. Ribot, de lois *scientifiques*. Leur détermination est absolument impossible, et la complexité du problème est telle que nous n'avons ni actuellement ni dans un avenir prochain aucun espoir d'y atteindre. Seule la loi scientifique donnerait la prévision ; seule elle permettrait de dire : Tels parents, ayant tels antécédents, dans telles circonstances transmettront à leurs enfants tels caractères. Qui oserait risquer une pareille prévision, sinon à titre probable ? A la vérité, les éleveurs habiles ont su prévoir sur plusieurs points et leur conduite est la plus belle démonstration pratique des lois de l'hérédité. Mais il y a loin de là à une prévision complète, embrassant la totalité des caractères, surtout ceux qui nous occupent, les plus instables, les plus complexes de tous, les caractères *psychiques* (1). »

(1) L'*Hérédité psychologique*, 2ᵉ partie, ch. ɪɪ.

CHAPITRE II

Complexité et singularités de la loi.

L'hérédité est la loi. Mais c'est une loi essentiellement complexe, et dont la complexité engendre des
singularités remarquables. Etudier ces singularités,
c'est entrer plus avant dans la nature de la loi, et
apprendre à la reconnaître sous les formes si différentes qu'elle revêt tour à tour.

Les deux grandes formes de l'hérédité sont l'hérédité *immédiate* et l'hérédité *médiate ;* la première
exprime l'action du père et de la mère sur leurs enfants ; la seconde, plus connue sous le nom d'atavisme, désigne le cas où les enfants ressemblent à
leurs grands-parents, ou même à des parents encore
plus éloignés, sans ressembler à leurs parents immédiats.

ARTICLE PREMIER

L'HÉRÉDITÉ IMMÉDIATE

L'hérédité immédiate est le cas le plus ordinaire de
la loi. Elle est toujours plus ou moins BILATÉRALE, en

ce sens que l'enfant hérite toujours de son père.et de sa mère, et jamais de l'un ou de l'autre exclusivement. C'est un fait d'observation générale et qui résulte de la nature des choses.

D'un autre côté, l'hérédité n'est jamais entièrement bilatérale, car, en fait, l'action de l'un des parents est toujours prépondérante. Pour qu'on pût trouver dans l'enfant un parfait équilibre des qualités paternelles et maternelles, il faudrait, de la part des deux parents, une parfaite égalité d'action. Cette parfaite égalité n'a jamais lieu, il y a toujours une prépondérance plus ou moins marquée du père ou de la mère, et cette prépondérance appartient généralement à celui des deux chez qui la force générale ou partielle d'organisation physique ou mentale l'emporte. Les exemples apportés par un grand nombre d'auteurs démontrent que cette règle s'applique indifféremment au règne végétal, au règne animal et au règne humain.

À ce point de vue, on peut dire que l'hérédité est toujours plus ou moins *unilatérale*.

*
* *

Mais cette prépondérance du père et de la mère se manifeste parfois d'une façon bizarre : « Chaque parent semble avoir fait élection d'un organe particulier. Le père, dit Lucas, peut transmettre à l'enfant le cerveau et la mère l'estomac ; l'un le cœur, l'autre le foie ; l'un l'intestin, l'autre le pancréas ; l'un les reins, l'autre la vessie. Ces faits ont été établis par l'anatomie animale et humaine. Ils donnent la raison organique de cet entrelacement quelquefois si bizarre des instincts, des prédispositions morbides ou passionnelles des deux parents dans l'enfant.

« Quelquefois, l'égalité d'action des deux parents semble consister en un partage où l'un donne les formes extérieures et l'autre lègue ses qualités mentales... »

Chez l'homme, l'exemple le plus connu est celui de Lislet-Geoffroy, ingénieur à l'Ile-de-France.

« Il était fils d'un blanc et d'une négresse très bornée. Au physique, il était nègre autant que sa mère par les traits, la couleur, la chevelure et par l'odeur propre à sa race. Au moral, il était si bien un *blanc*, sous le rapport du développement intellectuel, qu'il avait réussi à vaincre les préjugés du sang si puissants aux colonies, à être reçu dans les maisons les plus aristocratiques. A sa mort, il était membre correspondant de l'Académie des sciences (1). »

La prépondérance peut encore s'exercer par un sexe sur le sexe du même nom ; le fils ressemble au père, et la fille à la mère. Mais elle s'exerce parfois par un sexe sur le sexe de nom contraire ; la fille ressemble au père, et le fils à la mère.

Arrêtons-nous à ce dernier cas qui a donné lieu à une discussion intéressante.

Certains auteurs ont soutenu qu'en général l'hérédité va d'un sexe au sexe de nom contraire. C'est là, suivant eux, ce qui explique pourquoi tant de grands hommes ont eu des fils médiocres. *Tout fils tient de la mère*, a dit Michelet.

Dans le domaine physiologique, l'hérédité *croisée*

____

(1) Ribot, op. cit., II° partie, ch. ii, sect. 1°.

accuse une assez grande fréquence. On la remarque surtout dans la transmission des affections morbides. Généralement on voit la claudication, la gibbosité, le rachitisme, la surdi-mutité, la microphtalmie, en un mot toutes les imperfections organiques, passer du père aux filles, de la mère aux fils (1).

Cependant, il résulte d'un travail d'ensemble, essayé par Baillarger (2) sur les maladies mentales, qu'on aurait tort de regarder l'hérédité croisée comme le cas le plus fréquent. Sur 571 cas observés, il en a trouvé 246 d'hérédité croisée et 325 d'hérédité non croisée.

L'histoire fournit plusieurs noms connus en faveur de l'hérédité croisée.

1° *Hérédité du père à la fille.* — Dans l'antiquité, Cicéron et Tullia ; — Octave et Julie ; — Caligula et Julia Drusilla ; — Théon le géomètre et Hypatie.

On se plaignait à Caligula de ce que sa fille, âgée de deux ans, égratignait les petits enfants qui jouaient avec elle et tentait même de leur arracher les yeux ; il répondit en riant : « Je vois bien qu'elle est ma fille. »

Dans les temps modernes, on cite Louis XI et Anne de Beaujeu ; — Henri VIII et ses filles Elisabeth et Marie ; — Henri II et Marguerite de Valois ; — Henri IV et Henriette d'Angleterre ; — Cromwell et ses filles ; — Necker et Mᵐᵉ de Staël.

2° *Hérédité de la mère au fils.* — Cornélie et les Gracques ; — Livie et Tibère ; — Agrippine et Néron ; — Faustine et Commode ; — Blanche de Castille et

(1) Cf. Girou, *De la génération*, 276 et ss.

(2) *Recherches sur l'anatomie, la physiologie et la pathologie du système nerveux.*

Saint-Louis ; — Louise de Savoie et François Ier ; — Catherine de Médicis et François Ier ; — Jeanne d'Albret et Henri IV ; — Marie de Médicis et Louis XIII ; — les deux Chénier et leur mère ; — Buffon et sa mère, dont il faisait le plus grand éloge.

Goethe ressemblait physiquement à son père, et psychologiquement à sa mère.

Chose étrange, on voit des enfants ressembler à leur mère pendant une période plus ou moins longue de leur vie, et à partir de ce moment se rapprocher de leur père, et réciproquement.

Une autre singularité de la loi est la forme de l'hérédité aux *périodes correspondantes de la vie.*

Pour l'ordinaire, une qualité physique, intellectuelle ou morale, transmise par les parents à leurs enfants, se révèle dès l'enfance de ceux-ci. Mais si, chez l'ascendant, une disposition, un caractère apparaît brusquement à l'âge adulte, chez le descendant, la même disposition, le même caractère apparaît brusquement au même âge, sous la même forme. Hœckel a donné à cette loi le nom « d'hérédité homochrone ». C'est le cas ordinaire des maladies héréditaires.

La cécité fournit à ce sujet des exemples très frappants. Dans une famille, elle fut héréditaire pendant trois générations, et trente-sept enfants et petits-enfants devinrent tous aveugles entre 17 et 18 ans. Dans un autre cas, un père et ses quatre enfants furent atteints de cécité à 21 ans. De même pour la surdité : deux frères, leur père et leur grand-père paternel devinrent tous sourds à l'âge de 40 ans (1).

(1) Cf. Darwin, *Variation,* II, 80 ; *Descendance de l'homme,* I, 303.

La chorée qui apparaît ordinairement dans l'enfance, la phthisie dans l'âge moyen, la goutte dans un âge plus avancé, sont naturellement héréditaires aux mêmes époques (1).

Esquirol donne des exemples d'aliénation mentale, qui se serait déclarée au même âge dans diverses générations, comme celui d'une famille entière dont tous les membres furent atteints de folie à quarante ans (2).

ARTICLE II

L'HÉRÉDITÉ MÉDIATE OU L'ATAVISME

L'hérédité en retour, si connue sous le nom d'*atavisme*, se produit lorsque l'enfant, au lieu de ressembler à ses parents immédiats, ressemble à quelqu'un de ses grands-parents, ou à quelque ancêtre encore plus reculé.

L'atavisme peut revêtir deux formes bien distinctes, l'hérédité *directe*, quand l'enfant ressemble à ses grands-parents, et l'hérédité *indirecte* ou *collatérale* quand la ressemblance a lieu entre un neveu et son oncle, entre une nièce et sa tante, etc...

Chez certains animaux, le ver à soie par exemple, l'atavisme se présente après plus de cent générations.

(1) Cf. Lucas, op. cit. III, p. 718.
(2) Cf. Moreau, *Pychologics morbide.*

L'expérience des éleveurs fixe à six ou huit générations la moyenne nécessaire pour fixer un caractère et être garanti contre les chances d'hérédité en retour.

L'atavisme n'est pas moins fréquent dans le règne humain. Plutarque raconte qu'une femme grecque ayant mis au jour un enfant noir, et étant appelée en justice pour adultère, il se trouva qu'elle était en la quatrième ligne descendue d'un Éthiopien.

« J'emprunte, dit M. de Quatrefages, au docteur Parson, un cas doublement intéressant, en ce qu'il a été officiellement constaté et en ce qu'il montre une disposition héréditaire fort étrange dans l'union de deux noirs :

« Deux esclaves noirs, dans une même habitation située dans la Virginie, se marient. La femme met au monde une fille entièrement blanche. En voyant la couleur de son enfant, elle fut saisie de terreur, et, tout en déclarant qu'elle n'avait jamais eu de relations avec un blanc, elle s'efforça de cacher sa fille, en faisant éteindre la lumière pour que le père ne pût la voir. Celui-ci arriva bientôt, se plaignit de cette obscurité inusitée et demanda à voir son enfant. Les terreurs de la mère s'en accrurent quand elle vit son mari approcher la lumière ; mais, dès qu'il put voir sa fille, il parut enchanté... Peu de jours après il lui dit : « Vous avez eu peur de moi, parce que mon enfant était blanc, mais je l'aime bien davantage pour cela. Mon propre père était blanc, bien que mon grand-père et ma grand'mère fussent aussi noirs que vous et moi. Quoique nous venions d'un pays où l'on n'a jamais vu de peuple blanc, il y a toujours eu un en-

fant blanc dans toutes les familles qui se sont alliées
à nous (1). »

C'est un fait vulgaire, dans l'histoire des maladies,
que certaines affections, telles que le rhumatisme et
surtout la goutte, vont du grand-père au petit-fils. Tous
les aliénistes rapportent des exemples analogues.

Pour ce qui regarde les qualités intellectuelles et
morales, comme le talent, le caractère, les passions,
l'hérédité en retour n'est pas moins fréquente.

Elle se montre un peu plus rarement sous la forme
indirecte ou collatérale. Longtemps même elle a ren-
contré bien des sceptiques. Comment supposer que
l'oncle, la tante, le cousin, la cousine, n'ayant aucune
part dans la génération, la ressemblance pouvait être
autre chose que l'effet du hasard ou de causes purement accidentelles? Cependant, ces ressemblances
sont trop nombreuses pour être attribuables à des
causes de ce genre. L'antiquité avait noté la ressemblance d'Alexandre le Grand avec Pyrrhus, son petit-
neveu, celle de César avec son petit-neveu Octave (sa
mère était nièce de César), de Sénèque et de son neveu
Lucain, de Pline l'Ancien et de son neveu Pline le
Jeune, fils d'une sœur. On pourrait encore citer
Montmorency et son neveu Coligny, Maurice de
Nassau et son neveu Turenne, Gustave-Adolphe et
son petit-neveu Charles XII, Corneille et Fontenelle...

L'expérience vulgaire fait chaque jour des consta-
tations analogues.

Comment expliquer scientifiquement le phénomène
de l'hérédité en retour, et celui plus bizarre encore de

____

(1) *Unité de l'espèce humaine.*

l'hérédité collatérale? En supposant — ce qui se trouve confirmé par un grand nombre de faits biologiques — que les caractères transmis sont conservés à l'*état latent* dans les générations *intermédiaires*, et *réveillés* ensuite par quelque cause extrinsèque. Des expériences très nombreuses établissent que certains instincts, certaines aptitudes physiologiques et psychiques demeurent parfois à l'état latent dans un individu et même dans une série d'individus, sans qu'on puisse découvrir aucune trace de leur présence, et se montrent tout à coup, à un moment donné, sous l'influence de circonstances différentes.

A ce point de vue, l'hérédité collatérale s'explique aussi bien que l'hérédité directe, car elle n'est qu'une forme de l'atavisme, forme plus rare, à la vérité, mais qui diffère de celui-ci en apparence seulement. Le neveu ne descend pas de son oncle, ni la nièce de sa tante, non plus que les cousins ne descendent les uns des autres, mais le neveu ressemble à son oncle, la nièce à sa tante, la cousine à son cousin, parce qu'ils tiennent ce caractère d'un ancêtre commun qui l'a transmis à des générations intermédiaires, qui l'ont gardé à l'état latent.

Ainsi envisagée, l'hérédité en ligne collatérale n'a rien de plus étrange que l'hérédité directe. Et bien loin de contredire la loi générale, elle lui apporte une éclatante confirmation, en montrant tout ce qu'il y a en elle de souplesse, et en même temps de solidité et de ténacité.

CHAPITRE III

Étendue de la loi.

Les lois de la nature n'ont pas toutes le même rayonnement ni la même portée. Quelle est au juste l'étendue de celle qui nous occupe en ce moment? S'applique-t-elle aux aptitudes *acquises*, aussi bien qu'aux dispositions innées?

S'applique-t-elle dans la même mesure à toutes les propriétés innées, ou son influence irait-elle en décroissant quand on s'élève dans l'échelle des facultés supérieures?

Enfin, réussit-elle jamais à se réaliser dans son intégrité absolue, ou plutôt ne demeure-t-elle pas toujours plus ou moins dans l'exception? Telles sont les questions que nous devons résoudre.

ARTICLE PREMIER

L'INFLUENCE HÉRÉDITAIRE PEUT S'ÉTENDRE A TOUTES LES APTITUDES DE L'ÊTRE VIVANT, MÊME AUX CARACTÈRES ACQUIS.

Nous avons montré que l'hérédité est la loi générale dans l'ordre végétal, animal et humain, et que, sous ce rapport, le monde psychologique correspond au monde physiologique. Mais jusqu'ici nous n'avons parlé que des tendances naturelles et congénitales, et non point des tendances acquises et personnelles. Sous le nom de caractères acquis, on désigne tous ceux qui apparaissent pour la première fois chez un individu et qu'on ne trouve pas chez ses parents, quel que soit, d'ailleurs, le mode de production de ces caractères adventices. Voici, par exemple, un homme qui n'avait aucun don naturel remarquable, mais qui par la force des circonstances et par une longue pratique a su acquérir des aptitudes spéciales supérieures; on demande s'il pourra transmettre ces aptitudes à sa postérité.

Saint Thomas pose un principe général d'une grande importance, c'est que la génération tend à produire le semblable dans l'espèce plutôt que dans les attributs individuels ou personnels. Et il infère de ce principe que d'ordinaire, une aptitude acquise et personnelle ne passe pas du père aux enfants; par exemple, qu'un grammairien ne transmet pas à son fils les connaissances qu'il a acquises par ses études (1).

Le raisonnement du Docteur angélique repose sur

(1) « Homo generat sibi idem in specie, non secundum individuum, et ideo ea quæ directè pertinent ad individuum, sicut personales actus et quæ ad eos pertinent, non traducuntur a parentibus in filios ; non enim grammaticus traducit in filium scientiam grammaticæ, quam proprio studio acquisivit; sed ea quæ pertinent ad naturam speciei traducuntur a parentibus in filios, nisi sit defectus naturæ, sicut oculatus generat oculatum, nisi natura deficiat. » (1a 2æ, q. LXXXI, a. 2, c.).

la base suivante : la génération est l'office de la nature plutôt que de la personne, car le principe générateur est avant tout la forme spécifique et non pas la forme individuelle. *In qualibet generatione, principium generationis principaliter non est aliqua forma individualis, sed forma quæ pertinet ad naturam speciei. Item, non oportet quòd genitum similetur generanti, quantùm ad conditiones individuales, sed quantùm ad naturam speciei* (1).

Ce n'est pas que le saint docteur méconnaisse ou ignore l'influence des dispositions individuelles ou de la forme accidentelle dans la génération. *Virtus generantis movet non solum quantum ad id quod est speciei, sed etiam quantùm ad id quod est individui.*

Voilà pourquoi le fils ne reproduit pas seulement les propriétés spécifiques de son père, mais encore ses propriétés individuelles. *Ratione cujus filius assimilatur patri etiam in accidentalibus, et non solùm in naturâ speciei* (2).

Mais, dans la pensée du Maître, une qualité individuelle ne peut être transmissible que si elle arrive à pénétrer de quelque manière dans la nature, et par suite à produire quelque modification dans l'état du principe générateur : *Forma generantis movet...* ; autrement, elle ne sort pas de la personne en qui elle se trouve. *Si natura sit fortis, etiam aliqua accidentia individualia propagantur in filios, pertinentia ad dispositionem naturæ..., nullo autem modo ea quæ sunt purè personalia* (3).

(1) *Qq. dispp. de Pot.*, q. ii, a. 3, ad 5.
(2) 3a, q. liv, a. 1, ad 1.
(3) *Qq. dispp. de Pot.*, q. ii, a. 3, ad 5.

Quant aux savants modernes, ils se montrent très partagés sur ce sujet.

On connaît la loi formulée par Lamarck, en termes tout à fait généraux : « *Tout ce que la nature a fait acquérir* ou perdre aux individus par l'influence des circonstances où leur race se trouve depuis long-temps exposée, elle le conserve par la génération aux nouveaux individus qui en proviennent, pourvu que les changements acquis soient communs aux deux sexes ou à ceux qui ont produit de nouveaux individus. »

MM. Weismann et Galton, qui ont fait sur cette question des études très suivies, et qui (le premier sur-tout), appartiennent à l'école évolutionniste avancée, soutiennent une opinion absolument contraire à celle de Lamarck. A leur avis, les qualités acquises et simplement *somatogéniques* n'ont aucune influence sur la cellule génératrice, et par là même ne se trans-mettent pas. Voici les propres paroles de Weismann : « Je crois pouvoir affirmer aujourd'hui que l'exis-tence matérielle d'une transmission des caractères acquis ne peut être démontrée, et qu'il n'existe pas de preuves directes du principe de Lamarck (1). »

MM. Turner et Ibis disent qu'on ne peut rien affir-mer de positif sur ce sujet ; Russel Wallace pense que la transmission de ces propriétés, à supposer qu'elle se produise réellement, se fait dans des pro-portions si minimes qu'elle ne mérite pas d'entrer en ligne de compte.

Weismann s'est particulièrement appliqué à l'étude des *mutilations*, et, sur ce terrain, les faits ont dé-

____

(1) Discours prononcé devant l'Association des naturalistes allemands à Cologne, 20 septembre 1888.

posé en faveur de sa théorie. Par exemple, en coupant l'appendice caudal à cinq générations successives de souris blanches, il n'a observé aucune modification chez les descendants de ces animaux.

Même expérience au sujet des chats à courte queue de l'île de Nau et du Japon.

On cite encore de nombreuses générations de lézards ayant brisé leur queue pour échapper à des ennemis divers, sans que jamais cet appendice ait cessé de réapparaître dans la descendance de ces animaux.

Des exemples du même ordre ont été observés dans le règne humain.

Mais M. Brown-Séquard (1) a observé, en sens contraire, que souvent les effets de lésions purement accidentelles se transmettent par la génération. Signalons quelques-unes seulement des remarques de ce savant :

1° Épilepsie chez des descendants de cobayes, mâles ou femelles, chez lesquels on avait produit la même affection par une section du nerf sciatique ou de la moelle épinière ;

2° Un changement particulier de la forme de l'oreille et une occlusion partielle des paupières chez des descendants d'individus (cobayes) ayant eu les mêmes effets après la section du nerf du grand sympathique cervical ;

3° De l'exophtalmie chez des descendants de

<hr>

(1) *Faits nouveaux établissant l'extrême fréquence de la transmission par hérédité d'états organiques morbides, produits accidentellement chez les ascendants.* (*Compt s re us de l'Académie des sciences,* 13 mars 1882.)

cobayes ayant eu cette protusion de l'œil après une lésion du bulbe rachidien.

Tous ces faits ont été confirmés par M. Dupuy (1).

Quant à la fréquence de ces transmissions, M. Brown-Séquard affirme que chez plus des deux tiers des animaux nés de parents chez lesquels une lésion accidentel'e a fait apparaître plusieurs de ces états morbides, ces altérations se sont montrées.

En résumé, une mutilation subie par le père ne se transmet jamais à ses descendants, si elle demeure à l'état d'affection *locale* et ne produit aucune modification *générale* dans l'organisme. Mais il semble démontré que certaines lésions accidentelles déterminent dans l'économie une action perturbatrice d'un caractère général et qui s'étend par là même aux organes reproducteurs.

On sait aussi que chez les animaux, surtout chez les animaux supérieurs, une émotion un peu vive éprouvée par la mère dans certaines circonstances spéciales laisse assez souvent des traces visibles sur ses enfants.

Certains animaux peuvent même, sous l'action des circonstances, acquérir peu à peu des *instincts* particuliers et les transmettre à leur postérité. Si l'on donne la chasse aux perdreaux, ces oiseaux n'apportent pendant quelque temps aucun changement à leurs habitudes. Mais si le fait se reproduit avec persistance, ils deviennent peu à peu sauvages, et

____

(1) *De la transmission héréditaire des lésions acquises.* (*Bulletin scientifique de la France et de la Belgique*, t. XXII, p. 415, 1890.)

après quelques générations, se retirent de leurs pays d'origine.

Les auteurs opposés à la transmission des caractères acquis ont établi une séparation trop absolue entre les cellules somatiques et les cellules reproductrices. Généralement très peu marquée dans un grand nombre de végétaux, où parfois une cellule somatique quelconque se comporte comme une cellule génitale parthénogétique et réussit à reproduire l'être tout entier, cette séparation semble moins profonde qu'on veut bien le dire, même chez les animaux où la différenciation est le plus accentuée. D'une part, le milieu agit incontestablement sur le soma, et d'autre part, le soma, grâce au phénomène de la nutrition, ne peut manquer d'exercer son influence sur le plasma germinatif. Et si, par suite de cette action venue du dehors, le plasma subit quelque modification particulière, il doit la transmettre par la voie héréditaire.

⁎
⁎ ⁎

Nous savons maintenant à quelle condition les qualités acquises peuvent être tenues pour transmissibles.

Ce sera à l'expérience, et à l'expérience seule, de constater si la condition a été remplie et si la transmission a eu lieu. On ne peut donner là-dessus aucun critérium général.

Mais une chose demeure absolument hors de conteste : c'est que les aptitudes acquises ne peuvent que jouer un rôle fort secondaire dans la grande loi des influences héréditaires. En effet, les conditions extérieures qui ont produit une modification dans le soma, et par le soma dans la cellule germinative, sont susceptibles de changer à chaque instant, et par suite la modification présente un caractère essentiellement instable.

Il y a plus : et l'on peut concevoir que l'apparition de conditions extérieures différentes des premières produise une variation *contraire* à la variété précédemment acquise et en neutralise l'effet, si même elle ne le supprime entièrement.

S'il en est ainsi, la théorie darwiniste, qui repose en grande partie sur la transmissibilité des caractères acquis, se trouve infirmée par les faits eux-mêmes ; car la transmissibilité dont on parle ne saurait, nous venons de le démontrer, ni produire ni surtout conserver les transformations notables imaginées pour la production de nouvelles espèces.

ARTICLE II

LA LOI HÉRÉDITAIRE S'APPLIQUE AVEC D'AUTANT MOINS DE RIGUEUR QU'ON S'ÉLÈVE DAVANTAGE DANS L'ÉCHELLE DES FACULTÉS MENTALES.

Nous avons reconnu à l'hérédité les deux caractères d'une loi proprement dite, l'universalité et la constance ; et nous n'avons éprouvé aucune surprise de la constater dans l'animal aussi bien que dans la plante, chez l'homme aussi bien que chez l'animal. Si elle tient à la génération, n'est-il pas naturel, inévitable, qu'elle s'applique à tous les êtres qui entrent dans le monde par cette voie ?

Toutes les fois qu'il est question d'aptitudes attachées à l'organisme, la nature de ces aptitudes n'a que peu ou point d'importance, au point de vue des influences dont nous parlons. Sous ce rapport, on ne saurait découvrir aucune raison appréciable pour que ces influences se fassent moins sentir dans les dispositions psychiques, telles que les sensations et les appétits, que dans les dispositions physiologiques, comme la santé ou la force musculaire.

En fait, tant qu'on demeure dans ces régions moyennes, l'observation ne révèle aucune différence sensible dans les applications de la loi générale. S. Thomas l'avait déjà remarqué : « *Oculatus generat oculatum, et iracundus iracundum* (1) ».

Mais il n'en va plus de même dès qu'on pénètre dans la partie supérieure de l'âme, dès qu'on touche aux différentes formes de la pensée. Et la raison en est bien simple, puisqu'on s'éloigne de plus en plus de la matière et de la génération. Toutefois, même dans ses conceptions les plus hautes, l'esprit humain, substantiellement uni au corps qu'il anime, garde toujours des attaches avec la sensibilité qui est au point de départ de la connaissance intellectuelle. « *Naturale est homini ut per sensibilia ad intelligibilia veniat, quia omnis nostra cognitio incipit a sensu* (2). »

(1) I-II, 81, 1, c ; et 2, c.
(2) I, 1, 9, c.

*
* *

S. Thomas a donné des sciences une classification basée sur leur degré d'abstraction, qui a des rapports très étroits avec notre sujet. Il range les sciences spéculatives en trois groupes généraux : au bas de l'échelle, les sciences physiques ; un peu plus haut, les sciences mathématiques ; et enfin, au sommet, la métaphysique.

La pure spéculation peut indifféremment tourner ses regards vers le monde des corps, ou s'élever jusqu'à la sphère de l'immatériel. Partant de ce principe, on peut classer les sciences d'après la distance qui les sépare du mouvement et de la matière. Il en est parmi elles qui étudient des objets absolument inséparables de la matière sensible : telles sont la physique, la chimie et généralement toutes les sciences naturelles. Il en est d'autres qui, tout en étudiant la matière, ne s'arrêtent pas à la matière sensible, mais s'attachent uniquement à la matière abstraite, intelligible ; et l'on doit placer dans ce groupe les mathématiques, qui, à leur tour, se partagent en plusieurs ramifications. Arrivé là, l'esprit peut monter encore plus haut, et porter sa pensée vers des objets absolument immatériels, comme Dieu et les anges, ou du moins qui n'ont aucune attache nécessaire avec les choses sensibles, comme la substance, l'acte, l'unité, la qualité, etc. Ici commence une science divine, appelée tour à tour *théologie*, parce que son objet principal est la connaissance de Dieu, et *métaphy-*

sique, parce qu'elle dépasse la région des réalités physiques (1).

Ainsi, il y a des sciences qui, en vertu même de leur objet, font une part assez notable à la sensibilité et à l'imagination ; telles sont la physique et les mathématiques, et pour un motif analogue, les *arts* eux-mêmes, si différents, à d'autres points de vue, des sciences de la matière. Au contraire, la métaphysique, où domine l'abstraction, où règne en souveraine la raison pure, n'a que des rapports lointains avec les facultés inférieures de l'âme.

(1) « Speculabili, quod est objectum scientiæ speculativæ, per se competit separatio a materiâ et a motu, vel applicatio ad ea. Et ideo, secundum ord nem remotionis et a materiâ et a motu scientiæ speculativæ distinguuntur.

» Quædam igitur sunt speculabilium, quæ dependent a materiâ secundum esse, quia nonnisi in materiâ esse possunt, et hæc distinguuntur, quia dependent quædam a materiâ secundum *esse* et *intellectum*, sicut illa in quorum definitione ponitur materia *sensibilis ;* unde sine materiâ sensibili intelligi non possunt... ; et de his est *physica,* sive scientia *naturalis.*

» Quædam vero sunt quæ, quamvis dependeant a materiâ secundum esse, non tamen secundum intellectum, quia in eorum definitionibus non ponitur materia sensibilis, ut linea et numerus : et de his est *mathematica.*

» Quædam vero sunt speculabilia quæ non dependent a materiâ secundum esse, quia sine materiâ esse possunt, sive nunquam sint in materiâ, sicut Deus et angelus, sive in quibusdam sint in materiâ et in quibusdam non, ut substantia, qualitas, potentia, et actus, unum et multa, et hujusmodi : de quibus omnibus est *theologia,* idest divina scientia, quia præcipuum cognitorum in eâ est Deus. Alio nomine dicitur *metaphysica,* id est *transphysica.* » (*Opusc.* 63, in Boet. *Trinit.,* a. 1, c).

Tous les faits observés déposent en faveur de la théorie de saint Thomas.

Candolle « ne trouve d'indice d'une hérédité spéciale de facultés que dans les mathématiques et la musique. En ce qui concerne les mathématiques, il y a des faits, soit dans l'histoire des savants, soit dans l'observation ordinaire, d'après lesquels une certaine facilité de calculer serait héréditaire à peu près comme celle de comprendre instinctivement la musique (1) ».

« Les familles scientifiques ne sont pas rares », dit à son tour M. Ribot. « Beaucoup de savants tiennent de leur père. L'atmosphère de recherches où ils ont vécu n'a sans doute pas été étrangère à leur vocation ; mais l'éducation ne fait pas le génie, et, pour être apte aux recherches scientifiques, il faut plus que cette transmission extérieure qu'elle donne. On a remarqué aussi que beaucoup de savants ont eu pour mère ou grand'mère des femmes remarquables : ainsi Buffon, Bacon, Condorcet, Cuvier, d'Alembert, Forbes, Watt, Jussieu, etc... »

L'hérédité peut, dans certaines circonstances,

(1) *Histoire de la science et des savants*, p. 282. « Bernouilli Jacques, d'origine suisse, est le premier qui ait commencé la réputation d'une famille célèbre par le nombre de mathématiciens, physiciens, naturalistes qu'elle a produits. Nous donnons ici le tableau de cette famille ; chacun des membres mentionnés s'est distingué dans quelque ordre de science.

JACQUES-JEAN.   NICOLAS.

NICOLAS-DANIEL-JEAN.

JEAN-JACQUES.

transmettre des dispositions contraires. Chez certaines familles, d'ailleurs très bien douées au point de vue intellectuel, on remarque, une sorte d'impuissance, sinon une antipathie naturelle pour les mathématiques, analogue à celle qu'éprouvait Montaigne pour la médecine. « Cette antipathie que j'ay à leur art (des médecins) m'est héréditaire. Mon père a vécu soixante-quatorze ans, mon ayeul soixante-neuf, mon bisayeul près de quatre-vingts, sans avoir goûté aucune sorte de médecine... Mes ancêtres avaient la médecine à contre-cœur, par quelque inclination occulte et naturelle ; car la vue même des drogues faisait horreur à mon père... Il est possible que j'ay reçu d'eulx cette dispathie naturelle à la médecine (1) ».

Les familles de peintres et de musiciens sont beaucoup plus nombreuses que les familles de savants. « Le sentiment de la musique, dit Candolle, c'est-à-dire une aptitude à mesurer le temps et à distinguer les notes, est une disposition de naissance chez beaucoup d'enfants et une disposition dont on trouve l'origine clairement dans beaucoup de cas, chez le père, la mère, ou les ascendants. Quand les parents des deux côtés sont musiciens, presque toujours les enfants naissent avec l'oreille juste. Quand l'un des deux est seul musicien, ou que, dans l'une ou l'autre famille, cette qualité n'est pas ordinaire, on voit souvent des frères et des sœurs différer sous ce rapport. L'aptitude musicale, dans ce cas, n'est pas fractionnée ou atténuée pour chacun des enfants ; mais l'un a l'oreille juste et l'autre ne l'a pas. »

(1) Essais, II, 37.

Parmi les personnages qui ont hérité du talent musical, on peut citer Allegri, le célèbre compositeur du *Miserere* de la chapelle Sixtine ; Amati Andrea, le plus illustre d'une famille de violonistes de Crémone ; Beethoven, Benda, Francesco, ses trois frères et ses deux filles, Dussec, Ladislas, ses frères et sa fille ; Haydn et son frère, Mendelssohn, Meyerbeer et ses frères, Mozart et ses fils, Palestrina et ses fils. La famille des Bach présente un des plus beaux cas qui puissent se rencontrer. Elle commence en 1550 et traverse huit générations. Il est sorti de cette famille, pendant près de deux cents ans, une foule d'artistes de premier ordre.

L'histoire de la peinture nous présente les Landseers, les Bonheur, les Bellini, les Carache, les Teniers, les Van Ostade, les Mieris, les Van der Velde, etc... Sur une liste de quarante-deux peintres italiens, espagnols ou flamands, considérés comme les plus illustres, Galton en a trouvé vingt-et-un qui ont des parents célèbres (1).

Les familles de poètes sont extrêmement rares, et on voici la raison : on ne peut être musicien sans une

(1) Voici les noms donnés par l'auteur :
Bassano, Bellini, Buonarotti (Michel-Ange), Callari (Paul Véronèse), Caracci, Louis et Annibal, Amabué, Correggio, Dominiquin, Francia, Gelée (Claude Lorrain), Giorgione, Giotto, Guido Reni, Parmegiano, le Pérugin, Sébastien del Piombo, Poussin, Robusti (le Tintoret), Salvator Rosa, Rafaël Sanzio Vecellio (Titien), Leonardo da Vinci, Murillo, Ribeira, Spagnolotto, Velasquez, Gérard Dow, A. Durer, les deux Van Eyck, Holbein, Mieris, Van Ostade, Potter, Rembrandt, Rubens, Ruysdael, Teniers, Van Dyck, Van der Velde. (*Hereditary Genius,* p. 211.)

sensibilité exquise de l'oreille, ni peintre sans un don inné des couleurs et des formes qui suppose une certaine conformation de l'organe visuel ; la poésie ne réclame pas au même degré ces dispositions physico-psychiques, mais elle suppose un idéal plus élevé, plus immatériel, et, par suite, une âme plus grande, une intelligence plus haute. Pour ce double motif, l'hérédité a beaucoup moins de part dans la poésie que dans les autres arts.

Galton, d'après un travail qu'il a fait sur 56 poètes, trouve des preuves d'hérédité (à divers degrés) dans la proportion de 40 pour 100.

M. Ribot supprime plusieurs noms de cette liste, et ajoute qu'on aurait pu en retrancher d'autres encore « dont la généalogie est complètement inconnue (Sapho, Térence, etc.) ou qui n'ont pas laissé de famille ».

La statistique de Galton (1) n'est donc pas de nature à infirmer notre thèse.

L'hérédité chez les philosophes est plus rare encore (2).

(1) Voici la liste donnée par cet auteur :
Alfieri, Anacréon, Arioste, Aristophane, Burns, Byron, Calderon, Camoens, Chaucer, Chénier, Coleridge, Corneille, Cooper, Dante, Dryden, Eschyle, Euripide, Gœthe, Goldoni, Gray, Heine, Horace, Hugo, Juvénal, La Fontaine, Lamartine, Lucain, Lucrèce, Métastase, Milton, Musset, Molière, Moore, Ovide, Pétrarque, Plaute, Pope, Racine, Sapho, Schiller, Shakespeare, Shelley, Sophocle, Southey, Spencer, Le Tasse, Térence, Tennyson, Lope de Véga, Virgile, Wordsworth. (*Hereditary Genius* p. 228.) Cf. Ribot, *op. cit.*, 1re part., ch. IV.

(2) M. Ribot en donne une raison évidemment insuffisante, c'est que la plupart n'ont pas laissé de postérité. Ainsi, dans les

*
* *

Pour ce qui touche aux dispositions morales, sentiments, caractère, etc., les influences héréditaires ont plus de force que dans les choses de l'intelligence. « Les sentiments sont d'autant plus transmissibles qu'ils sont plus simples et liés au corps, d'autant moins transmissibles qu'ils sont plus complexes et liés à l'intelligence. Dans une position intermédiaire se trouve ce groupe de sentiments qui dépendent de notre constitution physique et mentale et qui composent le caractère individuel. On peut remarquer que les enfants héritent du caractère d'un de leurs parents bien plus fréquemment que de son intelligence : fait qu'on ne peut attribuer ni à l'éducation ni au milieu, car les parents font souvent tous leurs efforts pour réprimer des tendances dont ils ont éprouvé eux-mêmes les inconvénients (1) ».

Candolle dit aussi : « Selon mes propres observations et réflexions, la transmission héréditaire serait plus sensible dans les faits moraux que dans les faits intellectuels (2) ».

C'est que chez l'homme, le sentiment, bien qu'immatériel de sa nature, se trouve dans une dépendance plus étroite que la pensée de certaines dispositions physiologiques. La douceur, par exemple, la force, la patience, la facilité à s'émouvoir, les tendances à

temps modernes, Descartes, Leibnitz, Kant, Spinosa, Hume, A. Comte, Schopenhauer, etc., n'ont pas été mariés ou n'ont pas laissé d'enfant.

(1) Ribot, *L'hérédité psychologique*, III° partie, ch. II.
(2) *Op. cit.*, p. 320.

la sympathie et à l'amitié dépendent en grande partie des qualités de l'organe cardiaque. La passion s'y mêle dans une assez large mesure. Incontestablement, le sentiment et la passion représentent des phénomènes distincts et séparables ; mais, chez l'homme, ces phénomènes ne restent pas isolés : ils ont les uns sur les autres une influence notable et incessante.

Le cœur est susceptible de culture aussi bien que l'esprit, l'éducation suffit à le prouver d'une façon péremptoire. Cependant le cœur tient davantage de la nature, et la bonté s'enseigne moins aisément que les sciences.

Du reste, il ne faut point un grand esprit ni une raison pénétrante pour enfanter une belle âme; il suffit d'une intelligence droite, ouverte aux choses de la vie, bien disposée à l'égard des vérités morales, et cela d'autant mieux que la vertu peut très bien aller sans l'érudition et la multitude des connaissances dont la raison fait ses délices. De bonnes tendances et quelques idées nobles et pures, comme celles que fournit la religion catholique aux âmes les plus simples, voilà de quoi susciter les grandes vertus.

*
* *

Ne terminons pas ces considérations sans toucher à la fameuse question de la transmission ou non-transmission du *génie*. La réponse jettera de nouvelles lumières sur tout ce que nous venons de dire.

Les partisans les plus résolus de l'hérédité sont obligés de reconnaître qu'elle semble être ici en dé-

faut. Voici la manière dont ils tranchent la difficulté,
avec M. Ribot et M. Lorain : « Si l'on décompose
cette supériorité intellectuelle (qui constitue le génie),
on verra qu'elle est due à un ensemble très complexe, à un équilibre très instable des facultés cérébrales les plus humbles et les plus élevées, comme
dans un mécanisme très compliqué et très délicat le
moindre rouage est indispensable. Certaines qualités,
comme l'attention, la mémoire, la constance, sont la
base du développement intellectuel ; certains instincts,
comme l'ambition, la bonté ou l'égoïsme, la curiosité,
en sont les moteurs. Otez à Jules César un peu de
son instinct prépondérant, l'ambition, ôtez à Newton
sa puissance d'attention, et la vie du premier se pas-
sera peut-être dans une obscure débauche, et le
second n'atteindra point à ses puissantes abstrac-
tions.

» Dans les innombrables combinaisons que forme
l'hérédité par l'union des nations, des familles, des
individus, dans cette immense loterie de la naissance,
c'est à peine si, quatre à cinq fois par siècle, se retrouve cet admirable équilibre des facultés qui est
aux forces cérébrales ce que la beauté est à l'ensemble du corps : c'est-à-dire une harmonie de cent
parties diverses que peut détruire une seule dispro-
portion ; et l'on s'étonne que le génie ne soit pas plus
souvent transmis !... C'est au nom de l'hérédité même
qu'il ne peut pas se transmettre plus souvent (1) ».

Nous accordons volontiers à M. Lorain que le génie
est chose complexe, et, par suite, d'une réalisation

______

(1) Lorain, *Aperçu général de l'hérédité et de ses lois*, p. 10.

très difficile. On ajoute qu'il suppose un équilibre merveilleux des diverses facultés : nous l'accordons encore, au moins dans une certaine mesure. Mais nous tenons à constater que sa transmission n'est pas seulement très rare — l'auteur le reconnaît lui-même — mais qu'on n'en donne aucun exemple précis et constant.

Et cela ne tient pas à ce que cette supériorité intellectuelle « est due à un équilibre très instable des facultés cérébrales les plus humbles et les plus élevées »; cela tient, au contraire, à ce que le génie n'est point chose cérébrale, mais chose immatérielle et divine, que l'organisme peut seconder, mais qu'il n'enfante pas. C'est le talent bien plus que le génie qui résulte de l'équilibre et de l'harmonie des diverses facultés. Même en dehors de cette pondération parfaite, le génie est possible, pourvu que la puissance maîtresse, c'est-à-dire l'intelligence, atteigne une partie au moins de sa perfection idéale. Car on distingue le génie poétique, le génie musical, le génie scientifique, le génie métaphysique, le génie militaire, et toutes ces supériorités ne se rencontrent jamais dans le même homme, si heureusement doué qu'on le suppose.

Ce qui rend si difficile la transmission d'une seule de ces qualités transcendantes, c'est que l'hérédité est une loi essentiellement complexe, dont le produit est le résultat de l'action combinée de plusieurs causes diverses et même disparates.

Il peut même arriver, et il arrive parfois, qu'un homme de grand talent, sinon de génie, donne le jour à des enfants très mal doués à tous les points de vue.

17.

Des veilles prolongées, des méditations absorbantes ont usé en lui l'organe cérébral, exténué le corps, amené une anémie générale et profonde. Ses enfants n'hériteront pas de ses sublimes spéculations, mais de son épuisement, comme les fruits qu'on arrache à une terre naturellement fertile, mais dont une culture intensive pratiquée jusqu'à l'abus a tari l'énergie vitale.

ARTICLE III

L'HÉRÉDITÉ, TOUT EN ÉTANT LA LOI, EST TOUJOURS L'EXCEPTION

La proposition que nous venons d'énoncer a toutes les apparences d'un paradoxe ou d'une énigme. Elle a pourtant été formulée par M. Ribot, un des partisans les plus résolus des influences héréditaires, et elle exprime, suivant nous, une vérité générale, très solidement appuyée sur l'expérience. D'un autre côté, elle permet de répondre du même coup à ceux qui contestent l'existence de la loi et à ceux qui en exagèrent la portée.

Les uns et les autres ne se rendent pas un compte assez exact de la nature d'une loi contingente et relative. Les lois de cette sorte ne s'appliquent pleinement que dans certaines circonstances déterminées, *servatis servandis*, et l'application ne peut être que partielle lorsque les circonstances ne sont que partiellement vérifiées.

Or, tel est précisément le cas de l'hérédité.

En principe, le semblable doit produire son semblable, et l'analogue doit produire l'analogue, en vertu de l'axiome bien connu : *Agens agit sibi simile; generans generat sibi simile.* Mais, en fait, l'hérédité ne se réalise jamais dans les conditions idéales de l'axiome. Cela tient d'abord, et principalement, à la nature même de la loi, qui est extrêmement complexe par essence. Cela tient ensuite à des causes extrinsèques qui ajoutent encore à sa complexité en multipliant les obstacles.

Commençons par les causes inhérentes à la nature même de l'hérédité.

La première qui se présente est la diversité des facteurs. Tout fait dont la cause est unique et *univoque*, pour parler comme l'École, ne peut manquer de reproduire les caractères de la cause, suivant le principe : *Effectus est proportionatus causæ.* Mais, dans la génération, la cause immédiate n'est pas une, elle est double; et les deux facteurs, le père et la mère, sont bien différents l'un de l'autre. Sous ce rapport seulement, bien des hypothèses vont se produire qui altèreront forcément la pureté de la ressemblance entre le produit et les auteurs de ses jours : prédominance de l'influence paternelle à tous les degrés possibles, prédominance de l'influence maternelle à tous les degrés possibles, égalité de cette double influence. Dans les deux premiers cas, l'enfant ressemblera principalement à son père ou à sa mère; dans le troisième, il tiendra pareillement de l'un et de l'autre et présentera un caractère *mixte.*

En pratique, l'observation a conduit à deux lois :

1° il n'y a jamais égalité d'influence de la part des deux facteurs; 2° si grande que soit la ressemblance d'un enfant avec l'un de ses parents immédiats, il présente toujours quelques traces des caractères de l'autre parent.

Voilà déjà une première explication des différences qui peuvent se remarquer entre les enfants d'une même famille.

Allons plus loin. Les parents transmettent des qualités ancestrales qui, pour divers motifs, sont demeurées chez eux à l'état *latent*. Chez certains animaux, l'*atavisme* est possible au bout de cent générations. Chez les animaux supérieurs, l'expérience des éleveurs fixe à huit ou dix générations le temps nécessaire pour éliminer les chances de retour. Dix générations (pour l'homme environ trois siècles) représentent 2,048 générateurs dont l'influence plus ou moins prononcée est possible (1).

Voilà donc un nouveau et important facteur, l'atavisme, qui entre en scène; et l'influence de ce nouveau facteur se fait sentir à travers les générations : nouvelle et puissante cause de complication dans une question déjà si complexe.

Il est certain que les qualités ancestrales peuvent être transmises au produit aussi bien du côté du père que du côté de la mère, les deux parents recevant

____

(1) Saint Thomas fait observer avec raison que cette influence va décroissant au fur et à mesure qu'elle s'éloigne de la source. « Nec tamen ista individualis virtus patris ita perfecté in fili, est, sicut erat in patre; et adhuc in nepote minùs, et sic deinceps debilitatur. Et inde est quod virtus illa quandoque desinit, ut ultra procedere non possit. » (3a, q. LIV, a. 1, ad 1.)

d'ailleurs leur contingent propre de la double série
d'ancêtres dont ils proviennent. Tantôt l'atavisme paternel masquera l'atavisme maternel, tantôt ce dernier aura la prépondérance ; parfois l'atavisme aura le
dessus sur les influences des parents immédiats, parfois celles-ci l'emporteront sur les influences ancestrales.

Toutes ces hypothèses expriment des cas possibles,
et elles ont pour résultat d'établir le principe d'une
quantité infinie de combinaisons imaginables.

*
* *

Ce n'est pas tout encore.

Il est scientifiquement démontré, par les observations de la pathologie, qu'en se transmettant, les tendances héréditaires se *transforment*. « Une famille
dont le chef est mort aliéné ou épileptique ne se compose pas nécessairement d'aliénés et d'épileptiques ;
mais les enfants peuvent être idiots, paralysés, scro-
fuleux. Ce que le père a transmis à ses enfants, ce
n'est pas sa folie, mais c'est le vice de sa constitution,
qui se manifestera sous des formes différentes, par
l'épilepsie, l'hystérie, la scrofule, le rachitisme (1). »
— « Nous n'entendons pas exclusivement par hérédité la maladie même des parents transmise à l'enfant,
avec l'*identité* des symptômes de l'ordre physique et
de l'ordre moral observés chez les ascendants. Nous
comprenons sous le mot hérédité la transmission des
dispositions organiques des parents aux enfants... Un

____

(1) Moreau, *Psychologie morbide*, p. 101 et ss.

simple état névropathique des parents peut créer chez les enfants une disposition organique qui se résume dans la manie et la mélancolie, affections nerveuses qui, à leur tour, peuvent faire naître des états dégénératifs plus graves et se résumer dans l'idiotie ou l'imbécillité de ceux qui forment les derniers anneaux de la chaîne des transmissions héréditaires (1) ».

Dans ces transformations ou métamorphoses, on voit se produire deux cas tout à fait opposés : tantôt un germe atteint son *summum* d'intensité chez les descendants, tantôt un maximum d'activité revient à son minimum.

Quelle est la *cause* réelle de ces transformations singulières? Il est bien difficile de le dire avec une entière certitude. La nature du sujet et les circonstances extérieures dont il sera parlé plus loin doivent y avoir une part considérable. Mais on peut hasarder une explication directe, au moins partielle, empruntée aux combinaisons chimiques. Dans ces combinaisons, de deux substances naît une troisième substance dont les propriétés sont complètement différentes de chacune des deux autres, soit séparément, soit prises ensemble; par exemple, l'acide sulfurique diffère essentiellement du soufre et de l'oxygène dont il dérive. Pourquoi un phénomène semblable ne se produirait-il pas dans le domaine de la vie, au moins dans la vie inférieure, dans la vie végétative et sensitive?

On ne l'a pas oublié, la loi héréditaire fait intervenir, dans la série des générations, un nombre énorme

<hr>

(1) Morel, *Traité des dégénérescences.*

de facteurs qui mêlent leurs propriétés respectives et rendent possible une quantité infinie de combinaisons : quoi d'étonnant que ces combinaisons et ce mélange donnent lieu à des transformations qui atténuent la ressemblance et multiplient les chances de différence entre le produit et les producteurs ?

**

Il nous reste à parler des causes étrangères à l'hérédité elle-même, et dont l'influence, variable suivant les cas, vient susciter de nouveaux obstacles à la réalisation des conditions exigées par la loi. Laissons de côté toutes celles dont l'action ne se produit qu'après la naissance, telles que le milieu et l'éducation, dont nous aurons plus tard à examiner le degré d'influence.

Il faut, en premier lieu, tenir le plus grand compte des dispositions *actuelles* des parents au moment de la procréation. Que ces dispositions soient de l'ordre physique ou psychique, qu'elles concernent la santé du corps ou celle de l'âme, elles peuvent exercer une action très notable sur la destinée tout entière de l'enfant.

M. de Quatrefages rapporte le fait suivant, qu'il dit avoir observé à Toulouse pendant sa courte carrière médicale : « Deux artisans, le mari et la femme, appartenant à des familles dont tous les membres avaient été sains de corps et d'esprit, avaient quatre enfants. Les deux premiers étaient vifs et intelligents, le troisième à demi idiot et presque sourd ; le dernier ressemblait aux aînés. Des détails que me donna la mère, dont cet enfant dénué d'intelligence faisait l'affliction, il résulta qu'il avait été conçu dans un moment où son père était abruti par l'ivresse. Isolé, ce fait n'aurait que peu ou point de signification ; rapproché de ceux qu'ont fait connaître Lucas, Morel, etc., il en a, au contraire, une très grande (1) ».

Il peut encore, dans une assez large mesure, rendre compte des différences physiologiques ou mentales que l'on observe souvent entre des enfants qui ont la même origine. Dans le cas présent et dans tous les cas semblables, on ne se trouve plus en présence de l'axiome cité plus haut : *Le même engendre le même.*

On doit dire la même chose des modifications qui peuvent survenir pendant toute la période si délicate de la vie embryonnaire. L'extrême délicatesse des organes, jointe à la complication du mécanisme physiologique, rend possibles toutes sortes d'incidents et de perturbations. Ici, l'état présent détermine toujours l'état qui va suivre, et jamais le mot de Leibnitz ne trouva mieux son application : *Præsens gravidum est futuro.*

Sans doute, les déviations sont moins faciles à constater dans l'ordre des phénomènes psychologiques. Mais, si l'on veut bien faire attention à l'influence prépondérante du système nerveux sur les facultés mentales inférieures, et à l'influence de celles-ci sur les puissances d'un ordre plus élevé, on sera naturellement conduit à des conclusions analogues.

Encore une fois, les considérations qui précèdent

____

(1) *Unité de l'espèce humaine,* cité par M. Ribot; *L'hérédité psychologique,* II° partie, ch. IV, sect. 2.

ne tendent nullement à infirmer la vérité de la loi héréditaire ; mais elles montrent jusqu'à l'évidence qu'elle ne rencontre jamais la pleine réalisation de toutes les conditions nécessaires à son application adéquate, et que, tout en transmettant toujours un certain nombre de caractères, identiques ou du moins analogues, en aucun cas elle ne réussit à transmettre la totalité des caractères.

Voilà précisément ce que voulait dire l'antithèse d'apparence paradoxale : l'hérédité, tout en étant la loi, est toujours l'exception.

CHAPITRE IV

Fondement de l'hérédité.

On a vu que l'hérédité est une loi mixte, qui touche
en même temps à la physiologie et à la psychologie.
Elle suppose donc le grand problème de l'union de
l'âme et du corps, et ne se comprend bien que par la
solution qu'on en donne.

Nous sommes ainsi amenés à discuter, au moins
sommairement, les trois questions suivantes :

1° Union substantielle de l'âme et du corps;

2° Conséquences générales de cette union;

3° Conséquences spéciales relativement à l'hérédité.

ARTICLE PREMIER

UNION SUBSTANTIELLE DE L'AME ET DU CORPS

Deux écoles se sont rencontrées, anciennes et nouvelles à la fois, mais extrêmes et contraires, qui ont
anéanti la vérité de l'homme et mutilé sa beauté.

La première, dont Platon et Descartes sont les plus brillants représentants, n'a vu dans l'homme qu'un esprit enchaîné à un corps. « Ni le corps ni le composé de l'âme et du corps ne sont l'homme, mais *l'âme seule* (1) ». — « La philosophie nous enseigne que l'âme est réellement enchaînée et retenue par le corps, comme par une prison (2) ». — « Partant de cela même que je connais avec certitude que j'existe, et que cependant je ne remarque point qu'il appartienne nécessairement aucune autre chose à ma nature ou à mon essence, sinon que je suis une chose qui pense, je conclus fort bien que mon essence consiste *en cela seul* que je suis une chose qui pense, ou une substance dont *toute* la nature ou l'essence n'est que de penser (3) ».

L'autre école ne découvre dans l'homme que des modalités plus complexes de la sensibilité, et dans la sensibilité des modalités plus simples de la matière. « On peut considérer l'homme comme un *animal* d'une espèce supérieure, qui produit des philosophies et des poèmes, à peu près comme les vers à soie font leurs cocons, et comme les abeilles font leurs ruches (4) ». — « L'hypothèse d'un principe d'individuation distinct des phénomènes, est de celles que la psychologie nouvelle tend à éliminer (5) ». — « Le moi, la personne, l'élément constitutif de l'individu

_____

(1) Platon, *Alcibiade,* p. 112, édit. Cousin.
(2) *Op. cit.,* fin.
(3) Descartes, *Méditation* VI°.
(4) Taine, *La Fontaine et ses fables,* préface.
(5) Ribot, *L'hérédité psychologique,* 4° édit., II° partie, 2° section.

est-il transmissible par l'hérédité, comme les divers modes de l'activité mentale? » Oui, assure-t-on, si la science donne décidément gain de cause à la psychologie moderne qui décompose l'individu dans les divers modes de cette activité.

La philosophie traditionnelle tient le milieu entre les opinions extrêmes de l'idéalisme et du sensualisme. Elle enseigne que l'âme et le corps font, à des titres divers, également partie de la nature humaine ; que ces deux substances sont incomplètes si on les considère isolément, et qu'elles s'unissent étroitement pour former une seule et même personne, une seule et même nature. Saint Thomas a résumé cette doctrine dans une formule aussi forte que pleine : *Ex corpore et animâ dicitur esse homo, sicut ex duabus rebus tertia res constituta, quæ neutra illarum est*(1). On peut définir l'homme la *résultante* de l'âme et du corps, comme un composé de deux éléments qui n'est ni l'un ni l'autre.

*
* *

Qu'il y ait en chacun de nous deux principes distincts, l'un matériel et l'autre immatériel, et que ces deux principes soient unis de manière à former une seule substance, la raison le pressent et la conscience l'atteste.

« Il était *convenable*, dit Bossuet, afin qu'il y eût de toutes sortes d'êtres dans le monde, qu'il s'y trouvât et des corps qui ne fussent unis à aucun esprit, telles

(1) *De Ente et essentiâ,* c. III.

que sont la terre et l'eau et les autres de cette nature ; et des esprits qui, comme Dieu même, ne fussent unis à aucun corps, tels que sont les anges ; et aussi des esprits unis à un corps, tels que l'âme raisonnable, à qui, comme à la dernière de toutes les créatures intelligentes, il devait échoir en partage, ou plutôt *convenir naturellement de faire un même tout avec le corps qui lui est uni* (1) ».

A cette raison d'harmonie générale, il faut, avec saint Thomas, ajouter une raison plus particulière et qui se tire de la nature même de l'âme humaine. Considérée en tant que forme spirituelle, l'âme plane dans les hautes régions ; mais, envisagée comme la dernière des créatures intelligentes, elle se superpose à la matière, qui réussit à l'atteindre, en vertu de ce grand principe que toujours l'individu supérieur de l'espèce inférieure atteint l'individu inférieur de l'espèce supérieure : *Supremum infimi attingit infimum supremi.* Et voilà pourquoi elle peut s'unir au corps humain, qui est le plus parfait de tous les corps (2).

L'union de l'âme et du corps est donc un fait absolument normal et conforme à l'ordre universel,

____

(1) *Connaiss. de Dieu et de soi-même*, ch. III, § 1.

(2) « In quantum supergreditur esse materiæ corporalis, potens per se subsistere et operari, anima humana est substantia spiritualis. — In quantum vero attingitur a materiâ et esse suum communicat illi, est corporis forma. — Attingitur autem a materiâ corporali, eâ ratione, quod semper *supremum infimi ordinis attingit infimum supremi;*... et ideo, anima humana, quæ est infima in ordine substantiarum spiritualiam, esse suum communicare potest corpori humano, *quod est dignissimum,* ut fiat ex animâ et corpore unum, sicut ex formâ et materiâ. » (*Qq. dispp. q. de Spiritual. creatur.,* a. 11.)

aussi bien qu'à la nature des deux principes à unir.

Et par là même cette union est *substantielle*, car de deux substances incomplètes, prises séparément, elle fait une seule substance complète.

Pour s'en convaincre, il suffit d'interroger la conscience.

J'ai conscience de penser, de délibérer, de vouloir; et j'ai conscience de voir, d'entendre, de marcher. Qu'est-ce à dire, sinon que je suis un être complexe et un tout ensemble? La première chose que j'aperçois en moi, c'est mon corps. Est-il malade? oppose-t-il quelque résistance à ma volonté? je le sens aussitôt. Éprouve-t-il la sensation du bien-être? seconde-t-il mes desseins par sa vigueur et son agilité? je le sens aussi. Se mouvoir, palper quelque chose, respirer un parfum, se mouvoir à son gré, ne sont pas des actions très relevées, car la matière y joue un grand rôle; penser et vouloir est plus noble; mais les premières actions sont humaines au même titre que les secondes, et je ne saurais douter qu'elles soient miennes, qu'elles fassent partie du moi, aussi bien que le principe des déterminations volontaires.

D'une part, nous avons également conscience de ce qui se passe dans la partie inférieure et dans la partie supérieure de notre être, et nous attribuons à un seul et même moi les sensations et les pensées, la passion et les actes délibérés et voulus.

D'autre part, ce n'est pas le corps seul qui vit, qui sent, qui se meut; car la matière est inerte, étendue, divisible, insensible, tandis que la vie, comme la sensation, est chose simple, indivisible, active, spontanée.

Mais ce n'est pas non plus l'âme seule qui suffit à rendre compte de la vie physiologique, de la sensation, de la passion, du mouvement, puisque toutes ces opérations se terminent à la matière et s'accomplissent dans le corps animé, à l'aide d'organes appropriés et spéciaux.

Tout nous ramène à la complexité et à l'unité substantielle de l'être humain : le témoignage du sens intime et la communauté des opérations. Comme le dit si bien saint Thomas, où l'action est commune, l'être est commun aussi, puisque l'opération suit l'être et que l'être ne se connaît que par l'opération. Si donc l'âme et le corps accomplissent ensemble les mêmes actes, il faut conclure à l'unité de leur être (1).

*
* *

Mais comment expliquer cette mystérieuse unité substantielle? Le Docteur angélique l'a fait avec ce sens de la mesure qui lui est propre et qui le place à égale distance de l'idéalisme et du sensualisme.

Si vous l'en croyez, l'âme est la forme du corps et le corps est le principe d'individuation de l'âme.

____

(1) « Cùm actio consequatur formam et virtutem, oportet quòd quorum sunt diversæ formæ et virtutes, et operationes esse diversas. Quamvis autem sit aliqua operatio animæ propria, in quâ non communicat corpus, ut intelligere, sunt tamen aliquæ operationes communes sibi et corpori, ut timere, et irasci, et sentire, et hujusmodi; hæc enim accidunt secundum aliquam transmutationem alicujus determinatæ partis corporis; ex quo patet quòd simul sunt animæ et corporis operationes. Oportet igitur ex animâ et corpore unum fieri, et quòd non sint secundùm esse diversa. » (*Cont. Gent.*, l. II, c. LVII.)

Rendons-nous compte de cette double formule.

Laissée à elle-même, la matière est passive, inerte, multiple, changeante, indéterminée, indifférente à tous les états et à toutes les formes. C'est elle-même qui le prouve, puisqu'on la voit successivement revêtir les formes les plus diverses.

Il faut donc qu'un principe simple, nettement caractérisé, immuable, laborieux et toujours en acte, s'unisse étroitement à elle, la fixe dans une espèce, la façonne sur un type déterminé, lui communique, en un mot, quelque chose de son être et de sa vertu.

Dans un minéral quelconque, on trouve de l'étendue et des forces; l'unité dans l'étendue et l'activité dans la masse, sont expliquées précisément par le principe formel.

Dans la plante, c'est une âme inférieure qui donne l'unité, l'activité et la vie; dans l'animal, c'est une âme sensible qui fait tout cela et qui, en outre, préside à la sensation.

Dans l'homme, enfin, c'est une seule et même âme, l'âme raisonnable, qui trouve dans sa vitalité plus intense de quoi produire tous ces effets, tout en réservant l'énergie nécessaire aux fonctions plus hautes de l'esprit. La raison en est que le parfait contient tout ce qu'il y a de puissance dans l'imparfait : *Perfectius continet imperfectum*, et que les formes supérieures font, par un seul principe, tout ce que les formes inférieures peuvent faire à l'aide de plusieurs principes. *Perfectior forma facit per unum omnia qua inferiores formæ faciunt per diversa, et adhuc amplius. Puta, si forma corporis inanimati dat materiæ esse, et esse corpus, forma plantæ dabit et hoc, et insuper*

*vivere. Anima verò rationalis et hoc, et insuper ratio-
nale esse* (1).

Grâce à l'unité de l'âme, vous comprenez l'unité de l'être humain ; la source de l'être étant une, l'être ne peut manquer d'être un, puisque le corps reçoit de l'âme l'être, le mouvement et la vie.

Mais il est temps de faire au corps la part qui lui est due.

L'âme humaine appartient à une espèce détermi-née ; mais considérée en soi, elle n'a rien qui l'indivi-dualise et la distingue d'une autre âme de même espèce. Quel sera le principe qui permettra de multi-plier les âmes humaines, dans la même espèce, et de donner à chacune la marque qui doit la distinguer de toutes les autres? La matière.

Car elle est parfaitement apte à remplir ce rôle subalterne ; composée et divisible, elle est principe du nombre ; particulière et incommunicable, elle indi-vidualise tout ce qu'elle reçoit.

Il en est de l'âme comme d'une liqueur que l'on verse dans plusieurs vases de figures et de matières différentes ; ce sera bien partout la même liqueur, mais elle empruntera à chaque vase ses contours par-ticuliers, et quelquefois y acquerra un goût nouveau, suivant la substance qui compose ce vase et les usages auxquels il a servi précédemment. Sans changer de nature ni rien perdre de son immatérialité, l'âme se façonne, se nuance, se dilate ou se resserre, suivant les dispositions plus ou moins heureuses de l'orga-nisme qui lui est fourni par l'hérédité : *Cum anima*

(1) *Qq. dispp. de animâ, a. o.*

corpori infunditur, etiam ei suo modo conformatur, eo quòd omne receptum est in recipiente per modum recipientis (1).

Nous avons dû faire appel à des notions abstraites et métaphysiques; mais on va voir qu'elles jettent une vive lumière sur le double problème de l'hérédité physiologique et de l'hérédité psychologique.

ARTICLE II

CONSÉQUENCES GÉNÉRALES DE L'UNION SUBSTANTIELLE

Dès lors que l'âme et le corps sont unis d'une union substantielle et que la source de l'être et de la vie est une, l'influence réciproque du physique sur le moral et du moral sur le physique devient la loi, et la loi du monde la plus naturelle. « Secundùm naturæ ordinem propter colligationem virium animæ in unâ essentiâ, et animæ et corporis in uno esse compositi,

(1) S. Thomas, *In Epist ad Rom.*, c. v, lect. 3a.

Et ailleurs : « Secundùm divisionem materiæ, sunt animæ multæ unius speciei. » — « Manifestum est quod natura communis distinguitur et multiplicatur secundùm principia individuantia, quæ sunt ex parte materiæ. » — « Manifestum est quod anima intellectualis secundum suum esse unitur corpori ut forma; et tamen, destructo corpore, remanet anima intellectualis in suo esse; et eadem ratione multitudo animarum est secundùm multitudinem corporum, et tamen, destructis corporibus, remanent animæ in suo esse multiplicatæ. » (1a, q. LXXVI, a. 2, ad 1, 2 et 3.)

viros supériores et inferiores, et etiam corpus et anima invicem in se effluunt, quod in aliquo eorum superabundat (1) ».

La conséquence générale de cette union, c'est qu'au contact de la matière les facultés mentales tendent à exercer leur activité sous une forme sensible, tandis qu'au contact de l'esprit les facultés physiques s'ennoblissent et participent dans une certaine mesure à la vie intellectuelle et morale.

Mais il convient d'examiner de plus près et plus en détail les suites diverses de cette mutuelle et réciproque influence.

Pour mieux nous en rendre compte, nous pouvons envisager deux hypothèses contraires : l'hypothèse d'une parfaite entente, et l'hypothèse d'un désaccord plus ou moins grand entre le principe matériel et le principe spirituel.

Dans le premier cas, la puissance végétative développe un organisme sain et robuste, les sens extérieurs et intérieurs fournissent à l'intelligence de riches matériaux, l'appétit sensible seconde avec entrain les entreprises de la volonté, et les puissances supérieures, libres de toute entrave, éclairent et dirigent les puissances inférieures, avec la haute sagesse qui leur convient. « Potentiæ animæ nutritivæ sunt priores, in vià *generationis*, potentiis animæ sensitivæ, unde ad earum actiones *præparant* corpus; et similiter est de potentiis sensitivis, respectu intellectivarum... Secundùm verò *naturæ* ordinem, prout perfecta sunt naturaliter imperfectis priora... potentiæ intellectivæ sunt priores potentiis sensitivis, unde dirigunt eas, et imperant eis (1) ».

C'est l'heureux état décrit par le poète : *Mens sana in corpore sano*, qui permet à l'homme de s'élever à de si grandes hauteurs et de réaliser ce mot d'un saint : *Si vis esse sanctus, esto sanus.*

Mais en fait, cet état est bien rare, parce qu'il est bien difficile d'établir un parfait équilibre entre les parties si différentes d'un être aussi complexe que l'homme.

*
* *

Quelques mots seulement des diverses influences du physique sur le moral. Qui ne les connaît et qui ne les a éprouvées ? Depuis la naissance jusqu'à la mort, l'organisme change et se renouvelle sans cesse ; faible d'abord et inconsistant, ensuite ardent et agité, il sent vivement les impressions du dehors, excite l'imagination et les passions, et ne permet ni la suite dans les idées, ni l'énergie dans les résolutions. L'âge mûr est l'âge du talent et de la force ; mais peu à peu il fait place à la période de la décroissance, où l'âme elle-même semble perdre tous les jours quelque chose de sa pleine vitalité.

Comme l'âge, le climat et la maladie agissent puissamment sur les organes, par eux, sur les puissances inférieures, et par celles-ci, indirectement mais assez notablement sur les puissances supérieures : « Transmutatio corporis in animam redundat. Anima enim

____

(1) 1a, q. LXXVII, a. 4, c.

18.

conjuncta corpori, ejus complexiones imitatur secundum amentiam, vel docilitatem et alia hujusmodi. »
Les passions peuvent être assez violentes pour
obscurcir la lumière de la raison, et lui faire regarder
comme le bien ce qui n'est qu'un bien apparent : « Ex
viribus inferioribus fit redundantia in superiores, ut
cùm ex vehementià passionum, in sensuali appetitu
existentium, obtenebratur ratio, ut judicet quasi simpliciter bonum, id circa quod homo per passionem
afficitur (1) ».

*
* *

Mais le moral à son tour étend sur le physique sa
puissante influence. Une pensée, une simple imagination échauffe ou refroidit les organes, rend la santé,
engendre la maladie et même provoque la mort. La
joie, l'envie, la tristesse, l'amour produisent des effets
analogues : « Ex apprehensione animæ transmutatur
corpus secundum calorem et frigus, et quandoque
usque ad sanitatem et ægritudinem, et usque ad mortem ; contingit enim aliquem ex gaudio, vel tristitià,
vel amore mortem incurrere (2) ».

Il y a donc des maladies du corps qui ont des causes
morales, et il y a des faiblesses de l'âme qui ont des
causes physiques. La médecine peut, en certains cas,
contribuer au soulagement et même à la guérison
d'une maladie mentale ; et dans d'autres circonstances,
les causes morales, une diversion dans les idées, l'ins-

(1) *Qq. dispp. de Verit.*, q. xxvi, a. 10, c.
(2) *Ibid.*

piration d'une grande pensée peuvent être d'un plus grand prix que les remèdes employés par la médecine.

La volonté surtout exerce sur l'organisme et sur les passions un empire fort étendu.

« C'est grâce au pouvoir que la volonté exerce sur les membres que nous pouvons nous rendre maîtres de beaucoup de choses qui par elles-mêmes ne semblaient pas soumises à la volonté : par exemple, la nutrition, qui paraît entièrement indépendante de nous ; mais l'âme, maîtresse des membres extérieurs, donne à l'estomac ce qu'elle veut, et dans la mesure que la raison prescrit.

» De même, l'imagination ou les passions naissent des objets ; et par le pouvoir que nous avons sur les mouvements extérieurs, nous pouvons ou nous rapprocher, ou nous éloigner des objets.

» En outre, les passions, dans leur exécution, dépendent des mouvements extérieurs : il faut frapper pour achever ce qu'a commencé la colère ; il faut fuir pour achever ce qu'a commencé la crainte ; mais la volonté peut empêcher la main de frapper et les pieds de fuir. C'est à l'âme qu'est réservé de lâcher le dernier coup.

» Non seulement l'âme peut empêcher le dernier effet des passions, mais elle peut encore les modérer dès le principe par le moyen de l'*attention* qu'elle fera à certains objets, ou dans le temps des passions, pour les calmer, ou devant les passions, pour les prévenir (1) ».

(1) Bossuet, *Connaiss. de Dieu et de soi-même*, ch. III., § 15, 16 et 17.

*
* *

On a mis en question si l'influence du physique sur le moral est supérieure à celle du moral sur le physique. Peut-être pourrait-on citer en faveur de la première un plus grand nombre de faits connus. Mais on ne saurait tirer de là aucun argument sérieux. Les circonstances physiques qui agissent sur l'âme sont très diverses et faciles à constater, car elles appartiennent au monde extérieur; au contraire, l'action que l'âme exerce sur le corps est uniforme et demeure le plus souvent dans le for interne, et voilà pourquoi il est plus malaisé de compter ses triomphes.

Au reste, il est possible que la majorité des hommes suivent plus souvent les penchants de la nature que les lumières de la raison. Cela ne prouve pas que le corps soit plus fort que l'âme, mais seulement que plusieurs préfèrent les plaisirs faciles aux austères vertus.

Cela confirme aussi, comme dit Bossuet, une vérité de haute importance que nous enseigne la foi. « Que si ce corps pèse si fort à mon esprit, si ses besoins m'embarrassent et me gênent, si les plaisirs et les douleurs qui me viennent de ce côté me captivent et m'accablent, si les sens, qui dépendent tout à fait des organes corporels, prennent le dessus sur la raison même avec tant de facilité; enfin, si je suis captif de ce corps que je devais gouverner, ma religion m'apprend, et ma raison me confirme, que cet état malheureux ne peut être qu'une peine envoyée à l'homme, pour la punition de quelque péché et de quelque désobéissance... et qu'il y a quelque chose de dépravé dans la source commune de notre naissance (1). »

Mais l'âme, quand elle sait vouloir et se ressaisir, montre aux plus sceptiques son éclatante supériorité sur le corps, soit qu'elle l'expose aux plus grands dangers et à la mort même pour sauver le devoir, soit qu'elle résiste à toutes les séductions des sens, ou qu'à force de patience elle vienne à bout d'habitudes réputées indéracinables, ou que, dans un organisme frêle et délicat, elle accomplisse des prodiges de vaillance :

Ingentes animos angusto in corpore versant.

ARTICLE III

CONSÉQUENCES SPÉCIALES DE L'UNION SUBSTANTIELLE RELATIVEMENT A L'HÉRÉDITÉ

I

L'hérédité physiologique s'explique d'elle-même par l'application du principe de causalité.

L'organisme est donné par la génération ; l'effet doit ressembler à la cause, l'enfant doit reproduire ce qu'il a reçu de ses parents et de ses ancêtres, dans la mesure précise qui le rattache à eux. Entendu dans ce sens général, et avec les restrictions nécessaires indiquées plus haut (2), le vieil adage a la valeur d'un axiome : *Qualis pater, talis filius.*

(1) *Connaiss. de Dieu et de soi-même,* ch. iv, § 11.
(2) Supra, ch. i, a. 1, et ch. ii, a. 3.

On sait comment se forme l'organisme de l'être
vivant. La cellule germinative produit un corpuscule
extrêmement ténu, d'une structure chimique et moléculaire très complexe, que l'on appelle noyau de
segmentation. Ce noyau ne tarde pas à se diviser, des
cellules nouvelles naissent de cette segmentation et
se multiplient à leur tour par le même procédé. Grâce
à ces divisions successives répétées à l'infini, la
substance du noyau primitif se trouve répartie dans
l'organisme entier produit sous son influence, de telle
sorte que chacune des cellules dérivées contient une
partie infinitésimale de la vertu renfermée dans la
cellule embryonnaire. La vertu dont il est question,
transmise par les ancêtres et les parents immédiats,
ainsi diluée, et sans cesse atténuée, marque son empreinte sur toutes les cellules dérivées et maintient
la ressemblance entre les ascendants et les descendants, malgré les différenciations individuelles ame-
nées dans le cours de la vie par les phénomènes de
nutrition et de désassimilation.

C'est donc le plasma germinatif qui transmet sa
vertu à l'organisme dérivé de lui. Mais il n'est lui-
même qu'un simple instrument dirigé par une puissance supérieure, la puissance de l'âme qui l'informe
et le vivifie aussi bien que les autres parties du
corps (1).

(1) « Ex animâ generantis derivatur quœdam virtus activa
ad ipsum semen animalis vel plantœ ; sicut et a principali agente
derivatur quœdam vis motiva ad instrumentum. » (1a, q. cxviii,
a. 1. c.) — « Virtus illa activa quœ est in semine, ex animâ
generantis derivata, est quasi quœdam motio ipsius animœ generantis. » *Ibid.*, ad. 3.

Il ne transmet pas, à proprement parler, des parcelles détachées de sa substance, mais plutôt les qualités inhérentes au principe formateur qui est en lui. *Assimilatio generantis ad genitum,* dit saint Thomas, *non fit propter materiam, sed propter formam agentis, quod generat sibi simile. Unde non oportet ad hoc quòd aliquis assimiletur avo, quòd materia corporalis seminis fuerit in avo, sed quòd sit in semine aliqua virtus derivata ab avo, mediante patre* (1).

Et si l'organisme entier, dans toutes ses parties et dans chacun de ses organes, est véritablement le produit de l'activité séminale, toute disposition bonne ou mauvaise renfermée dans le germe devra, par la segmentation du noyau, se répandre partout et pénétrer chaque cellule, chaque membre de l'être vivant. Les affections goutteuses ont leur siège dans les articulations ; si ceux-ci ont été formés sous l'influence de la vertu germinale, ils pourront très bien se ressentir des dispositions morbides du germe : *Quamvis enim pes, qui est subjectum podagræ, non sit in semine, est tamen in semine virtus formativa corporalium membrorum* (2).

Le germe ne contient pas l'organisme en acte et en miniature, comme dit saint Thomas, mais il le contient en puissance, car il tient du principe formateur, dérivé des parents, la vertu qui produira tout l'organisme et chacune de ses parties : *Relinquitur quòd semen non sit decisum ab eo quod erat actu totum, sed magis in potentiâ totum, habens virtutem ad*

<hr>

(1) 1a, q. cxix, a. 2, ad 2.
(2) Saint Thomas, *Comment. in epist. ad Rom.,* c. v, lect. 3a.

productionem totius corporis, derivatam ab animâ generantis (1).

L'hérédité physiologique est donc une loi parfaitement naturelle, dont le principe de causalité fournit une explication très plausible.

II

Peut-on en dire autant de l'hérédité psychologique? A première vue, le second problème semble n'avoir guère de rapport avec le premier, et l'on se demande ce qu'il pourrait bien y avoir de commun entre la génération et les aptitudes mentales.

Appliquons-nous à le découvrir.

La nouvelle école a cru lever toute difficulté en considérant les phénomènes physiologiques et les phénomènes psychiques comme des faits du même ordre, distingués entre eux par de simples nuances (1). Dans cette hypothèse, la transmission des aptitudes morales s'expliquerait aussi aisément que celle des aptitudes physiques.

Une telle solution ne saurait nous arrêter un seul instant. Elle trouve sa réfutation dans les divers argu-

(1) 1a, q. cxix, a. 2, c.

(2) « Il n'y a rien de réel dans le moi, sauf la file des événements; ces événements, divers d'aspect, se ramènent tous à la sensation; la sensation elle-même, considérée du dehors et par ce moyen indirect qu'on appelle la perception extérieure, se réduit à un groupe de mouvements moléculaires. Un flux et un faisceau de sensations et d'impulsions qui, vues par une autre face, sont aussi un flux et un faisceau de vibrations nerveuses, voilà l'esprit. » (Taine, *De l'Intelligence*, préf., p. v.)

ments que nous avons opposés aux sensualistes dans la première partie de cet ouvrage et qui mettent hors de doute le caractère immatériel des phénomènes de l'ordre intellectuel et moral (1). Au reste, notre sujet lui-même nous fournit des preuves directes, appuyées sur l'expérience.

Rappelons seulement deux principes déjà établis. Le premier, c'est que la loi de l'hérédité, qui garde un caractère assez rigoureux tant qu'elle s'applique aux diverses aptitudes attachées à l'organisme (phénomènes physiologiques, sensations, passions, etc.), perd tout à coup une grande partie de sa force, quand elle passe dans la région supérieure de l'intelligence et de la volonté (2). Cela prouve qu'il doit y avoir autre chose que des nuances entre la sensation et la pensée, entre la passion et les déterminations volontaires.

Le second principe dont nous venons de vérifier l'exactitude à l'aide des faits, porte que le moral exerce sur le physique une action prépondérante et maîtresse. Une simple pensée change le cours des passions, la volonté leur résiste de front et les repousse avec perte (3). « Il y a des hommes, observe saint Thomas, avec sa pénétration ordinaire, il y a des hommes que leur complexion porte davantage aux passions sensuelles où à la colère, et que l'on voit néanmoins plus chastes et plus doux, grâce au frein qu'ils savent imposer à la partie inférieure. Mais ce n'est pas la complexion qui oppose cette généreuse résis-

(1) Chap. iv, art. 1 et 2.
(2) Iʳᵉ partie, ch. ii, art. 2.
(3) IIᵉ partie, chap. iii, art. 2.

tance. L'âme est donc tout autre chose que la complexion (1).

* *
*

Une seconde solution a été imaginée qui rend parfaitement compte de la ressemblance que l'on remarque souvent, même dans l'ordre mental, entre les descendants et les ascendants. C'est la solution proposée autrefois par les partisans du *traducianisme*, et acceptée par quelques Pères comme s'harmonisant d'ailleurs assez bien avec la transmission du péché originel.

Ces auteurs supposaient que l'âme, aussi bien que le corps, est engendrée par les parents ; et plusieurs d'entre eux s'efforçaient de sauvegarder la spiritualité du principe pensant, en faisant venir l'âme des enfants de l'âme des parents par une sorte de génération immatérielle.

Le traducianisme doit se briser sur l'un de ces deux écueils : ou bien le corps n'a aucune part dans la génération de l'âme, et l'on attribue aux parents une puissance créatrice ; car l'âme étant simple, ne saurait être tirée d'une autre âme ; ou bien l'âme est engendrée sous l'influence de l'organisme, et alors sa spiritualité se trouve forcément compromise, puisqu'elle

______

(1) « Anima regit corpus et repugnat passionibus quæ complexionem sequuntur ; ex complexione enim aliqui sunt magis aliis ad concupiscentias vel iras apti, qui tamen magis ab eis abstinent, propter aliquid refrœnans, ut patet in continentibus. Hoc autem non facit complexio. Non est igitur anima complexion » (*Cont. Gent*, l. II, chap. LXII, n° 4.)

demeure sous la dépendance immédiate de la matière.

D'ailleurs, les faits héréditaires eux-mêmes semblent ne pouvoir s'accorder avec le système dont nous parlons. Si l'âme des enfants était engendrée par les parents, elle aurait avec eux des ressemblances beaucoup plus étroites, et les différences morales parfois si notables que l'on remarque entre les ascendants et les descendants deviendraient absolument inexplicables.

Au surplus, on peut donner de l'hérédité psychologique une explication très satisfaisante, sans recourir aux hypothèses traducianistes ou sensualistes. Il suffit d'admettre, avec saint Thomas, que l'âme est substantiellement unie à l'organisme et individualisée par lui (1) pour se rendre compte qu'elle doit subir dans une large mesure les diverses influences héréditaires. *« Dicendum quòd ipsam dispositionem corporis sequitur dispositio animæ rationalis, tum quia anima rationalis accipit a corpore, tum quia secundum diversitatem materiæ diversificantur et formæ Et ex hoc est quod filii similantur parentibus, etiam in his quæ pertinent ad animam, non propter hoc quòd anima ex anima traducatur (2) ».*

Nous reviendrons bientôt sur ce texte si plein et si riche en déductions fécondes ; mais il nous faut, avant d'aller plus loin, solidement établir le fondement de l'hérédité psychologique. Ce fondement repose sur un principe général, formulé en ces termes par le Doc-

---

(1) *Supra*, II° partie, chap. III, art. 1.

(2) *Qq. dispp. de Pot.* q. III, a v, ad 7.

tour angélique : *Quiquid recipitur per modum recipientis recipitur.*

Tout ce qui est reçu dans un sujet y est reçu suivant la mesure et la capacité de ce sujet, et par suite toute âme qui est reçue dans un organisme y est reçue suivant la mesure et les diverses dispositions de cet organisme. Bien constitué et bien conformé, il se prête au complet épanouissement et au meilleur fonctionnement des puissances psychiques. Imparfaitement développé ou atteint de quelque affection vicieuse, il entrave ou paralyse l'activité mentale.

Sincerum est nisi vas, quodcumque infundis acescit.

Les choses étant ainsi, on doit s'attendre à trouver entre les parents et les enfants des ressemblances morales aussi bien que des ressemblances physiques ; car si le plasma ne contient pas l'âme, il contient pourtant la vertu qui façonne le corps et le prépare à recevoir l'ame d'après ses propres dispositions. « *Licet in semine non sit anima, est tamen in semine virtus dispositiva corporis ad animæ receptionem, quæ cùm corporis infunditur, etiam ei suo modo conformatur, eo quòd omne receptum est in recipiente per modum recipientis. Et exinde videmus quòd filii similantur parentibus, non solum in defectibus corporalibus... sed etiam in defectibus animæ* » (1).

On voit maintenant pourquoi les dispositions de l'âme dépendent en grande partie des dispositions de l'organisme : « *Ipsam dispositionem corporis sequitur dispositio animæ rationalis* ».

____

(1) *Comm. in epist. ad Rom.* c. v, lect. 3ᵃ.

Mais nous avons dit avec saint Thomas que l'âme raisonnable reçoit un tribut du corps qui lui est uni. « *Anima rationalis recipit a corpore* ». Quel est ce tribut ?

Pour plus de précision, il importe de distinguer dans l'âme humaine deux sortes de puissances bien distinctes : les puissances organiques et les puissances inorganiques.

Les premières, leur nom l'indique assez clairement, sont attachées à l'organisme, ou plutôt à un organe particulier, dont elles dépendent absolument dans chacun de leurs actes. Par exemple, la vue, l'ouïe, le toucher, et dans un ordre plus élevé, l'imagination, la mémoire, les appétits sensibles. Pour ces puissances, l'organe fait partie de leur constitution intime, et supprimer, détériorer ou améliorer l'organe, c'est du même coup, quoique d'une façon indirecte, supprimer, détériorer ou améliorer la puissance (1).

Les différences de l'organisme diversifient les facultés en question, et l'organisme, encore une fois, est donné par l'hérédité. C'est donc grâce à l'hérédité et à la seule hérédité, que tel homme est doué d'une vue perçante, d'une ouïe fine, d'une mémoire facile, d'une imagination vive, d'instincts courageux, ou qu'il a les défauts contraires à ces heureuses dispositions.

Ainsi, tant qu'on l'envisage dans la partie inférieure

---

(1) « Quædam operationes sunt animæ quæ exercentur per organa corporalia, sicut visio per oculum, auditus per aurem; et simile est de omnibus aliis operationibus nutritivæ et sensitivæ partis. Et ideo, potentiæ quæ sunt talium operationum principia, sunt in *conjuncto* sicut in subjecto, et non in animâ solâ. » (S. Th. 1a, q. LXXVII, a. 5. c, et a. 8. c.)

de l'âme, l'hérédité psychologique se justifie fort aisément.

*
 * *

Appliquée aux tendances supérieures du sujet pensant, elle ne peut, il est vrai, recevoir une explication absolument identique. Dans la doctrine spiritualiste, l'intelligence et la volonté sont des facultés transcendantes qui n'emploient aucun organe dans leur acte propre. D'un autre côté, nous l'avons déjà dit, l'âme raisonnable n'est point engendrée par les parents mais créée de Dieu sans le concours de la matière.

Toutefois, ainsi qu'on l'a vu plus haut, l'âme humaine est si loin d'être un pur esprit qu'elle occupe la dernière place parmi les substances intellectuelles. En vertu même de cette condition inférieure, elle passe lentement de la puissance à l'acte, sous l'influence et avec l'appui de la sensibilité. La sensation se trouve ainsi au point de départ de l'exercice des facultés supérieures, et par là même une heureuse sensibilité est une bonne fortune pour ces mêmes facultés, tandis qu'une sensibilité défectueuse ne peut moins faire que de les entraver dans leur essor vers l'idéal.

« *Vires rationales apprehensivæ*, dit le Docteur angélique, *natæ sunt accipese a viribus sensitivis* » (1). En effet, l'intelligence humaine reçoit tous ses matériaux de l'imagination et de la mémoire, et celles-ci, à leur tour, empruntent toutes leurs images aux sens

____

(1) 1a 2æ, q. L, a. 3, ad 3.

extérieurs. Mais ces puissances inférieures dépendent absolument de l'organisme, si bien que l'organisme se voit appelé à exercer une influence notable, bien qu'indirecte, sur tous les actes de l'esprit. « *Quia vires apprehensivæ*, poursuit saint Thomas, *interius præparant intellectui proprium objectum, ideo ex bonâ dispositione harum virium, ad quam cooperatur bona dispositio corporis, redditur homo habilis ad benè intelligendum* » (1).

La science appartient en propre à la raison ; mais par le concours qu'elles apportent à cette faculté maîtresse, les puissances inférieures peuvent être regardées, dans un sens secondaire, comme le sujet de véritables habitudes intellectuelles. « *Et sic habitus intellectivus secundariò potest esse in istis viribus, principaliter autem est un intellectu* » (2).

Revenant ailleurs, en termes plus formels encore, sur le même problème, le Docteur angélique se demande si un homme peut avoir un esprit plus pénétrant qu'un autre et d'où cela peut venir. A la question ainsi posée, il fait cette réponse bien digne de remarque : Un homme qui a la vue très perçante voit mieux les objets que celui dont la vue est moins bonne : il en est de même dans les choses de l'esprit. Or, dans ce dernier cas, la différence peut tenir à deux causes : 1° à une plus grande perfection de l'intelligence, car il est bien manifeste que l'organisme reçoit une âme d'autant meilleure, qu'il est lui-même plus heureusement doué, comme on peut aisément

____

(1) 1a 2œ, q. 1. a, 4. ad 8.
(2) Ibid. cf, 1ª, q. LXXVI, a 5. c.

s'en convaincre en jetant un regard sur les êtres qui appartiennent à des espèces différentes. Et la raison se comprend sans peine, puisque c'est une nécessité que l'acte et la forme soient reçus dans la matière suivant la capacité plus ou moins grande de celle-ci. Un phénomène semblable peut être constaté dans l'espèce humaine. Quelques individus possèdent un organisme plus parfait, et ils reçoivent en conséquence une âme mieux douée, au point de vue intellectuel...

La différence dans la valeur intellectuelle des hommes peut aussi tenir aux puissances inférieures qui sont les indispensables auxiliaires de la raison. Voilà pourquoi ceux qui se font remarquer par la richesse de l'imagination, du sens appréciatif et de la mémoire, sont mieux doués pour les diverses fonctions de l'esprit (1).

Le spiritualiste le plus décidé peut donc reconnaître

(1) « Unus alio potest eamdem rem meliùs intelligere, quia est melioris virtutis in intelligendo ; sicut meliùs videt visione corporali rem aliquam qui est perfectioris virtutis, et in quo virtus visiva est perfectior. Hoc autem circa intellectum contingit dupliciter : uno quidem modo, ex parte ipsius intellectûs qui est perfectior. Manifestum est enim quòd quantò corpus est melius dispositum, tantò meliorem sortitur animam ; quòd manifestò apparet in his quæ sunt secundùm speciem diversa ; cujus ratio est quia actus et forma recipitur in materiâ, secundùm materiæ capacitatem. Unde etiam cùm in hominibus quidam habeant corpus meliùs dispositum, sortiuntur animam majoris virtutis in intelligendo...

Alio modo, contingit hoc ex parte inferiorum virtutum, quibus intellectus indiget ad sui operationem. Illi enim in quibus virtus imaginativa et cogitativa et memorativa est melius disposita sunt melliùs dispositi ad intelligendum ». (1a, q. LXXXV, a. 7, c.)

hautement les influences du corps, et par suite de l'hérédité, dans l'ordre des aptitudes mentales supérieures.

**

D'après toutes ces explications, l'hérédité physiologique doit être considérée comme *cause directe* ou *indirecte* de l'hérédité psychologique. Cette conclusion nous rapproche des phychologues contemporains et nous met parfaitement à l'aise avec eux. Sur ce point comme sur tant d'autres, saint Thomas les a devancés ; il a connu toutes les hardiesses légitimes, mais il a évité aussi toutes les exagérations téméraires.

Dans sa pensée, si l'hérédité physiologique détermine l'hérédité psychologique, la réciproque n'e st pas moins certaine ; car il faut le redire, si le corps influe sur l'âme, l'âme, à son tour, agit sur le corps. « *Cùm autem corpus sit proportionatum animæ*, dit encore le grand Docteur, *et defectus animæ redundent in corpus, et e converso (1)* ».

A l'origine de la vie, c'est le corps qui reçoit l'âme et qui par là même la façonne jusqu'à un certain point, bien que d'une manière indirecte, en ce sens que l'âme doit commencer par subir les conditions de l'organisme en qui elle est reçue. *Cum corpori infunditur (anima) etiam ei suo modo conormatur;* mais dans la suite, l'âme se fraye peu à peu sa voie, fait contracter au corps certaines habitudes particulières et le façonne suivant ses dispositions personnelles.

(1) 1a 2œ, q. 81, a. 1, c.

19.

Il est écrit que Dieu a imprimé sur nous quelque chose de la lumière de sa face : *Signatum est super nos lumen vultûs tui, Domine* (1).

De même, l'âme imprime progressivement sa marque sur le corps qu'elle anime et qu'elle gouverne. Est-elle débile ou vicieuse ? La langueur du regard et la dépression de la physionomie ne tardent pas à le dire bien haut. Se livre-t-elle aux nobles travaux de la pensée, aux exercices sanctifiants de la charité ou de la prière ? Le visage s'anime, s'éclaire, s'illumine et revêt quelque chose de l'immatérielle beauté. L'esprit a façonné la matière « *corpus proportionatum animæ.* »

(1) Ps. iv, 6.

CHAPITRE V

L'hérédité en occurrence avec la loi des milieux et de l'éducation.

Nous savons maintenant la nature, la puissance et l'origine des influences héréditaires. Mais rien n'est isolé dans la nature, toute force trouve en face d'elle des forces contraires avec lesquelles il lui faut compter. Quant à l'hérédité, ses rivales les plus redoutables sont l'action des milieux et la puissance de l'éducation. Dans quelle mesure ces deux grandes forces peuvent elles l'atteindre, l'atténuer ou même la faire fléchir? Dans quelle mesure, à son tour, peut-elle leur résister et les tenir en échec? C'est le problème dont nous allons chercher la solution. Elle nous permettra de nous faire une idée plus précise encore de la portée de la loi qui nous occupe, d'en bien mesurer la puissance, et aussi de n'en pas étendre les limites plus qu'il ne convient.

ARTICLE PREMIER

L'HÉRÉDITÉ ET L'ACTION DES MILIEUX

Le mot de milieux désigne l'ensemble des conditions extérieures dans lesquelles se trouve placé un organisme durant le cours de sa vie. Rien de plus complexe et de plus variable : alimentation, air, configuration du sol, chaleur, humidité, lumière, électricité..., tous les agents physiques et même organiques, *circumfusa*, *ingesta*, qui peuvent réagir par le dehors sur l'être vivant, sont compris dans la définition.

La loi des milieux est bien connue ; son influence est incontestable et souvent même fort étendue, car si elle n'a point déterminé la formation, la distinction des espèces, on ne saurait nier qu'elle ne soit le facteur principal des mille et une variétés d'une même espèce. L'humanité, pour ne parler que de l'espèce humaine, lui doit ses races si diverses disséminées sur les continents ; les nations leurs types et leurs caractères si tranchés ; les familles et les individus un grand nombre de leurs traits spéciaux de physionomie et de tempérament. Cependant l'influence des milieux a des bornes au delà desquelles l'être périt plutôt que de rompre « la tradition organique » (1), qu'il doit suivre.

***

Dès lors que les milieux agissent sur l'organisme et

(1) Cf. Cl. Bernard, *Physiologie générale*.

le modifient, ils entrent en *lutte* avec l'hérédité. Qu'est-ce en effet qu'un organisme développé dans les conditions les plus normales, sinon la réalisation « d'une formule organique » transmise par la génération ? Et cette formule organique n'est pas constituée par les seuls caractères originels, inhérents à la nature, mais aussi par les données *adventices* que l'hérédité a pu y introduire. Ainsi, tout ce qui s'attaque à la formule doit aussi bien modifier la part qui vient de l'hérédité, que tout autre caractère.

Nous pouvons même aller plus loin : si nous considérons tous les caractères comme transmis par la génération, toute modification produite par les milieux fait échec à l'hérédité.

Mais étudions de près l'être vivant sous l'action des milieux, et voyons les contre-coups qu'en reçoit l'hérédité soit à l'état adulte, soit durant la période évolutive.

A l'état adulte, quand l'être a déjà pris sa forme définitive, conformément aux influences héréditaires, il ne garde plus qu'une assez faible plasticité. Toutefois, il subit encore dans une certaine mesure l'inévitable action des milieux. Si l'éleveur, par exemple, veut faire naître dans l'animal un caractère nouveau susceptible de transmission, n'a-t-il pas recours à la variation du milieu et ne se propose-t-il pas de réagir contre une tendance héréditaire, qu'il veut atténuer ou supprimer ? On voit de même l'homme adulte subir des changements plus ou moins sensibles sous l'influence d'un climat nouveau, d'une alimentation nouvelle. Qu'une modification ainsi produite laisse son empreinte dans l'organisme et se transmette par la génération, elle coïncide d'ordinaire avec la suppression d'un caractère reçu des ancêtres. Nous pouvons à notre gré contrarier l'hérédité et souvent en neutraliser les effets par l'action des milieux. Quand la médecine traite une maladie héréditaire, n'est-ce pas toujours en modifiant le milieu qu'elle essaie d'atteindre son but ? Ainsi les conditions exercent une sérieuse influence sur l'organisme même adulte, et cette influence a d'inévitables contre-coups sur l'hérédité.

La même loi se vérifie pareillement dans l'ordre moral soit pour le mal, soit pour le bien. Rien n'est moins rare que de voir des hommes changer de conduite en changeant de milieu, au point de devenir presque méconnaissables. C'est ainsi que les Jacobins de 1793 rampèrent sous le premier Empire et se révélèrent comme des conservateurs énergiques (1).

*
* *

Pour revenir aux propriétés de l'ordre physiologique, les milieux jouent, dans la période *embryonnaire*, un

(1) Sainte-Beuve fait les remarques suivantes au sujet d'un de ces terroristes de valeur et de férocité moyennes, qui devint sous l'Empire un préfet modèle : Jean-Bon-Saint-André : « Nul exemple ne me paraît plus propre à montrer à quel point des hommes, même énergiques de trempe et de volonté, sont assujettis et soumis au milieu où ils vivent, dépendent des circonstances, changeant de face sans changer de caractère ; combien il est juste, même après des excès et des torts, de ne pas désespérer de ceux qui ont une valeur réelle et un vertueux principe d'énergie ; et ce que peuvent devenir d'honorable et d'utile pour la société et pour la patrie ceux qui, hors des cadres réguliers et durant l'orage des interrègnes, dans la convulsion des mouvements révolutionnaires, cherchaient vainement leur niveau et leur emploi. »

rôle beaucoup plus important. Leur influence est telle que Claude Bernard espérait qu'un jour les naturalistes parviendraient à créer des espèces nouvelles, en agissant sur l'œuf par des adaptations de milieu. Geoffroy-Saint-Hilaire n'expliquait pas autrement la transformation des espèces ; à son avis, sous l'influence des conditions extérieures, les germes auraient dévié et donné naissance à des monstres qui eussent transmis le caractère nouveau : une espèce nouvelle ne serait, dans cette opinion, qu'une monstruosité héréditaire. C'est dans le même sens que Coleridge a dit le plus sérieusement du monde : « L'histoire d'un homme dans les neuf mois qui précèdent sa naissance serait probablement plus intéressante et contiendrait des événements d'une plus grande importance que tout ce qui a suivi. »

Sans attacher à ces conclusions plus d'importance qu'elles ne méritent, nous recueillons avec intérêt leur principe, à savoir, l'extrême plasticité de l'organisme naissant.

Suivons-le du reste à partir de ses origines.

Un père a contracté une habitude ; son organisme en a subi l'empreinte et remplit les conditions demandées pour la transmission. Le germe qu'il produit est comme une « formule », suivant l'expression de Cl. Bernard, où s'est introduite une donnée nouvelle. Cette tendance nouvelle aboutira-t-elle infailliblement ? Tout dépendra du milieu appelé à réagir sur elle.

Cet élément doit tout d'abord se fondre avec un germe étranger : premier milieu, très complexe, et dont l'influence dépassera celle de toutes les autres forces. L'élément maternel peut se trouver indifférent à la tendance transmise par le père ; mais il peut aussi bien présenter des tendances contraires qui les neutralisent, ou même seulement des tendances un peu différentes, qui, combinées avec la première, amèneront un résultat sans relation apparente avec l'habitude en question.

Les conditions du germe maternel fussent-elles favorables au développement de la tendance héréditaire, le dernier mot n'est pas encore dit. On sait que chez les mammifères en général, et chez l'homme en particulier, l'organisme est, durant sa période de formation, d'une extrême délicatesse. Une alimentation plus ou moins substantielle, des circonstances toutes fortuites de température, de travail ou de repos, etc., peuvent amener des modifications qui ne seront jamais sans influence sur le caractère transmis par l'hérédité.

Ces quelques réflexions suffisent pour montrer à quel point la loi de l'hérédité est dépendante de la loi des milieux.

*
* *

Mais de ces deux lois naturelles et d'une influence si générale, laquelle est prépondérante, laquelle joue le rôle le plus important ? Nous n'hésitons nullement à mettre l'hérédité en première ligne. En effet, elle modifie la formule organique du développement ; elle constitue comme une partie de la « tradition » évolutive que l'être doit réaliser. Les milieux, au contraire, n'agissent que par le dehors, et leur action présente quelque chose d'adventice, quelque chose de plus ou moins accidentel ou anormal.

L'hérédité influence nécessairement l'organisme, comme l'action de la pesanteur attire nécessairement les corps vers le centre de la terre; en sorte que si rien ne s'y oppose l'effet se produira infailliblement. Les milieux, dans certaines circonstances, peuvent ne produire aucun changement réel, et l'on peut concevoir qu'un organisme soit soustrait à toute influence anormale.

Si nous comparons la tendance héréditaire à un mobile que son poids entraîne nécessairement, les milieux seront ou bien une force antagoniste qui arrête ou ralentit sa marche, ou bien une force de même sens qui l'accélère, toujours une composante qui se combine avec l'hérédité pour amener le résultat définitif.

Cette comparaison va nous aider à nous rendre compte de certains faits curieux relatifs à l'influence héréditaire. Par exemple, un fils n'aura pas telle tendance de son père, à cause d'une action de milieu qui aura neutralisé l'impulsion reçue; mais il la transmettra lui-même à son fils, en qui elle se développera sans peine, grâce à une influence nouvelle qui supprime le premier obstacle. On verra un petit neveu hériter d'un grand oncle; c'est que l'oncle et le petit neveu héritent à la fois d'un ancêtre commun; chez le premier, aucun obstacle n'avait suspendu l'effet de la tendance héréditaire; avant le second, un obstacle, dû aux milieux, avait surgi et avait persisté durant plusieurs générations successives.

C'est ainsi que des caractères antagonistes réussis-

sent à se transmettre par la génération, et à tenir
pour toujours en échec les premières tendances ; on
dit alors que ces tendances ne sont plus héréditaires.
Cependant, on peut concevoir qu'elles se réveillent tôt
ou tard, si une nouvelle composition de milieu vient
favoriser leur réviviscence. De la sorte, un caractère
nouveau pourra se fixer, soit à cause d'une empreinte
réellement nouvelle que le milieu laisse dans l'organisme, soit par la destruction d'une empreinte héréditaire qui tenait inactive une tendance ancienne.

ARTICLE II

L'HÉRÉDITÉ ET L'ÉDUCATION

Chaque époque semble prendre parti pour une
idée dominante, qui devient une idée exclusive. Le
dix-septième siècle, à la suite de Descartes, s'était
pris d'un beau zèle pour la méthode ; ce philosophe
mettait en elle toutes les espérances de la science, et
l'on sait à quels résultats devait aboutir le doute
méthodique combiné avec l'évidence et la certitude
mathématique.

Au siècle suivant, ce fut l'idée de l'influence éducatrice qui fut portée d'emblée au premier rang, et l'on
en vint « à se demander naïvement avec Helvétius si
toute la différence entre les divers hommes ne provient pas de la seule différence dans l'instruction

reçue et dans le milieu, si le talent, comme la vertu, ne peuvent s'enseigner (1). »

« De nos jours, après les recherches faites sur l'hérédité, on s'est jeté dans des affirmations bien contraires. Beaucoup de savants et de philosophes sont maintenant persuadés que l'éducation est radicalement impuissante, quand il s'agit de modifier profondément, chez l'individu, le tempérament et le caractère de la race ; d'après eux, on naît criminel comme on naît poète ; toute la destinée morale de l'enfant est contenue dans le soin maternel, puis se déroule implacablement dans la vie... En somme, entre le pouvoir attribué par certains penseurs à l'éducation et par d'autres à l'hérédité, il existe une antinomie qui domine toute la science morale » (2).

*
* *

Ici comme toujours la vérité se trouve à égale distance des opinions extrêmes.

Et d'abord, on ne saurait contester que l'éducation contrebalance dans une large mesure les influences héréditaires, au double point de vue intellectuel et moral. Pour s'en convaincre, il suffit de considérer l'enfant et l'adulte lui-même, en présence de la puissance éducatrice.

(1) Suivant Helvétius, les hommes ne diffèrent ni par la finesse des sens, ni par l'étendue de la mémoire, ni par la capacité d'attention ; ils ont tous la puissance de s'élever aux plus hautes idées ; la différence d'esprit dépend uniquement des circonstances. (*De l'esprit*, ch. III).

(2) Guyau, *Éducation et hérédité*, préface, p. XIII-XIV.

L'enfant n'est pas, comme l'avait imaginé Platon, une miniature d'homme rempli d'idées générales et de sentiments généreux qui ne demandent qu'à se montrer au grand jour et qu'il suffit d'éveiller. Il n'y a dans l'enfant ni connaissances innées, ni sentiments quelconques, mais seulement des *facultés* et des *aptitudes*. Et ces facultés et ces aptitudes ne passeront point par leur propre vertu de la puissance à l'acte ; il faudra que les agents extérieurs viennent les exciter, que l'éducation surtout vienne les animer, les diriger, leur tracer la voie, les pousser d'abord, les retenir ensuite et les empêcher de s'égarer. Voilà bien la loi générale établie par l'auteur de la nature : ici-bas, les différents êtres doivent avoir entre eux des relations incessantes, et c'est aux êtres supérieurs à venir en aide aux êtres inférieurs, en leur communiquant quelque chose de leur abondance (1).

(1) « Aliqui posuerunt quòd habitus omnes virtutum sunt nobis inditi a naturâ : sed per exercitium operum removentur impedimenta quibus prædicti habitus quasi occultantur ; sicut per limationem aufertur rubigo, ut claritas ferri manifestetur. — Similiter etiam, aliqui dixerunt quòd animæ est omnium scientia concreata, et quòd per hujusmodi doctrinam et hujusmodi scientiæ exteriora adminicula, nihil fit aliud nisi quòd anima deducitur in recordationem vel considerationem eorum quæ prius scivit... »

« Sed cum removens prohibens non sit nisi movens per accidens, si inferiora agentia nihil aliud faciunt quam *producere de occulto in manifestum*, removendo impedimenta quibus formæ et habitus virtutum occultabantur, sequetur quòd omnia inferiora agentia non agant nisi per accidens, ...; et sic derogatur ordini universi, qui ordine et connexione causarum contexitur, dum prima causa, ex eminentiâ bonitatis suæ, rebus aliis confert non solum quòd sint, sed etiam quòd causae sint. » (Saint Thomas, *Qq. dispp. De Verit*, q. XI. *De Magistro*, a. 1. c.)

D'un autre côté, l'âme de l'enfant est d'une plasticité aussi grande que son corps ; les tendances n'ont en lui ni consistance, ni fermeté, et presque aucun pouvoir de résistance ; rien de plus aisé que de les combattre, d'en arrêter le développement, et même de leur substituer des tendances contraires. Le poète a dit de l'adolescent : *Cereus in vitium flecti.* C'est de la cire en effet, mais dont on peut faire ce qu'on veut, pour le bien comme pour le mal « *potest omnia fieri* ». Pensées, sentiments, direction, l'enfant doit tout recevoir de ceux qui l'entourent ; leur regard, leurs paroles, le ton de leur voix, leurs exemples, voilà son livre et son code. Tout cela fait sur ses sens une impression très vive ; il croit à tout cela avec une entière confiance, il reçoit là les idées, les passions et souvent les préjugés qui seront le mobile d'une grande partie de sa vie, peut-être de sa vie tout entière (1). Car elle exprime une grande loi de la vie humaine, la parole du poète que nous rappelions tout à l'heure :

> *Quo semel est imbuta recens, servabit odorem·*
> *Testa diu.*

Peu d'hommes ont l'occasion ou les loisirs de *revenir* sur leurs idées premières, pour les contrôler ou les ratifier ; et parmi ceux que les circonstances amènent à revenir sur ces idées, un bien petit nombre arrivent

(1) D'après Locke, sur cent hommes, « il y en a plus de quatre-vingt-dix qui sont bons ou mauvais, utiles ou inutiles à la société par l'instruction qu'ils ont reçue ; et c'est de l'éducation que dépend la grande différence remarquée entre eux. » — Il y a sans doute de l'exagération dans ces paroles, mais il y a aussi une grande part de vérité.

à s'en dépouiller entièrement, ou même à les modifier dans leurs lignes essentielles. Car ces premières impressions sont devenues avec le temps des habitudes, puis des instincts, puis une seconde nature, dont on pourrait dire comme de la première :

Naturam furcâ expelles, tamen usque recurret.

On a vu plus haut (1) que tout être vivant est susceptible de recevoir des habitudes, c'est-à-dire une direction nouvelle plus ou moins différente de celle qu'il tient de la nature. Le dressage dompte et transforme l'animal vicieux. La culture opère sur les jeunes arbres de véritables merveilles :

Exuerint sylvestrem animum cultuque frequenti
In quascumqe voces artes haud tarda sequentur.

Mais la puissance de l'éducation est en proportion de la vitalité du sujet : bornée dans la plante, plus développée chez l'animal, elle atteint dans l'homme le *maximum* de ses effets. L'homme a deux propriétés distinctives qui lui permettent de s'assimiler, plus qu'aucun être, l'influence éducatrice, nous voulons parler de la réflexion et de la liberté. Par la première, il comprend les enseignements qu'on lui donne, par la seconde, il se détermine à sortir de la voie dont on lui montre l'issue fatale, pour entrer dans celle qui répugne peut-être à ses instincts, mais dont il aperçoit le terme heureux.

Voyez ce qui se passe dans le phénomène si connu

____

(1) Supra, 1re partie, ch. II, a. 2.

dé la greffe. Faites une incision sur un arbre qui ne portait que des fruits amers, il se revêtira d'un feuillage nouveau et donnera des fruits d'une exquise saveur

Exiit ad cœlum ramis felicibus arbos
Miraturque novas frondes, et non sua poma (1).

L'enfant livré aux penchants de sa nature est l'arbre aux fruits amers ; l'éducation est la greffe qui dépose le germe appelé à produire une nouvelle vie. Quiconque a la direction d'une âme jeune doit pouvoir lui adresser la parole de saint Paul : *Filioli, quos iterum parturio, donec formetur Christus in vobis* (2).

A partir de l'âge mûr, l'éducation a moins de prise sur l'homme, la plasticité mentale aussi bien que la plasticité physique a progressivement diminué, le dehors agit avec beaucoup moins de force sur le dedans. Mais l'éducation a déjà fait son œuvre et pour l'ordinaire le mouvement continue en vertu de la vitesse acquise et dans le sens des impressions du premier âge.

Au reste, l'homme demeure toujours plus ou moins sensible aux influences sociales, et il est prouvé par l'expérience qu'on peut créer *toujours* dans son esprit, à tout moment de son évolution, une orientation nouvelle, capable de faire équilibre aux tendances préexistantes. Un des traits qui caractérisent l'homme par rapport à l'animal, et l'homme civilisé par rapport au sauvage, c'est que son intelligence reste plus

____

(1) Virgile, *Eglog.* 1. II, v. 82.
(2) *Galat.*, IX, 19.

longtemps capable d'acquisitions nouvelles, ne se referme pas sur le savoir acquis, comme certaines fleurs sur les insectes qu'elles étouffent.

En résumé, l'éducation et l'instruction sont essentiellement distinctes de l'hérédité, et combinées ensemble, ces deux forces donnent une composante assez puissante pour neutraliser les tendances natives, et même, en plus d'un cas, pour susciter des tendances contraires qui éloignent l'individu de ses origines et lui ouvrent une voie nouvelle.

***

M. Ribot nous objecte que l'éducation n'a d'action efficace que sur les natures moyennes, que son influence est presque nulle sur les formes inférieures comme sur les formes supérieures de l'intelligence.

Nous pouvons répondre à M. Ribot que régner sur les natures moyennes est déjà une belle part, puisqu'elles représentent la majorité, la grande majorité. Mais il n'est pas exact que l'éducation demeure sans influence appréciable « sur les formes inférieures et sur les formes supérieures de l'espèce humaine ». Sans doute, un esprit très faible ne peut recevoir qu'un petit nombre d'idées, de quelque manière qu'on s'ingénie pour lui ouvrir l'horizon de la pensée ; mais encore faudrait-il ajouter que ce petit nombre d'idées, c'est de l'éducation qu'il les tient et que sans elle il se verrait réduit au *minimum* le plus rudimentaire de la vie intellectuelle.

Quant aux intelligences d'élite que la nature a comblées de ses faveurs, elles peuvent, il est vrai, voler de leurs propres ailes, mais non pas avant que d'autres leur aient appris à voler. L'hérédité avait déposé en elles des *germes* de qualité supérieure, si l'on veut, mais ce n'étaient que des germes, et comme les autres germes, il a fallu les entourer de soins, les placer dans des conditions favorables à l'éclosion et au développement.

Une autre réponse, c'est que les dons naturels favorisent l'action de l'éducation, bien loin de la supprimer ou de la rendre inutile. « Nous voyons bien pourquoi un idiot est peu éducable, mais nous ne voyons pas pourquoi les grandes qualités naturelles du génie ne le rendraient pas accessible à l'éducation. Plus on est naturellement intelligent, plus on est capable d'apprendre et de devenir *savant* par éducation. Plus on est naturellement *généreux*, plus on est capable de devenir *héroïque* par éducation, etc... La vitesse déjà acquise n'est qu'une condition de plus pour en acquérir encore... Nous pensons donc que le génie réalise à la fois le maximum d'hérédité féconde et d'*éducabilité* féconde (1) ».

Le poète avait donc exprimé une vérité de simple bon sens, dans ces vers si connus :

> « ... Ego nec studium sine divite venâ,
> Nec rude quid possit video ingenium ; alterius sic
> Altera poscit opem res et conjurat amicè (2).

Cependant, il faut redire de l'éducation ce que nous

---

(1) Guyau, *Éducation et hérédité*, ch. II, n. 5.
(2) Horace, *Art. poët.*, v. 400.

avons dit plus haut de la loi des milieux : son influence, si grande qu'on la fasse, est toute extérieure et artificielle. L'éducation donne la *culture* seulement; c'est l'hérédité qui donne le *fond.*

Tâchons de bien nous rendre compte du rôle véritable du maître et du disciple dans une bonne méthode d'enseignement. L'idée qu'il convient de s'en faire est la clef du problème qui nous occupe en ce moment : déterminer la part respective de l'éducation et de l'hérédité dans l'acquisition de la science et de la vertu.

Saint Thomas nous semble avoir donné la formule la plus exacte des procédés pédagogiques. D'après lui, le disciple se présente au maître avec des facultés qu'il tient tout ensemble de la nature (hérédité) et de son auteur (création) ; il se présente aussi avec la connaissance des premiers principes que toute raison humaine, si faible qu'on la suppose, dégage par intuition des données sensibles et du simple rapprochement du sujet et de l'attribut (1).

Les premiers principes, bien entendus, comprennent toutes les déductions qui composent la science ; mais ils ne les contiennent que virtuellement et en puissance. Ce sont des germes d'une fécondité

---

(1) « Homo homini causa sciendi quodammodo existit, non sicut notitiam principiorum tradens, sed sicut id quod implicite et quodammodo in potentiâ in principiis continebatur, *educendo* in actum, per quaedam signa sensibilia. » (*Qq. dispp.* q. xi, *De Magistro,* a. 3, c.) — « Homo verò doctor dici potest et veritatem docens, et mentem illuminans, non quasi lumen rationi infundens, sed quasi lumen rationis coadjuvans ad scientiæ perfectionem, per ea quæ exterius proponit. » (Ibid., ad o.)

merveilleuse, mais des germes seulement. Le modeste gland renferme en puissance le chêne géant qui naîtra de lui. Mais pour que le chêne sorte du gland, il faudra du temps d'abord, et ensuite une humidité propice et de chauds rayons. De même les principes sommeilleraient longtemps dans l'esprit du disciple, si le maître ne venait les exciter et faire jaillir l'étincelle scientifique (1). Faisant appel aux notions premières, connues de l'écolier, il lui montre comment elles s'appliquent à tel objet spécial, comment elles se développent en s'étendant, comment elles conduisent à des conclusions prochaines, et celles-ci à des conclusions plus éloignées. Pour cela, il engage le jeune voyageur à marcher à sa suite, en lui montrant les sentiers qu'il a lui-même parcourus avec bonheur ; ou pour parler sans figure, il raisonne devant lui, et il l'aide à raisonner avec lui et comme lui.

Le Docteur Angélique se représente le disciple

---

(1) « In eo qui docetur, scientia praeexistebat, non quidem in actu completo, sed quasi in rationibus seminalibus, secundùm quòd universales conceptiones, quarum cognitio est nobis naturaliter indita, sunt quasi semina quaedam omnium sequentium cognitionum. Quamvis autem per virtutem creatam rationes seminales non hoc modo educantur im actum, quasi per aliquam virtutem creatam infundantur, tamen id quod est in eis originaliter et virtualiter, actione creatæ virtutis in actum *educi* potest. » (*Qq dispp. De Verit.* q. 11, *de Magistro*, a. 1, ad. 5).

« L'éducation ! quelles nobles idées, quelle forte action les étymologies expriment ici : c'est presque tirer du néant; presque créer; c'est au moins tirer du sommeil et de l'engourdissement les facultés endormies; c'est donner la vie, le mouvement et l'action à l'existence encore imparfaite. » (*Mg.* Dupanloup. *De l'éducation*, t. I, l. I, ch. 1.)

comme un *malade* et l'éducateur comme un *médecin*
secourable (1). Le médecin le plus habile n'a aucune
vertu magique sur la maladie ; c'est à la nature à se
guérir elle-même. Mais si la nature est faible, il faut
que de sages remèdes viennent l'exciter à *réagir* et à
recouvrer la santé, grâce à cette énergique réaction.
De même, le plus docte professeur ne saurait communiquer à son élève la science qu'il a acquise au
prix de longs efforts ; mais il peut, il doit agir sur
cette jeune intelligence, et l'aider dans le passage
plus ou moins lent de la puissance à l'acte.

Qui donc avait dit qu'au moyen âge la science re-
posait tout entière sur l'autorité, et que toute la
fonction du disciple consistait à jurer sur la parole
du maître ? Trouvaille inespérée ! Elles sont du représentant le plus autorisé du moyen-âge, ces paroles

(1) « Sicut medicus, in sanatione, est minister naturae, quae principaliter operatur, confortando naturam, et apponendo medici-
nas, quibus velut instrumentis natura utitur ad sanationem...
similiter etiam contingit in scientiæ acquisitione, quòd eodem
modo docens alium ad scientiam ignotorum *deducit*, sicut aliquis *inveniendo* deducit seipsum in cognitionem ignoti. Processus autem rationis pervenientis ad cognitionem ignoti, in inveniendo, est ut principia communia per se nota applicet ad
determinatas materias, et inde procedat in aliquas particulares
conclusiones, et ex his in alias ; et secundum hoc unus alium
docere dicitur, quòd istum discursum rationis, quem in se facit
ratione naturali, alteri exponit per signa ; et sic ratio naturalis discipuli, per hujusmodi proposita, sicut per quaedam instrumenta, pervenit in cognitionem sibi ignotorum. —
Sicut ergo medicus dicitur causare sanitatem in infirmo, naturâ
operante, ita etiam homo dicitur causare sicentiam in alio, operatione rationis naturalis illius ; et hoc est docere. » (Ibid., a. 1, c.)

hardies, si favorables à la raison individelle : « La cause véritable de la science, ce ne sont pas des signes ni des faits, c'est l'intelligence dégageant les principes par la vertu abstractive qui lui est propre, et tirant de ces principes les conclusions qu'ils contiennent... Un homme instruit un autre homme en exposant devant lui le raisonnement qu'il fait lui-même pour découvrir la vérité ; et la raison naturelle du disciple, grâce à la direction donnée par le maitre, comprend les vérités jusque-là inconnues. Le médecin rend la santé au malade en provoquant la réaction de la nature, et le professeur fait naître la science dans l'esprit de l'écolier en lui apprenant à se servir de sa raison naturelle. *Sicut ergo medicus dicitur causare sanitatem in infirmo, naturâ operante, ita etiam homo dicitur causare scientiam in alio, operatione rationis naturalis illius; et hoc est docere. — Proximum scientiæ effectivum non sunt signa, sed ratio discurrens a principiis in conclusiones.*

« Dans l'éducation ce que fait l'instituteur par lui-même est peu de chose, ce qu'il fait faire est tout. Quiconque n'a pas entendu cela n'a rien compris à l'œuvre de l'éducation humaine » (1).

La discipline *morale* doit suivre les mêmes procédés que la discipline intellectuelle, et c'est ici surtout que l'éducation peut obtenir ses meilleurs triomphes. Apprendre à raisonner et à vouloir, c'est l'instruction et l'éducation la plus haute. Donner à la raison la perception très nette des grands principes qui dominent et éclairent toutes les sciences ; proposer à la volonté

____

(1) Mgr Dupanloup, *de l'Éducation*, t. I, l. 1, ch. 1. (Sixième édition.)

20.

un idéal élevé qui la préserve des défaillances et illumine la vie tout entière, est infiniment meilleur qu'entasser des connaissances et des pratiques ; car c'est créer une individualité distincte, originale ; c'est apprendre à un esprit *à chercher*, *à trouver* la vérité par lui-même, c'est former une volonté capable de se frayer un chemin et de résister au torrent.

« Le rôle de l'instruction, a dit avec beaucoup de bon sens un écrivain de nos jours, est surtout de donner à l'esprit les *cadres* où viendront se grouper les faits et les idées que la lecture et l'expérience de la vie fourniront par la suite. *Les faits et les idées n'ont une influence réelle et utile sur l'esprit que si, à mesure qu'ils se produisent, l'esprit les systématise et les coordonne avec d'autres faits et d'autres idées;* sinon ils resteront inertes et seront comme s'ils n'existaient pas. Un des principes de l'éducation, c'est précisément l'impuissance de l'éducation à donner autre chose que des *directions générales* de pensée et de conduite. L'instruction la plus complète ne fournit que des connaissances nécessairement insuffisantes, et qui seront en quelque sorte englouties dans la multitude d'expériences qui composent la vie (1). »

Il faut donc faire un choix parmi les connaissances, et puisque le but principal de l'éducation est, non pas de *remplir*, mais de *former et agrandir* (2) l'esprit, il faut le tourner de préférence vers celles qui l'élèvent et le purifient par l'amour désintéressé du vrai, du

______

(1) Guyau, *Éducation et Hérédité*, ch. IV, n. 2.

(2) Montaigne dit qu'il faut avoir « des têtes bien faites », non des « têtes bien pleines ». Mais avant tout, il faut avoir des cœurs bien placés.

beau et du bien, comme les lettres et les arts, la métaphysique et la morale et surtout la religion.

Mais pour éviter que l'esprit effleure tout sans
s'attacher à rien, il faut inculquer l'amour d'étudier
jusqu'au fond, *d'approfondir*. Ce désir d'approfondir,
dirons-nous avec l'auteur précité, « ne fait qu'un avec
la sincérité parfaite, le désir de trouver le vrai, car il
suffit d'un peu d'expérience pour reconnaître que le
vrai ne se trouve jamais trop près des surfaces et qu'il
faut, en toute question, creuser et peiner pour y
arriver. »

CHAPITRE VI

Effets et conséquences de l'hérédité.

On sait que les partisans de la nouvelle psychologie
fondent sur l'hérédité les plus belles espérances ; s'il
faut les en croire, elle sert en même temps à confirmer
les conclusions du déterminisme et à promouvoir
dans une large mesure la cause de l'évolution et du
progrès. Suivons nos adversaires sur ce nouveau terrain et montrons-leur qu'ici encore les faits ne répondent nullement à la théorie.

ARTICLE PREMIER

L'HÉRÉDITÉ ET LA LIBERTÉ

1

M. Ribot, un des chefs les plus autorisés de la
psycho-physique, s'est exprimé en ces termes sur la
question qui nous occupe : « Nous avons fait ressortir
assez souvent le caractère fatal de la transmission

héréditaire, pour qu'on puisse voir que tout ce qui est donné à l'hérédité est retranché à la liberté, et que l'hérédité offre une source abondante, quoique peu explorée jusqu'ici, d'arguments en faveur du fatalisme.

L'hérédité et la liberté se posent, l'une en face de l'autre, comme deux termes contraires et inconciliables... Au fond, tout est rigoureusement déterminé : un mobile sollicité par cent forces distinctes n'en est pas moins mû fatalement. L'hérédité est donc bien un déterminisme. Par elle, nous nous sentons pris dans la chaîne indestructible des effets et des causes ; par elle, notre chétive personnalité se rattache à l'origine dernière des choses, à travers l'enchaînement infini des nécessités (1) ».

La thèse de l'auteur repose sur les raisons suivantes :

« L'hypothèse d'un principe d'individuation distinct des phénomènes est de celles que la psychologie nouvelles tend à éliminer. » — « L'intelligence, les sentiments, les instincts sont transmissibles par hérédité l'organisme, dans ses formes et ses fonctions, est également transmissible ; si l'intelligence, les sentiments, les instincts, l'organisme suffisent à expliquer la personnalité, nous n'avons aucune raison d'admettre que l'hérédité est limitée par quoi que ce soit ».

D'un autre côté, l'hérédité est un déterminisme, c'est-à-dire qu'elle présente le caractère de la fatalité. Dès lors, la conséquence s'impose : universelle et fatale, la loi anéantit notre chétive personnalité et avec elle le libre arbitre.

____

(1) *L'hérédité psychologique,* III⁰ partie, a. 3, et conclusion, ch. 1.

*
* *

Que faut-il penser de ces assertions et des conséquences qu'en tire l'auteur? Nous pourrions, en admettant l'universalité absolue de la loi qui sert de base à la théorie de nos adversaires, leur faire observer que si l'hérédité transmet toutes les propriétés des ascendants sans nulle exception, elle peut, bien plus, elle doit transmettre aussi la liberté, à supposer qu'ils possèdent en effet cet attribut. Car si les ascendants sont libres, la liberté comme les autres parties du patrimoine devra se trouver comprise dans l'héritage des ascendants. Ainsi, même en se plaçant au point de vue de la psychologie nouvelle, on ne verrait pas « l'hérédité et la liberté se poser en face l'une de l'autre comme deux termes contraires et irréductibles. »

Mais nous avons déjà montré que l'hérédité, surtout chez les êtres supérieurs, n'est pas la source *unique* d'où découlent *toutes* les perfections (1). Elle ne donne ni l'âme, ni la conscience, ni la réflexion, ni la liberté, ni rien en un mot de ce qui fait la meilleure partie de notre personnalité, de ce qui nous permet de disposer de nous-mêmes et de nos actes. Tout cela vient d'ailleurs et nous appartient en propre.

Il est vrai que nos adversaires ne reconnaissent point ces grandes réalités, ou que du moins, ils n'en gardent qu'un vain simulacre. Suivons-les donc sur le terrain où il leur plaît de se placer, étudions avec eux les affections qui, de l'aveu de tous, proviennent de l'action héréditaire et montrons que, même dans

(1) Cf. supra. Ch. II, a 2 et 3.

ce cas, on ne se trouve point en présence d'un déterminisme inflexible.

* *

Une première remarque, de la plus haute importance, c'est que la génération transmet bien des
dispositions ou des *tendances*, mais non pas des *actes*
ou des *états*. Saint Thomas l'avait déjà observé pour
ce qui concerne les affections morbides : *Corporis
defectus traducuntur a parente in prolem, sicut leprosus generat leprosum et podagricus podagricum,
propter aliquam seminis corruptionem, licet talis dispositio non dicatur lepra vel podagra* (1).

La science moderne a confirmé de tout point l'enseignement du philosophe du treizième siècle.

Des observations analogues s'appliquent aux qualités
positives.

La philosophie cartésienne avait complètement
rejeté les habitudes naturelles ; elle n'admettait que
des actes et des habitudes acquises. Par un excès
contraire, la psychologie nouvelle admet des habitudes
qui dépendent uniquement et complètement de la
nature. Ici, comme toujours, avec ce sens de la mesure
qui le distingue, saint Thomas a su trouver le juste
milieu. D'après ses principes, la nature fournit des
germes, des *dispositions* que l'on doit regarder comme
une ébauche de l'habitude ; mais là s'arrête son
œuvre, et c'est toujours à l'influence d'un agent

______

(1) S. Th., 1a 2a, q. LXXXI, a. 1, c.

extérieur qu'est due l'éclosion du germe, l'habitude déterminée et passée en acte.

Cela est vrai de toutes les habitudes sans exception, qu'elles concernent des aptitudes *spécifiques*, ou seulement des propriétés *individuelles*. Par exemple, la faculté de rire est naturelle à l'espèce humaine, et la disposition à la santé où à la maladie peut être naturelle à Socrate ou à Platon, en raison de sa complexion physique.

D'un autre côté, une propriété peut être naturelle de deux manières différentes, ou parce qu'elle vient uniquement de la nature, ou parce qu'elle vient en partie de la nature et en partie d'un agent extérieur. Si un malade est assez heureux pour recouvrer la santé par ses propres forces et sans employer de remèdes, la santé est entièrement l'œuvre de la nature ; mais s'il doit recourir à la médecine, la santé est l'œuvre commune de la nature et de la médecine (1).

Or, poursuit le Docteur Angélique, même dans les habitudes propres à l'espèce, si uniforme que soit l'espèce par sa nature, on observe déjà une certaine latitude, on distingue des degrés provenant de la dis-

---

(1) Aliquid potest esse naturale alicui dupliciter : uno modo, secundum naturam *speciei*, sicut naturale est homini esse risibile... ; alio modo, secundum naturam *individui*, sicut naturale est Socrati vel Platoni esse ægrotativum vel sanativum, *secundum propriam complexionem*. — Rursus, secundum utramque naturam potest dici aliquid naturale dupliciter : uno modo, quia totum est a naturâ : alio modo, quia secundum aliquid est a natura, et secundum aliquid est ab exteriori principio ; sicut cum aliquis sanatur per seipsum, tota sanitas est a naturâ ; cum autem aliquis sanatur auxilio medicinæ, sanitas partim est a natura, partim ab exteriori principio. » (1a 2æ, q. LI. a. 1. c.)

position individuelle des sujets. Et cette disposition, à son tour, peut venir entièrement de la nature, ou en partie de la nature et en partie d'un agent extérieur. Mais, parmi les hommes, on ne saurait découvrir d'habitudes entièrement naturelles, au point d'être l'œuvre unique de la nature (1).

Si, en effet, on considère les facultés *cognitives*, on constate en elles les habitudes dont la nature a déjà commencé la formation, soit dans l'espèce, soit dans

(1) « Si loquamur de habitu, secundum quod est dispositio subjecti in ordine ad formam vel naturam,… est aliqua dispositio naturalis quœ debetur humanœ speciei, extra quam nullus homo invenitur ; et hœc est naturalis secundum naturam speciei. Sed quia talis dispositio quamdam *latitudinem* habet, contingit diversos gradus hujus dispositionis convenire diversis hominibus secundum naturam individui; et hujusmodi dispositio potest esse vel totaliter a natura, vel partim a natura, partim ab exte·riori principio, sicut dictum est de his qui sanantur per artem… *Sed nullo modo contingit in hominibus esse habitus naturales, ita quod sint totaliter a natura.* »

» In apprehensivis potentiis potest esse habitus naturalis *secundum inchoationem,* et secundum naturam speciei, et secundum naturam individui.—Secundum quœdem naturam speciei, ex parte ipsius animœ, sicut intellectus principiorum dicitur esse habitus naturalis ; ex ipsa enim natura animœ intellectualis convenit homini quod statim cognito quid est totum et quid est pars, cognoscat quod omne totum est majus suâ parte; et simile est in cœteris. Sed quid sit totum et quid sit pars, cognoscere non potest nisi per species intelligibiles, a phantasmatibus abstractas. Et propter hoc, Philosophus ostendit quod cognitio principiorum provenit nobis a sensu. »

« Secundum vero naturam individui, est aliquis habitus co·gnoscitivus secundum *inchoationem naturalem,* in quantum unus homo, ex dispositione organorum, est magis aptus ad bene intelligendum quam alius, in quantum ad operationem intellectus, indigemus virtutibus sensitivis. » (1a 2a, q. LI. a 1. c.)

un individu déterminé. Dans l'espèce, par exemple,
l'âme, en vertu de sa constitution native, a une disposition naturelle très marquée pour l'intelligence des
premiers principes. A peine un homme sait-il le sens
des mots « tout » et « parties », qu'il comprend aussitôt que le tout est plus grand que ses parties ; et il
en est de même des autres principes. Mais il n'a pas
la connaissance innée du tout et des parties ; cette
connaissance, il ne peut l'acquérir qu'à l'aide de l'abstraction s'exerçant sur les données sensibles. C'est
dans ce sens qu'Aristote a pu dire que la connaissance
des principes eux-mêmes, tire son origine de la sensibilité.

On voit encore, pour peu qu'on observe les hommes,
que plusieurs d'entre eux ont reçu de la nature de
véritables germes d'habitudes intellectuelles ; car on
ne saurait contester que certains hommes n'aient de
plus grandes aptitudes que d'autres, au point de vue
intellectuel, eu vertu même de l'excellence de leurs
organes et dans la mesure où les actes de l'esprit
dépendent du bon état des facultés sensibles.

Quant aux facultés *appétitives*, elles peuvent également recevoir de la nature individuelle et physique de
certains sujets des habitudes ou inclinations initiales ;
car il y a des personnes qui trouvent dans la complexion
même de leur organisme, une prédisposition à la chas-
teté, à la douceur, ou à d'autres vertus de ce genre (1).

(1) « In appetitivis autem potentis, ex parte corporis, secundum naturam individui, sunt aliqui habitus appetitivi, secundum inchoationes naturales; sunt enim quaedam dispositi, ex
propria corporis complexione, ad castitatem vel mansuetudinem,
vel ad aliquid hujusmodi. » (1a 2 æ, q. LI, a1. c.)

On voit, par tout ce qui précède, que le spiritualisme thomiste n'était point un spiritualisme étroit et timide. Il faisait une part, une très grande part à la nature, dans la question des origines et des développements ultérieurs. Aussi nettement, sinon plus nettement que la psychologie contemporaine, il distinguait les habitudes de l'espèce et celles de l'individu, et dans les unes et les autres, il signalait avec soin l'influence de l'âme et celle de l'organisme.

Cependant, la nature ne supprimait pas la spontanéité de l'individu, parce qu'elle ne déposait en lui que des germes et que ces germes pouvaient éclore ou s'éteindre, suivant qu'ils étaient favorisés ou contrariés par les agents extérieurs.

Les études subséquentes entreprises et poussées très loin sur des faits héréditaires de tout genre ont apporté à l'ancienne théorie un appui inébranlable. Il est aujourd'hui constaté que *dans un très grand nombre de cas*, l'influence héréditaire, universellement reconnue, ne se manifeste qu'un temps assez long après la naissance. Pour la tuberculose, il existe dans l'organisme une *tendance* qui le prédispose à céder à l'action du microbe importé du monde extérieur ; mais l'observation seule du plasma germinatif ne permet de remarquer en lui aucune modification histologique qui autorise à conclure que le sujet qui en dérivera doive un jour se trouver atteint d'une lésion quelconque. C'est l'histoire même du sujet qui viendra révéler l'existence du germe déposé en lui par la génération.

Il faut en dire autant du cancer, de la cataracte, des affections hémorragiques, rhumatismales et goutteuses.

De tous ces faits *scientifiquement* établis, on peut tirer une preuve péremptoire en faveur de notre thèse sur la *flexibilité* des influences héréditaires. Du moment que cette influence ne se manifeste pas aussitôt après la naissance, mais seulement à des intervalles plus ou moins éloignés, suivant les cas, on peut, à l'aide de mesures préventives bien combinées, la combattre d'avance et l'empêcher de naître. L'enfant aura bien, en venant au monde, apporté un germe morbide, mais une culture contraire étouffera le germe et préservera l'adolescent de la maladie redoutée. Les médecins considèrent la gravelle comme une des affections les plus communément transmissibles, mais ils s'accordent à dire qu'elle ne se montre guère avant l'âge de trente-cinq ans. Si j'apprends que divers membres de ma famille ont eu à souffrir de cette infirmité, je saurai ce que j'ai à faire pour l'éviter, ou tout au moins pour la rendre à peu près inoffensive.

*
* *

Il existe plusieurs autres faits très dignes de remarque et qui démontrent jusqu'à l'évidence tout ce qu'il y a de contingent et d'aléatoire dans les tendances héréditaires.

Ces tendances, alors même qu'elles ont trouvé un terrain propice, sont bien loin d'évoluer de la même manière, et rien au contraire n'est plus fréquent que de leur voir prendre les différenciations les plus accentuées. Cette nouvelle dérogation au déterminisme prétendu de la loi, gêne visiblement les psychophysiciens. « Ce qui est embarrassant, écrit M. Ribot, ce sont les *métamorphoses* de l'hérédité. Très souven les névropathies ne se transmettent qu'en se transformant. Les convulsions des ascendants peuvent se changer en hystérie ou en épilepsie chez les descendants. On cite un cas où l'hyperesthésie du père s'est irradiée chez ses petits-enfants et a produit la monomanie, la manie, l'hypocondrie, l'hystérie, l'épilepsie, les convulsions, le spasme. Les faits de ce genre *abondent*. Pour nous en tenir aux métamorphoses d'ordre psychologique, rien n'est plus fréquent que de voir la folie devenir suicide, ou le suicide devenir folie, alcoolisme, hypocondrie (1). »

Bien plus, dans une même famille dont les nombreux enfants ont tous reçu les atteintes de la phtisie héréditaire, chacun d'eux les a éprouvées à sa manière et sur différents points de l'organisme. Chez l'un, on en rencontre les produits sur les voies respiratoires, chez un autre, sur les viscères abdominaux ; un troisième les a localisées dans sa tête, un quatrième dans des organes beaucoup moins intimes, ou sur les membres et dans les leviers osseux qui sont les organes les plus passifs. S'il est vrai qu'il n'y ait pas deux hommes atteints de la même maladie chez qui elle évolue de la même manière, il n'est pas moins certain que les maladies se diversifient à l'infini en passant d'une personne à une autre. Le D' Bouchard a démontré qu'il existe une telle affinité entre le rhumatisme, l'obésité et le diabète, que ces affections se transforment les unes dans les autres, tout en traduisant

______

(1) *L'hérédité psychologique*, première partie, ch. vIII.

une même tendance héréditaire. Les maladies nerveuses sont dans le même cas.

Ainsi, même dans l'ordre physiologique, si propice pourtant à l'action héréditaire, cette action, bien loin d'être uniforme et rigide, revêt de telles variations qu'il est à peu près impossible de savoir comment elle évoluera en passant des parents aux enfants.

***

Mais prenons le cas le plus favorable à la thèse de nos adversaires, et supposons avec eux que la maladie a réellement passé des parents aux enfants et qu'elle s'y est effectuée de la même manière. Est-ce à dire qu'il ne reste rien à faire et qu'on se trouve en présence d'un déterminisme inflexible? Pas le moins du monde : des soins donnés avec intelligence pourront enrayer la maladie, sinon procurer son entière guérison. Une œuvre fort intéressante a été récemment fondée à Argelès par la veuve de M. le docteur Douillard, sous la direction de quelques médecins des hôpitaux de Paris. Il y a là une vingtaine de fillettes et de jeunes filles, toutes nées de parents phtisiques, toutes orphelines de ce fait, ou de leur père ou de leur mère, sinon de tous les deux. Ces enfants sont choisies malades déjà elles-mêmes, et portant les signes les moins équivoques de la maladie dont sont morts leurs parents. Eh bien! depuis dix ans passés que l'œuvre existe, *pas une* enfant n'a succombé à la phtisie. Voilà ce que peut une bonne hygiène, complétée au besoin par quelque médicamentation, pour combattre une des influences héréditaires les plus puissantes parmi celles que reconnaît le médecin.

Les partisans du fatalisme originel n'ont pas davantage observé un autre fait très significatif et qui peut servir de contre-épreuve à ceux que nous venons de rapporter. Il est en effet des cas où la maladie la plus manifestement héréditaire, vous avez déjà nommé la phtisie, naît *spontanément* de la rencontre des causes diverses d'affaiblissement du sujet avec certains agents extérieurs plus ou moins capables de produire ce mal. Dans ces cas, et ils ne sont pas rares, la phtisie n'a point été *transmise* mais *acquise*, et sa cause principale doit être cherchée au dehors et non au dedans.

** **

Jusqu'ici nous avons étudié les conséquences de l'hérédité physiologique et nous avons établi par l'irréfragable autorité des faits que ces conséquences n'ont rien d'absolu ni d'inflexible, qu'on peut ou les prévenir ou les atténuer dans une très large mesure en s'appuyant sur des principes contraires et d'une efficacité reconnue. S'il en est ainsi dans l'ordre matériel, où la puissance de la nature pouvait au premier abord sembler irrésistible, on est en droit d'attendre des résultats meilleurs encore dans l'ordre intellectuel et moral ; car ici l'organisme, et par suite la nature, a beaucoup moins de part, et la spontanéité, la *liberté* de l'individu, introduisent dans la question un élément nouveau dont l'action peut être prépondérante.

Sur ce point de la question, saint Thomas a donné

une analyse aussi remarquable par la largeur des vues que par la profondeur du raisonnement. On peut, dit l'éminent docteur, distinguer dans l'homme deux sortes de qualités : les unes *naturelles* ou *innées*, les autres *acquises* ou *adventices*. Les qualités naturelles, à leur tour, concernent la partie intellective ou la partie organique et les aptitudes dependantes de l'organisme.

En se plaçant au point de vue des premières, c'est-à-dire au point de vue des dispositions que le sujet apporte en naissant, en vertu de sa constitution spirituelle, il a une tendance nécessaire et qui n'est point soumise au choix du libre arbitre, c'est la tendance qui le porte à vouloir la fin dernière, à rechercher le bonheur.

Si, au contraire, on raisonne sur l'organisme et sur les aptitudes qui en dépendent, l'homme aura diverses tendances naturelles provenant de sa complexion physique ou de telle autre disposition semblable susceptible d'être influencée par les agents matériels, sans que pourtant ces divers agents réussissent à atteindre le principe immatériel qui est en nous. Donc il exact de dire que l'homme peut se faire telle ou telle idée du bonheur ou de la fin, si l'état physique où il se trouve engendre en lui une inclination pour tel bien déterminé, de préférence à tel autre bien. Mais les inclinations de ce genre demeurent soumises au jugement de la raison, parce que l'appétit inférieur obéit à cette faculté maîtresse. De ce côté donc, la liberté n'a rien à craindre.

Pour ce qui concerne les qualités *acquises*, il faut porter sur elles le même jugement que sur les habitudes et les passions d'où naissent des penchants déterminés pour tel ou tel bien. Car ces penchants sont pareillement soumis aux décisions de la raison, puisque les qualités ou dispositions qui donnent naissance à ces penchants sont en notre pouvoir, en ce sens qu'il dépend de nous de les acquérir, de coopérer à leur production, ou au contraire de les repousser et de nous en défaire. Ainsi, en définitive, nulle cause soit interne, soit externe, n'a le pouvoir de s'imposer à notre libre arbitre (1).

Qu'on admette tant qu'on voudra les influences

(1) « Qualitas hominis est duplex, una *naturalis* et alia *superveniens*. Naturalis autem qualitas accipi potest vel circa partem intellectivam, vel circa corpus et virtutes corpori annexas. — Ex eo igitur quod homo est aliqualis qualitate naturali, quæ attenditur secundum intellectivam partem, naturaliter homo appetit ultimum finem, scilicet beatitudinem. Qui quidem appetitus naturalis est et non subjacet libero arbitrio, ut supra dictum est (q. præc. a. 2). — Ex parte vero corporis et virtutum corpori annexarum, potest homo esse aliqualis naturali qualitate, secundum quod est talis complexionis, vel talis dispositionis ex quacumque impressione corporearum causarum, quæ non possunt in intellectivam partem imprimere, eo quod non est alicujus corporis actus. Sic igitur qualis unusquisque est secundum corpoream qualitatem, talis finis videtur ei ; quia ex hujusmodi dispositione homo inclinatur ad eligendum aliquid, vel repudiandum. Sed istæ inclinationes subjacent judicio rationis, cui obedit appetitus inferior, ut dictum est (Quæst. LXXXI, a. 3). Unde per hæc libertati arbitrii non præjudicatur. »

« Qualitates autem *supervenientes* sunt sicut habitus et passiones, secundum quos aliquis magis inclinatur in unum quam in alium. Tamen istæ inclinationes subjacent judicio rationis ; et hujusmodi etiam qualitates ei subjacent, in quantum in nobis est tales qualitates acquirere, vel *causaliter*, vel *dispositive*, vel a nobis excludere. Et sic nihil est quod libertati arbitrii repugnet. » (1a, q. LXXXIII, a. 3., c. Cf. 1a, q. LXXXI, a. 3, c.)

héréditaires, qu'on invoque la nature, l'organisme et les diverses tendances ou passions qui peuvent en découler, nous les admettons avec saint Thomas autant que personne, mais nous ajoutons avec lui « *per hæc libertati arbitrii non præjudicatur* », car il faut dire des influences originelles comme des passions et des sollicitations extérieures, d'où qu'elles viennent : elles ne sauraient enlever de vive force notre assentiment, parce qu'elles sont impuissantes à dicter à la raison le choix qu'elle doit faire. Peu importe l'origine d'une tendance ou d'une passion, peu importe sa source et même sa violence ; tant que subsiste l'usage de la raison, la volonté, appétit supérieur, a le pouvoir de réprimer, de dompter les instincts inférieurs.

Et ce ne sont pas là de pures affirmations théoriques ; la conscience et l'expérience les confirment chaque jour d'une façon éclatante ; en présence de la même passion l'incontinent et l'homme chaste tiennent une conduite toute différente ; le premier se détermine volontairement à suivre la passion, tandis que le second la combat et la réprime. *Non sufficit*, dit excellemment saint Thomas, *ad nostram electionem, quæcumque immutatio possit esse in nostro corpore... cum per hoc non sequantur in nobis nisi passiones quædam, vel magis, vel minus vehementes ; passiones autem, quantumcumque vehementes, non sunt causa sufficiens electionis, quia per easdem passiones incontinens inducitur ad eas sequendum, per electionem, continens autem non inducitur* (1).

____

(1) *Cont. Gent.*, l. III, c. LXXXV. Le saint docteur dit ailleurs dans le même sens : « Anima regit corpus et repugnat passionibus quæ complexionem sequuntur ; ex complexione enim

M. Ribot lui-même est obligé de convenir que les choses se passent ainsi dans un grand nombre de cas, « où les tendances héritées n'ont pas un caractère irrésistible. L'homme, héritant des modes de sentir et de penser de ses pères, est *sollicité* à vouloir et par suite à agir comme eux. Cette hérédité des impulsions et des tendances constitue pour lui un ordre d'influences internes au milieu desquelles il vit, *mais qu'il a la faculté de juger et de vaincre.* Elles n'entraînent pas plus que les autres circonstances internes ou externes la suppression, l'anéantissement du facteur personnel (quelle qu'en soit la nature) la nécessité irrésistible des actes. Il dépend en un mot de l'hérédité de faire naître plus ou moins vivement entraîné vers le bien ou le mal, et partant plus ou moins capable de faillir; mais on ne lui doit ni le vice ni la vertu; le vice et la vertu n'existent point d'eux-mêmes; ils ne consistent pas dans la nature fatale des impulsions externes ou internes qui agissent sur nous, *mais dans le concours mental et exécutif de la volonté* (1). »

Il est vrai que l'auteur admet des cas « où les tendances héritées ont un caractère irrésistible..., où le facteur personnel n'a plus la force de réagir contre ces impulsions internes. »

Qu'il en soit ainsi de la folie, citée par M. Ribot, et de certains cas *extrêmement rares*, où l'organisme est

____

aliqui sunt magis aliis ad concupiscentias vel iras apti qui tamen magis ab eis abstinent, propter aliquid refrenans, ut patet in continentibus. Hoc autem non facit complexio. Non est igitur anima complexio. » (*Cont. Gent.* L. II, c. 63.)

(1) *L'hérédité psychologique*, 3ᵉ partie, ch. III.

tellement déprimé qu'il ne laisse à la raison que de vagues lueurs et à la volonté qu'une puissance de réaction réduite à son minimum, nul ne songe à le mettre en question. Mais ce sont là des faits qui appartiennent à la *tératologie* et dont on ne peut tirer aucun argument contre la personnalité et le libre arbitre.

Aussi bien que les nations Dieu a fait les individus guérissables. L'individu peut apporter en naissant un germe morbide, une inclination vicieuse ; mais l'organisme a en lui un principe vital capable, pour peu qu'on l'aide, d'expulser les éléments nuisibles à la santé, ou du moins d'enrayer leur action, et l'âme a en elle un principe supérieur, immatériel, capable de faire face aux passions qu'engendrent d'ordinaire les influences organiques.

Tout nous autorise donc à conclure avec un écrivain distingué : « Je ne crois ni aux fatalités héréditaires, ni aux destinées inévitables. Chacun répond de soi dans ce monde, et la loi des origines n'est trop souvent que la superstition commode des âmes dégoûtées de la liberté (1). »

*
* *

La transmission du péché du premier homme à toute la descendance humaine est un dogme fondamental dans la doctrine de l'Église. Voilà certes un cas d'influence héréditaire aussi universelle qu'inéluctable. Cependant l'Église maintient comme un point également fondamental de son enseignement que

______

(1) Rousse, *discours prononcé à la réunion générale des cinq académies,* 25 octobre 1890.

chacun de nous est pleinement responsable de ses actes.

Certains catholiques bien intentionnés, mais mal inspirés, ont révoqué en doute la puissance de la raison, dans l'état de nature déchue ; des hérétiques ont supposé aussi que depuis le péché d'origine, la volonté n'est capable d'aucun bien et se trouve fatalement entraînée dans le parti de la concupiscence. L'Église a condamné les premiers aussi bien que les seconds ; et tout en flétrissant le rationalisme orgueilleux qui exalte outre mesure les forces de la nature humaine, elle a toujours pris la défense de la raison et de la liberté individuelle (1).

Ce qui est vrai de tous les hommes en général, est également vrai de chacun en particulier : l'hérédité transmet à tous d'assez fortes influences, et à quelques-uns des tendances très accentuées, mais en aucun cas elle ne donne des tendances irrésistibles qui suppriment l'individu et décident de son avenir.

ARTICLE II

L'HÉRÉDITÉ ET LE PROGRÈS

I

L'idée de progrès ne doit point être rangée au nombre des découvertes modernes. Les anciens,

(1) Parmi les propositions de Baïus qui ont été l'objet d'une censure formelle se trouve la suivante. « Voluntas, quam gratia non prævenit, nihil habet luminis, nisi ad aberrandum ; ardoris, nisi ad se præcipitandum ; virium, nisi ad se vulnerandum. » (N° 3.)

bien loin de l'avoir ignorée ou méconnue, en ont au contraire parlé en excellents termes. Qu'il nous suffise d'interroger Vincent de Lérins et saint Thomas d'Aquin.

« Le progrès, dit Vincent de Lérins, consiste en ce qu'une chose s'accroît en restant la même ; le changement a lieu quand une chose se transforme en une autre. Que la religion des âmes suive la loi qui régit les corps, qui, bien qu'ils se développent dans le cours des années, restent cependant toujours les mêmes. Il y a une grande différence entre la fleur de la jeunesse et la maturité de la vieillesse, mais ce sont les mêmes personnes avec leur même nature qui passent par ces différents âges. Les membres vigoureux de l'adulte sont les mêmes qui étaient tendres et faibles chez l'enfant. Les organes mêmes qui ne se développent qu'assez tard, existent à l'état rudimentaire dans l'embryon, et il n'y a rien dans le corps du vieillard qui ne soit déjà dans celui du petit enfant. »

Écoutons maintenant le Docteur Angélique. « Il appartient à la nature de l'homme de se servir de la raison pour la recherche de la vérité. Par suite, l'homme doit avancer lentement et progressivement dans la découverte de la vérité... et le temps seul permet de faire les grandes découvertes et d'arriver aux dernières précisions. Non que le temps coopère directement et par lui-même à cette œuvre difficile, mais plutôt parce qu'elle s'accomplit dans le temps.

Car si quelqu'un s'applique à la recherche de la vérité, le temps ne peut manquer de lui apporter un précieux concours, en lui permettant de voir dans la suite ce qu'il n'avait pas vu tout d'abord. La même chose arrivera pour ceux qui viendront après; s'inspirant des découvertes de leurs devanciers, ils en feront à leur tour de nouvelles. C'est ainsi que les sciences et les arts ont progressé; ce qu'on en savait au commencement était fort imparfait; ce qui a été ajouté à ces premières découvertes est très considérable, chacun ajoutant sa pièce à l'édifice intellectuel commencé par ses prédécesseurs.

Toutefois, le phénomène contraire pourrait également se produire. Si l'on venait à négliger l'étude et les recherches, le temps, suivant la remarque d'Aristote, serait plutôt une cause d'oubli et de décadence, soit pour chaque homme en particulier, soit pour tous les hommes en général. Et c'est là ce qui explique comment plusieurs sciences assez florissantes chez les anciens sont peu à peu tombées, faute d'être cultivées par leurs successeurs (1). »

Guillaume d'Auvergne (2), Albert le Grand (3), Vincent de Beauvais (4) et Roger Bacon (5) professent la même doctrine que saint Thomas.

D'après les écrivains dont nous venons d'invoquer le témoignage, le progrès demeure toujours dans les limites de l'espèce. Et il n'est ni fatal ni continu, car s'il dépend en partie du temps qui *permet* de l'accomplir, il dépend avant tout du travail et du bon usage des

(1) *In I Ethicorum*, lect. II, et in *III Politic.*, lect. VIII*; cf. la 2æ, q. LXXXXVII, a. 1. c.

(2) *De anima*, capitul. VI, pars 3a.

(3) *De elenchis.* l. II, tr. 5, c. I.

(4) *Speculum doctrinale*, l. I., c. XXXVI.

(5) *Opus majus*, 1a pars, c. III, VII, et *Compend. philos.*, 1a pars.

facultés humaines. D'un autre côté, il n'a aucun rapport nécessaire, aucun lien naturel avec l'hérédité.

* * *

L'école évolutionniste présente le progrès sous une face absolument nouvelle. D'abord, elle l'étend à la nature tout entière, depuis l'atome jusqu'à l'homme; ensuite, elle le fait résulter non plus du libre arbitre, mais de la force même des choses qui pousse tous les êtres à se développer, à devenir plus parfaits et meilleurs. Dans la nature vivante, des variétés nouvelles se forment sans peine, grâce à l'influence des milieux et à la lutte pour la vie. Une fois acquises, ces aptitudes nouvelles se fixent dans l'espèce par la génération; une sélection intelligente prêtant son concours à l'hérédité, celle-ci fait peu à peu arriver à l'existence des espèces nouvelles de plus en plus parfaites, et le progrès ne connaît plus de bornes. Ainsi raisonnent Darwin et ses partisans.

Dans cette hypothèse, l'hérédité est une loi uniquement et essentiellement bienfaisante.

Une opinion diamétralement opposée a été soutenue par un certain nombre d'écrivains. A leurs yeux, l'hérédité tendrait plutôt à la décadence des races. Les races ont une vitalité limitée; cette vitalité s'affaiblit et s'épuise peu à peu; le sang se vicie, les défauts se transmettent et s'accumulent, en sorte que la génération suivante est toujours pire que celle qui l'a précédée.

Damnosa quid non imminuit dies?
Ætas parentum, pejor avis, tulit
Nos nequiores, mox daturos
Progeniem vitiosiorem (1)

II

Ni l'un ni l'autre de ces deux systèmes ne se trouve d'accord avec les faits. Le progrès n'est point continu et la décadence n'est point irrémédiable et fatale ; on voit des individus, on voit des peuples qui avancent, qui s'élèvent à des hauteurs admirables, on en voit qui reculent ; on en voit qui, après être tombés, se relèvent, on en voit enfin qui demeurent stationnaires.

De plus, la faculté d'avancer ne se trouve pas chez tous au même degré. Les peuplades sauvages de l'Afrique et de l'Amérique semblent bien déshéritées sous ce rapport ; les nègres du centre de l'Afrique, les Indiens du nord de l'Amérique en particulier, sont demeurés à peu près dans l'état où les ont trouvés les premiers voyageurs qui les ont décrits.

Un degré plus élevé de civilisation, de quelque manière qu'il se soit produit, n'est pas non plus une garantie nécessaire de la continuation du progrès : l'Inde et la Chine en fournissent un incontestable témoignage. Ces deux peuples, d'ailleurs bien doués et qui en des temps fort reculés possédèrent une littérature brillante, semblent, depuis de longs siècles, frappés d'immobilité et d'une sorte de torpeur.

(1) Horace, ode VI, v. 37-40.

Enfin, des pays très nombreux, l'Asie-Mineure, la Mésopotamie, la Syrie, l'Egypte et d'autres qu'il est inutile de citer, nous montrent que la civilisation la plus brillante n'est point un don permanent qu'assure à certaines nations un monopole perpétuel.

Inutile d'ajouter qu'on attend encore l'apparition si bruyamment annoncée des nouvelles espèces. Après avoir passé en revue toutes les variations connues chez les plantes et les animaux, on ne peut citer une seule espèce qui ait été transmutée. La *variation* est partout dans la nature, mais la *transmutation* ne se rencontre nulle part, et cela suffit à renverser l'hypothèse transformiste.

*
* *

Les faits permettent donc de conclure que l'hérédité n'est ni si malfaisante, ni si bienfaisante que veulent bien le dire les faiseurs de systèmes. Ce n'est ni une loi de décadence, ni une loi de progrès : elle peut indifféremment servir à l'un ou à l'autre. « Force essentiellement conservatrice, elle tend à transmettre aux descendants la nature de leurs parents tout entière, aussi bien toute détérioration physique, intellectuelle, morale, que toute amélioration physique, intellectuelle, morale. La fatalité aveugle de ses lois régularise aussi bien la décadence que le progrès (1). »

(1) Ribot. — *L'hérédité psychologique*, III⁰ partie, ch. 1.

Au sujet des dégénérescences attribuées à l'hérédité, se pose naturellement la question des mariages *consanguins*. Elle a donné lieu, il y a quelques années, à des débats fort vifs. La plupart des législations ont proscrit les alliances consanguines.

Aux époques de décadence, elle accélère le déclin ; aux âges prospères, elle donne une plus forte impulsion à la marche ascendante. Mais, à ce double point de vue, il importe de bien marquer les limites de son influence.

S'il s'agit de l'hérédité physiologique, la maladie amène quelquefois une dégénérescence complète. Mais en dehors de ce cas qui est assez rare, on sait que

La législation de l'Église catholique descend, sur ce point, dans des détails très précis.

Plusieurs auteurs en appellent aussi à l'histoire pour établir que ces unions entraînent, chez l'homme, des conséquences fâcheuses. « Les aristocraties, réduites à se recruter dans leur propre sein, s'éteignent, d'après Niebuhr, de la même manière, et souvent en passant par la dégradation, la folie, la décadence et l'imbécillité. Esquirol, Spurzheim, et des écrivains plus récents donnent cette raison de la fréquence de l'aliénation mentale et de son hérédité, dans les grandes familles de France et d'Angleterre. La surdi-mutité dans les familles plus humbles semble aussi reconnaître la même origine. »

Suivant une remarque de M. Ribot, « il n'y a guère d'infirmités et de maladies que les adversaires de la consanguinité ne lui aient imputées : stérilité, anomalies, monstruosités, sexdigitisme, bec-de-lièvre, aliénisme, scrofule, morts précoces ; en ce qui concerne le système nerveux, épilepsie, imbécillité, idioties, crétinisme, paralysie, cécité, surdi-mutité...

Par contre, on a donné de nombreux exemples de l'innocuité des mariages consanguins chez l'homme. Le docteur Bourgeois a fait l'histoire de sa propre famille, issue d'une union consanguine au troisième degré, ayant fourni, en 160 ans, quatre-vingt-onze alliances dont seize consanguines, sans qu'il en soit résulté ni infirmité, ni stérilité. MM. Voisin et Dally citent des faits analogues. Deux petites îles françaises, Batz et Bréhat, où les mariages consanguins sont très nombreux, ont une population saine et vigoureuse. (*Bulletins de la Société d'antrhopologie*, t. I, III, IV et VI.)

Avec le même auteur, nous croyons que la conciliation est

les déviations du type tendent à revenir à l'état normal, que les accidents ne se perpétuent pas, qu'après
avoir subsisté pendant quatre ou cinq générations
tout au plus, ils s'atténuent, puis disparaissent. La
nature porte en soi un principe de résistance et de
vitalité qui la défend contre les influences nuisibles
et peu à peu ramène l'individu à l'état normal

Ceci est rigoureusement vrai de la race *abandonnée*

possible entre les deux opinions opposées. « La consanguinité
n'est qu'un mode de l'hérédité, mais elle l'élève à sa plus haute
puissance. Elle joint, comme on l'a dit, à l'atavisme de la race
celui de la famille, et elle réalise les plus complètes conditions,
de la loi des semblables. *Elle n'est par elle-même ni bienfaisante ni
malfaisante;* mais il importe de distinguer entre la consanguinité
saine et la consanguinité *morbide.* La tendance de l'hérédité
est de reproduire l'être tout entier; nous avons vu que l'enfant
n'est d'ordinaire qu'une résultante, un compromis entre les tendances des deux parents. Si ces tendances sont les mêmes, elles
s'accusent de plus en plus dans le produit; si les parents jouissent
d'une santé parfaite, la consanguinité tendra à la maintenir chez
leurs descendants; loin d'être nuisible, elle aura de très bons
résultats. Mais cet équilibre parfait qui constitue la santé physique et morale peut facilement se rompre chez les parents, et
par suite s'accuser de plus en plus chez les enfants. *Or, dans les
mariages consanguins, il y a de grandes chances pour que la
rupture d'équilibre ait lieu dans le même sens.* Il suit de là que,
dans bien des cas, les unions consanguines seront nuisibles, et
d'autant plus dangereuses que les dispositions morbides, communes aux deux conjoints, seront plus marquées. » (*L'Hérédité
psychologique,* IIIᵉ partie, ch. ɪv, n. 2.)

Il faut conclure avec M. de Quatrefages : « La conséquence à
tirer de *l'ensemble des faits* paraît être qu'une proche parenté
entre le père et la mère n'est pas nuisible par elle-même, mais
que, en vertu des lois qui régissent l'hérédité, elle le devient
souvent, et qu'en présence des éventualités qu'elle entraîne, *il
est au moins prudent d'éviter les mariages consanguins.* »

à elle-même : les expériences des éleveurs montrent, il est vrai, que certains caractères physiologiques peuvent être fixés et perpétués par une sélection artificielle continue ; mais qui ne voit la difficulté, pour ne pas dire l'impossibilité de pratiquer une sélection de ce genre dans le règne humain ?

On arrive au même résultat si, des aptitudes physiques, on passe aux aptitudes mentales. M. Ribot le reconnaît sans détour. « Étant donnée l'apparition dans une famille d'un talent mathématique, musical ou autre, d'un caractère particulier, comme celui des Guise ou des Condé, est-il fixé pour toujours ? Dans le cas contraire, combien de temps peut-il résister à la dissolution ?

En ce qui concerne l'homme, on ne peut répondre que par à peu près. Seule, l'expérimentation donnerait la réponse exacte, et elle n'a jamais été tentée rigoureusement. « Qu'on remarque en effet ce qui se passe en réalité. Chez un homme, un talent quelconque se produit. Chez ses enfants, une deuxième hérédité entre en jeu, celle de la mère, avec la somme des influences ancestrales qu'elle représente. De même dans la troisième génération... Si l'on prend la question sous sa forme pratique, c'est-à-dire selon nos habitudes sociales, on doit admettre que la *persistance de l'hérédité mentale ne dépasse guère quatre ou cinq générations au plus* (1). »

Lucas arrive à la même conclusion : « Le mouvement ascendant des hautes facultés d'un assez grand nombre de fondateurs de races s'arrête presque tou-

---

(1) *Dictionnaire de médecine*, etc. Voisin, art. *Hérédité*, p. 466.

jours à la troisième, se continue rarement jusqu'à la quatrième et presque jamais ne dépasse la cinquième génération (1). »

Il faut se rappeler en outre les deux lois précédemment établies, que les aptitudes acquises, grâce à l'influence du milieu présentent un caractère instable, dû aux variations fréquentes du milieu lui-même (2), et que l'action héréditaire est d'autant plus faible et aléatoire qu'elle s'applique aux facultés mentales d'un ordre supérieur.

Une nouvelle considération vient encore corroborer notre thèse. Chez l'homme, le progrès aussi bien que la décadence, tient essentiellement à des causes *morales*. Le bon ou le mauvais usage de la liberté jouent ici le rôle décisif. Mais, ce bon ou mauvais usage de la liberté, est chose individuelle et personnelle. Mes parents m'ont transmis un héritage de peu de valeur. Mais ils m'ont transmis le pouvoir de travailler ; je puis faire mieux qu'eux, et laisser à mes descendants un patrimoine appréciable.

> Majores pennas nido extendisse loqueris,
> Ut, quantum generi demas, tantum virtutibus addas (3).

Ils m'ont transmis des tendances fâcheuses; qui m'empêche de *réagir*, et, si je trouve aide et appui, de vaincre le mal par le bien et de m'élever jusqu'à la vertu?

Mes parents étaient bons et vertueux et je leur dois

(1) Op. cit., *ibid.*
(2) Supra, 2° partie, ch. ii, a. 1 et 2.
(3) Horace, epist. XX, v. 22.

un heureux naturel. Mais la nature ne fait pas la vertu, elle y dispose seulement. Sans doute, l'honneur me fait un devoir de porter dignement le nom que j'ai reçu de mes ancêtres. Mais le sentiment de l'honneur n'est pas une contrainte ; je puis refuser la lutte et forfaire à l'honneur. Entre certaines mains, le plus riche héritage est bientôt dissipé.

Il faut le redire : dans les choses matérielles, la transmission s'opère sans trop de peine et les améliorations une fois introduites se fixent d'elles-mêmes. Mais il en va tout autrement dans les sphères supérieures de l'âme ; ici, la simple *transmission* rencontre bien des difficultés ; la *conservation* et l'*accumulation* en rencontrent de plus grandes encore. Les sciences physiques ont fait de nos jours d'immenses progrès : où sont les progrès de la morale, de la métaphysique, de l'art lui-même ?

« La loi du progrès, dit fort justement M. Caro, n'atteint que les données matérielles et scientifiques, les instruments et les méthodes, cette partie extérieure de l'art qui peut s'enseigner et se transmettre ; elle laisse en dehors l'art lui-même dans sa pure et libre essence, dans ses conditions intérieures qui sont la sincérité de l'émotion et l'invention. Or, il n'y a ni recette empirique, ni formule savante qui contienne ce secret, qui puisse l'expliquer et le transmettre à d'autres. Dans la sphère de l'art, passé un certain degré nécessaire, plus de science ne fera pas plus de génie. Le moindre élève du Conservatoire sait mieux orchestrer un opéra que ne l'eût fait Haendel ou Pergolèse. Qu'importe ? Cela donne-t-il la seule chose qui compte, l'*idée* ?

Les *moyens* de l'art font des progrès, le *génie* de l'art n'en fait pas. Pourquoi cela? C'est que, tandis que la science est le résultat du calcul et de l'expérience qui multiplient sans fin leurs sommes, l'art est le résultat du sentiment et de l'imagination qui ne s'*accumulent* pas et ne se transmettent pas (1) ; en ce sens, il est quelque chose d'absolu, de non perfectible par conséquent. En tous lieux, en tous temps où les données premières ne font pas défaut, l'art a pu atteindre sa perfection intrinsèque, et n'est-ce pas pour l'artiste une magnifique grandeur que d'appartenir à cette race où chacun fait sa noblesse soi-même, sans espoir de dépasser ses aïeux, mais avec la certitude de n'être pas dépassé par ses descendants (2) ? »

Ce qui est vrai de l'art, c'est à plus forte raison de la métaphysique et de la morale, plus immatérielles encore par nature, et par suite plus difficiles encore à transmettre, à augmenter et à conserver.

Si de ces hautes régions nous descendons dans les sphères moyennes où s'agitent le plus grand nombre des vivants, nous dirons que deux forces rivales se trouvent sans cesse en présence, la tendance au mouvement, à la variation, et la tendance à la stabilité, au repos. L'individu et les circonstances contingentes du milieu représentent la première de ces deux forces, l'espèce représente la seconde, et leur fusion donne la vie, c'est-à-dire l'unité dans la variété. Quant à l'hé-

____

(1) L'imagination est transmissible, mais non pas, sinon indirectement et imparfaitement, l'idée ou l'invention, chose immatérielle, la seule qui ait une importance décisive dans l'art.

(2) *Problèmes de morale sociale*, ch. XIV.

rédité, elle prête indifféremment son concours à l'une et à l'autre, et, par là même, elle ne saurait servir à trancher le débat.

Or, si l'individu représente le nombre, l'espèce représente l'énergie et la durée. Les individus appartiennent à l'espèce, et celle-ci, une et immuable, contient les variations individuelles dans de justes bornes, et assure le triomphe du type, c'est-à-dire la permanence de tout ce qu'il y a d'essentiel dans l'être.

On a, de nos jours, beaucoup trop célébré la loi de l'évolution sous toutes ses formes, en histoire naturelle, en philosophie, en religion, en morale, en politique. On a perdu de vue une loi supérieure en élévation et en puissance, la grande loi de la permanence et de l'unité.

Salomon était un écrivain inspiré. C'était aussi un profond génie et un observateur très attentif et très sagace. Il nous a transmis le résumé de ses visions et le résultat de ses réflexions dans ces mémorables paroles qui ont à nos yeux la valeur d'axiomes universels :

« Quid est quod fuit? ipsum quod futurum est. Quid est quod factum est? ipsum quod faciendum est.

Nihil sub sole novum, nec valet quisquam dicere : Ecce hoc recens est : jam enim præcessit in sæculis quæ fuerunt ante nos (1). »

(1) Eccles., I, 9, 10.

FIN

TABLE DES MATIÈRES

DEUXIÈME PARTIE

L'HÉRÉDITÉ

ÉMILE COLIN — IMPRIMERIE DE LAGNY

9 782016 197196